气候变化对农业气候资源有效性的影响评估

郭建平 等 著

U0351656

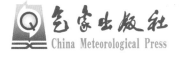

气象出版社

China Meteorological Press

内容简介

本书系公益性行业（气象）科研专项经费项目"气候变化背景下农业气候资源的有效性评估"的研究成果。主要介绍了 1951—2100 年我国主要农业气候资源的空间分布特征及演变趋势，我国东北春玉米、黄淮海地区冬小麦和夏玉米、南方水稻生长季农业气候资源、气候生产力及农业气候资源利用率等的分布特征和演变趋势，并以东北地区为例，分析了农业适应气候变化措施对作物生产力和农业气候资源有效性的贡献。

本书可供农业、农业气象，特别是气候变化和农业相关领域的科研和业务人员参考，也可为政府制定农业适应气候变化措施政策提供参考依据。

图书在版编目(CIP)数据

气候变化对农业气候资源有效性的影响评估/郭建平等著. —北京：气象出版社，2016.12
　　ISBN 978-7-5029-5779-7

　　Ⅰ.①气⋯　Ⅱ.①郭⋯　Ⅲ.①气候变化-影响-农业气象-气候资源-评估　Ⅳ.①S162.3

　　中国版本图书馆 CIP 数据核字(2015)第 274827 号

出版发行：气象出版社

地　　　址：北京市海淀区中关村南大街 46 号		邮政编码：100081	
总 编 室：010-68407112		发 行 部：010-68409198	
网　　　址：http://www.qxcbs.com		E-mail：qxcbs@cma.gov.cn	
责任编辑：陈　红　王小甫		终　　审：袁信轩	
封面设计：博雅思企划		责任技编：赵相宁	
印　　　刷：中国电影出版社印刷厂			
开　　　本：787 mm×1092 mm　1/16		印　　张：19	
字　　　数：480 千字			
版　　　次：2016 年 1 月第 1 版		印　　次：2016 年 1 月第 1 次印刷	
定　　　价：98.00 元			

本书如存在文字不清、漏印以及缺页、倒页、脱页等，请与本社发行部联系调换

前　言

　　粮食安全是国民经济发展的基础,是国家发展和社会稳定的根本保障。气候变化将对我国农业生产和粮食安全产生重大影响,已有的研究表明,受未来气候变化的影响,我国农业生产将面临三个突出的问题:一是农业生产的不稳定性将增加,产量波动会变大;二是农业生产布局和结构将发生变化;三是农业生产成本和投资将加大。而产生这些严重影响的根本原因是农业气候资源的变化。因此,开展气候变化背景下农业气候资源的演变趋势及有效性评估技术研究是农业应对气候变化,合理开发利用气候资源的重要前提和基础。另据预测,2020年,我国人口总量将达到14.6亿;人口总量高峰将出现在2033年前后,达15亿左右。因此,中国的粮食安全问题引起全世界的高度关注。

　　《国家中长期科学和技术发展规划纲要(2006—2020年)》在面向国家重大战略需求的基础研究领域的全球变化与区域响应优先主题中明确提出"重点研究全球气候变化对中国的影响";在环境领域的全球环境变化监测与对策优先主题中也明确提出"开展气候变化、生物多样性保护、臭氧层保护、持久性有机污染物控制等对策研究"。此外,在该领域的发展思路中也明确提出"加强全球环境公约履约对策与气候变化科学不确定性及其影响研究"。农业是受气候变化影响最为敏感和脆弱的领域之一,气候变化对农业的影响首先是农业气候资源的数量和要素配置的变化,并最终影响农业生产的可持续发展和粮食安全。

　　我国是一个农业大国,各地的自然状况和气候条件十分复杂,农业生产格局也各不相同。从我国第一次农业气候区划到现在已有30多年的时间,而在这期间正是气候变化最为显著的时期,20世纪80年代初期开始气候变暖十分显著,进而导致区域农业气候资源显著变化。此外,近年来我国的农业生产结构和作物布局也发生了显著的变化。而对我国农业气候资源的现状及农业气候资源有效性缺乏系统性研究,对未来气候变化背景下农业气候资源的预测和有效性评估更是不足,从而使国家农业结构和作物布局调整依据不足,缺少必要的科技支撑。

　　2011年,公益性行业(气象)科研专项经费项目批准设立了"气候变化背景下农业气候资源的有效性评估"项目,该项目以我国东北地区春玉米、黄淮海地区冬小麦和夏玉米、南方双季稻等主要粮食作物和主栽区为研究对象,依据农业气候资源的数量与匹配状况,以及农作物不同生长发育阶段对气象条件的响应规律及需求,重点研究了:(1)主要农业气候资源的时空分布和演变规律;(2)主要农作物生长发育的气候适宜度与农业气候资源有效性的评估模型和方法;(3)利用国家气候中心发布的未来(2011—2100年)气候变化情景(A1B)下的区域气候模式(Reg CM3)产品(0.25°×0.25°的格点产品),评估气候变化背景下农作物气候适宜度和农业气候资源有效性的演变趋势;(4)针对气候变化对农业生产影响的敏感带(种植制度过渡带、作物品种过渡带等),示范性地研究农业适应气候变化相关措施下农业气候资源利用效率的变化。通过本项目的研究为气候变化对农业影响评估业务提供指标体系和技术方法,并为农业适应气候变化的相关措施提供决策依据。本书全面反映了该项目的研究成果。

全书共分7章,第1章气候变化对农业生产的影响研究进展由郭建平、赵俊芳执笔;第2章气候变化下中国农业气候资源演变趋势由叶殿秀、王凌、王有民、王荣、李莹、吉振明、柳春、邹旭恺、赵大军、郭建茂、石英执笔;第3章黄淮海地区冬小麦气候资源有效性评估由吕厚荃、张艳红、吴门新、李萌、褚荣浩执笔;第4章南方水稻气候资源有效性评估由杨晓光、叶清、李勇、张彩霞、代姝玮、刘志娟、孙爽、刘子琪、董朝阳、谢文娟执笔;第5章黄淮海地区夏玉米气候资源有效性评估由吕厚荃、赵秀兰、徐玲玲、李祎君、李萌、褚荣浩执笔;第6章东北地区春玉米气候资源有效性评估由郭建平、赵俊芳、徐延红、袁彬、冶明珠、穆佳、初征、赵倩执笔;第7章农业适应气候变化措施对气候资源利用效率的影响评估由郭建平、赵俊芳、袁彬、徐延红、冶明珠执笔。全书由郭建平统稿。

气候变化对农业生产的影响评估有很多方法,不同方法评估的结果可能不一致,对农业气候资源的评估也一样,不同方法得到的结果也会有差异。另外,限于作者的水平和对问题的认知能力,书中难免存在不合理的地方,甚至是错误的地方,恳请读者批评指正!

郭建平

2015年4月

目　录

第 1 章

气候变化对农业生产的影响研究进展

　　以全球变暖为主要特征的气候变化已经成为当今世界重要的环境问题之一。最近几十年,关于气候变化的问题一直是学术界研究的热点(Alexandrov et al,2000)。在过去的 100 年里,全球平均地表气温上升了 0.74℃(IPCC,2007),而最近 50 年的升温几乎是过去 100 年的 2 倍(秦大河等,2008)。IPCC 第五次评估报告指出,气候变化比原来认识的要更加严重,在过去的 30 年里,每 10 年的地表气温要高于人类有记录以来的任何 10 年,且 2000 年以来的十几年气温是最高的(IPCC,2013)。许多区域的作物研究表明,气候变化对粮食产量的不利影响比有利影响更为显著(IPCC,2014;姜彤等,2014)。在全球变暖的情景下,近 50 年来中国增暖明显,全国年平均地表气温增加了 1.1℃,明显高于全球或北半球同期的平均增温速率(丁一汇等,2006)。尤其是 20 世纪 80 年代中期以来,升温速率显著加快,北方地区增温趋势显著(翟盘茂等,2005)。近 50 年来我国年降水变化趋势不明显,但年代际波动较大,区域间存在明显的差异。极端天气气候事件的频率和强度出现了明显的增强。霜冻日、寒潮事件减少,长江中下游流域和东南地区洪涝加重。中国东北和华北、西北东部的干旱日趋严重(丁一汇等,2006)。未来 20～100 年中国地表气温仍将继续上升,趋势明显,北方增暖大于南方,内陆大于沿海。降水量的年际变化较大,但随着温室气体浓度的持续增加,未来降水量有可能呈增加趋势(汤绪等,2011)。

　　全球气候变化给我们带来了一系列的问题,变化的幅度已经超出了地球本身自然变动的范围,对人类生存和社会经济构成严重的威胁。农业是受全球气候变化影响最大、最直接的行业之一,尤其是作为农业主体的作物生产与粮食安全(Adams,1989)。根据中国国家气候变化方案,农业是应对气候变化四个主要领域之一。气候变化背景下我国的粮食安全也已受到严重威胁,2020—2050 年,我国农业生产将受到气候变化的严重冲击(赵俊芳等,2010)。大气中 CO_2 浓度增加及气候变暖,通过影响作物生育进程、适宜种植区和灾害性因子等的变化,对农业生产产生了很大影响。科学预测气候变化对农业生产的影响,探讨应对气候变化的农业发展策略,已成为实施全球可持续农业与农村发展(SARD)战略需要研究解决的重大问题(刘彦随等,2010)。本章系统回顾了近几十年来气候变化对农业生产影响评估的研究进展,以期为今后该领域的研究工作有所借鉴。

1.1 气候变化对农业影响的研究方法

综合国内外文献,研究气候变化的影响通常有三类方法。一是实验室模拟或现场观测试验方法;二是历史相似或类比法;三是利用计算机进行数值模拟和预测的方法,是当前最有前途、进展最为迅速的方法(李克让等,1999)。就气候变化对农业的影响来看,目前采用的方法主要集中在观测试验和模型模拟影响两方面(赵俊芳等,2010)。观测试验多采用田间试验和环境控制试验两种方法,其中环境控制实验是在野外设立封闭或顶部开放温室,通过人为控制 CO_2 浓度来研究对作物的影响(孙白妮等,2007)。国外早期的研究多采用环境控制实验(Chaudhuri et al,1990),因为这种方法重复性好,能为研究者提供稳定的环境(Finn et al,1982)。我国有关 CO_2 浓度增加对农作物直接影响的研究起步较晚(蒋高明等,1997),20 世纪 90 年代一些学者开展了通过田间实验进行 CO_2 浓度和光合作用关系的试验研究(王春乙,1993;郭建平等,1999)。直接田间实验的方法可以获取许多重要数据,用来检验假设或评价因果关系等,是一种重要的研究方法。但此种方法耗时、耗财力,特别是对模拟未来气候变化后环境温度和降水等条件发生变化下多作物品种的长期试验非常困难,因此,该方法在使用中存在很大的局限性(陈鹏狮等,2009)。

鉴于田间试验方法的局限性,利用计算机进行数值模拟和预测研究,是目前定量化研究气候变化及其影响的较科学和理想的方法。模型模拟包括统计分析(回归模型)和动态数值模拟(气候模式与农业评价模式相嵌套)两种方法。统计学方法在大数定律和统计假设检验的基础上,根据生物量与气候因子的统计相关建立数学模型。20 世纪 80 年代以来,随着长期观测试验的进行和人们对作物生长过程认识的不断深化以及作物模式研究的不断发展和完善,大气环流模型(GCM)和作物模式相联接逐渐发展成为评价气候变化对农业影响的最基本有效的方法(陈鹏狮等,2009)。

国外学者研究气候变化与作物的关系几乎都用作物模型,结合不同的气候或天气模式,评价气候变化对作物的影响并给出建议和对策。目前,国外具有代表性的作物模型有美国农业部开发的 CERES(Crop Environment Resource Synthesis)(Jones et al,1986)系列以及荷兰的 WOFOST(World Food Studies)(Boogaard et al,1998)系列模型,国内则有 RCSODS(Rice Cultivational Simulaton,Optimization and Decision-Making System)(高亮之等,1994),Wheat Grow(曹卫星等,2000)等模型。国内外在这方面都已经有大量的研究报道,Christian 等分别把 GCM 模拟的天气数据及实测站点的天气数据输入到作物模型 SARRA-H(System for Regional Analysis of Agro-Climatic Risks-Habille)中,建立了比较合理的作物模型(Christian et al,2005);Easterling 等(Easterling et al,1992)在 EPIC(Erosion-Productivity Impact Calculator)模型中加入 CO_2 对作物光合作用和蒸散作用的影响,对 MINK 地区气候变化对作物的影响进行了模拟研究;Carbone 等(2003)利用作物模型研究了气候变化对希腊玉米生育期和产量的潜在影响;Lobell 等(2006)用多种气候模式和作物统计模式研究了气候变化对美国加利福尼亚多年生作物的影响。

近年来,我国在应用作物模型进行气候变化对农作物影响的研究领域也取得了显著成果。王馥棠等(1993)利用三种大气环流模式预测未来气候情景下中国主要作物水稻、小麦和玉米产量的可能变化,并指出作物产量下降的主要原因是由于大气中 CO_2 浓度倍增时,温度升高、作物发育速度加快和生育期缩短。张建平等(2008)利用 WOFOST 作物模型,结合气候模型 BCC－T63 输出的未来气候情景资料,模拟分析了未来气候变化对东北地区玉米产量的影响,结果表明,气候变化将严重影响东北粮食产量。金之庆等(1996)利用 CERES－Maize 模拟了全球气候变化对我国玉米生产的可能影响,并评价了当 CO_2 倍增时,气候变化对我国各地玉米产量和灌溉需要的可能影响。尚宗波(2000)利用玉米生长生理生态学模拟模型(MPESM),模拟评价了沈阳地区玉米生长对各种气候因子变化的敏感性和全球气候变化下沈阳地区春玉米的生长趋势以及产量变化情况。研究表明,在未来气候变化下沈阳地区玉米平均产量会有 5%～30% 的降幅。冯利平等(1997)研究建立了气候变化下我国华北冬小麦生产影响评估模型,研究了气候异常对华北冬小麦的可能影响。

1.2　大气中温室气体浓度增加对农作物的影响试验

大气 CO_2 浓度的升高除了通过温室效应导致全球气候变化并对植物产生间接影响外,还直接影响植物的生长发育(Kobayashi et al,2001)。

CO_2 浓度升高对植物影响的田间实验主要手段有三种:控制环境实验(Controlled environment,CE)、开顶式测定箱(Open-top chambers,OTC)和自由 CO_2 气体施肥实验(Free-air CO_2 enrichment,FACE)(Rogers et al,1986)。国外早期的研究多采用环境控制试验(Chaudhuri et al,1990;Finn et al,1982),因为这种方法重复性好,能为研究者提供稳定的环境。缺点是光照通常减少,温度升高,昼夜温差减少,光温不能同步,温度升高,风速相对静止。最大的缺陷是大部分植物种在花盆中,植物根系生长的空间受限。另外,这种实验通常用植物幼苗为实验材料,所得结论能否应用于田间状态下的成熟植株是值得怀疑的。因此,近年来这种方法的应用逐渐减少(蒋高明等,1997)。而 OTC 实验优点是生长环境基本接近于自然状态,可自动控制 CO_2 浓度,并使之与温度的变化同步。如果利用自然植物作为实验对象,可以避免根系受限制和只能研究幼苗等不足之处,其结果还是很有说服力的。而 FACE 在自然状态下进行 CO_2 升高对植物影响的实验,其结果有很强的代表性,是另外两种方法不能比拟的。因而,这是公认的研究植物对高 CO_2 浓度响应的最理想的手段之一。

我国有关 CO_2 浓度增加对作物直接影响的研究起步较晚,20 世纪 90 年代一些学者开展了通过田间实验进行 CO_2 浓度和光合作用关系的实验研究(刘建国,1992;王春乙,1993;王修兰等,1996;林而达等,1997;郭建平等,1999)。其中王修兰等从 1992—1995 年在人工控制环境条件下分别对我国几种主要作物(小麦、玉米、大豆等)进行了不同 CO_2 浓度反应的实验研究,在作物生物量、产量、光合速率、蒸腾系数方面获得了大量系统的数据。实验结果表明,在人工控制环境条件下随着 CO_2 浓度增加,作物的生物量、产量、光合速率等增加,而作物的蒸腾系数减少。王春乙、郭建平等从 1992—1996 年利用 OTC-1 型开顶式气室研究了 CO_2 浓度增加对我国 6 种主要作物的生长发育、产量形成、光合作用、蒸腾等的影响,并研究了 CO_2 浓度增加对一些作物品质的影响。结果表明,CO_2 浓度增加,作物发育进程加快,株高增加,经济产量和生物产量增加明显,且 C3 作物的增长幅度大于 C4 作物;冬小麦、棉花品质呈良性变化,玉米品质可能有所下降,大豆品质变化不明显。

O_3 对农作物影响的研究也有了新的进展,利用 OTC-1 型开顶式气室研究了 O_3 浓度增加对冬小麦、水稻、菠菜、油菜生长发育和产量的影响,当 O_3 浓度达到 100×10^{-9} 情况下作物产量降低 20%～30%；在此基础上进行了 CO_2 和 O_3 的复合影响试验和模型研究，从生理生态、土壤微生物及碳氮循环角度出发，探讨空气质量变化对农业生态系统功能的可能影响，为评估近地层大气 CO_2 和 O_3 浓度的变化对农业生产以及农业生态系统功能的可能影响提供科学依据(王春乙等，2000，2004)。此外，郑有飞等(1998，2002)研究了大气中气溶胶的增加对中国主要作物小麦、玉米的影响，发现气溶胶增加引起太阳辐射减少，进而影响小麦、玉米生育期和籽粒产量。

由此可见，CO_2 浓度增加导致作物光合作用增强、蒸腾速率减小是最终导致生物量和产量提高的根本原因；而 O_3 浓度增加升高引起作物伤害是导致生物量和产量下降的原因；气溶胶对作物产量的影响主要是大气气溶胶增加阻挡了太阳辐射。

1.3　气候变化对农业气候资源的影响

农业气候资源的数量及其配置状况直接影响着农业生产过程，并为农业生产提供必要的物质和能量。农业气候资源主要包括光资源、热量资源和水分资源。气候变化对农业生产的影响，首先表现为对农业气候资源的影响，由于农业气候资源在数量和配置上发生了变化，才导致了对农业生产过程的影响，并最终影响到农业种植制度、品种布局以及生长发育和产量形成。因此，系统分析气候变化背景下农业气候资源演变趋势及空间分布格局，不仅有利于合理利用农业气候资源，还将为调整农业结构和种植制度提供一定的科学依据。研究表明：近 50 年我国 ≥0℃ 和 ≥10℃ 的积温和持续时间总体呈增加趋势，但增温幅度区域间存在差异。1961—2007 年，华南地区年均气温以 0.20℃/10a 的趋势上升，温度生长期内积温的气候倾向率[≥10℃ 积温平均为 98(℃·d)/10a]由北向南递增(李勇等，2010)。西南地区年均气温呈上升趋势，平均增速为 0.18℃/10a；温度生长期内 ≥10℃ 和 ≥15℃ 积温均呈增加趋势，平均增速分别为 55.3(℃·d)/10a 和 37(℃·d)/10a(代姝玮等，2011)。西北干旱区年均气温呈上升趋势，其气候倾向率为 0.35℃/10a；喜凉作物和喜温作物温度生长期内积温总体呈升高趋势，其气候倾向率分别为 67(℃·d)/10a 和 50(℃·d)/10a(徐超等，2011)。与 1961—1980 年的平均状况相比，1981—2007 年黄淮海平原喜凉作物和喜温作物温度生长期均呈延长趋势，分别延长了 7.4 d 和 6.9 d；≥0℃ 和 ≥10℃ 积温总体表现为增加趋势，其气候倾向率分别为 4.0～137.0(℃·d)/10a 和 1.0～142.0(℃·d)/10a(刘志娟等，2011)。与 1961—1980 年相比，1981—2007 年中国年均气温增加了 0.6℃，喜凉作物生长期内 ≥0℃ 积温和喜温作物生长期内 ≥10℃ 积温分别平均增加 123.3℃·d 和 125.9℃·d；1961—2007 年年均气温增幅最大的区域是东北地区，喜温作物生长期内 ≥10℃ 积温增幅最大的是华南地区(杨晓光等，2011)。长江中下游地区，双季稻的安全种植北界北推(李勇等，2010)；华东地区和华北平原在 1961—2005 年气温也出现明显的上升趋势(谭方颖等，2009；周伟东等，2009)；西北地区 ≥0℃ 和 ≥10℃ 积温均从 1986 年开始增加，在 1995 年后增加趋势更加明显。≥0℃ 积温和 ≥10℃ 积温的平均气候倾向率区域间存在差异，其中于田、库车、阿拉尔等地区积温呈现减少趋势(孙兰东等，2008)；1961—2007 年，东北三省的年均气温总体上升，气候倾向率为 0.38℃/10a，温度生长期内 ≥10℃ 的积温带北移东扩(刘志娟等，2009)。未来我国气温变化趋势较一致，大部分地区 ≥0℃、≥10℃ 的持续日数、无霜期延长，≥0℃、≥10℃ 的积温呈增加趋势(赵俊芳等，2010)。河套地区初霜日期推后，终霜日期提前，无霜期逐步延长，霜冻灾害呈逐年减少趋势(仇巧玲,2013)。虽然热量资源表现出总体增加的趋势,但表现出时空分布极其不均的显著特点,一是北方地区增温幅度大于南方,二是冬季大于夏季,三是夜间大于白天,从而导致日较差减小(王菱等,2004);同时,南方地区的增温趋势不明显(Tao et al,2006)。

近50年中国降水量总体变化趋势不显著,但区域差异明显,长江中下游、东南地区、西部大部分地区、东北北部和内蒙古大部分地区年降水量呈增加趋势,但是华北、西北东部、东北南部年降水量呈下降趋势(丁一汇等,2006)。近50年黑龙江省和吉林省绝大部分区域在温度生长期内的参考作物蒸散量呈逐年增加趋势,而辽宁省绝大部分区域则有所减少(刘志娟等,2009)。长江中下游地区生长期内参考作物蒸散量呈略微减少趋势,低值区扩大,高值区减小(李勇等,2010)。中国未来降水量总的变化趋势是不断增加的,但降水量的增加中心因模拟模式的不同而有所差异。加拿大 CCCma 模式预估未来中国降水增加中心主要在青海西藏一带,华南地区在 21 世纪末降水量有所减少(莫伟强等,2007)。区域气候模式 PRECIS 预测未来气温持续增加,导致参考作物蒸散普遍增加,降水增加最多的地区分布在长江以南、海南以北的中、南亚热带地区(汤绪等,2011)。

1960 年以来我国大部分地区太阳辐射降低,出现日照时数减少的现象。近50a 在气候变暖背景下,相对湿度和云量的增加导致西北大部分地区日照时数显著减少,全区平均减少速率为 19.92 h/10a(陈少勇等,2010;徐超等,2011)。东北三省年日照时数显著下降,且以松嫩平原东部、吉林省中西部平原、辽河平原西部的减少尤为明显,日照时数高值区西退减少(刘志娟等,2009)。长江中下游地区日照时数普遍表现为减少趋势,其中 1980 年以来比 1961—1980 年温度生长期内平均日照时数减少了 8.1%(李勇等,2010)。华南年日照时数呈现由西向东逐渐减少的特征,且东部的减少趋势较西部更显著,但空间差异较大(代姝玮等,2011),全年和温度生长期日照时数分别以−57 h/10a 和−38 h/10a 的速率递减(李勇等,2010)。对全国而言,与 1961—1980 年相比,1981—2007 年在全年、喜凉和喜温作物生长期内日照时数分别减少了 125.7 h,32.2 h 和 53.6 h。1961—2007 年,长江中下游地区年日照时数的减幅最多,喜凉和喜温作物生长期内日照时数减少量最大的地区分别是华北和华南地区(杨晓光等,2011)。

由此可见,气候变化背景下,我国农业气候资源总体表现为热量资源显著增加,辐射资源减少,而降水资源的变化不显著,区域差异明显。

1.4　气候变化对农作物生长发育的影响

温度是影响作物发育速度的关键因子,温度的高低决定了生育期的长短。温度升高,作物生育期普遍缩短。研究表明:平均气温升高 1℃,水稻生育期日数平均缩短 7.6 d,温度增加导致一季稻、早稻的生育期缩短(崔读昌,1995a)。但气温升高对不同熟性的水稻品种生长发育的影响不一致。近 20 年潮州水稻生育期积温增加,早稻各发育期均有不同程度的提早,晚稻的发育期持续推迟,早稻、晚稻的全生育期天数都在逐渐缩短(丁丽佳等,2009)。且影响主要表现在生育前期,1961—2008 年信阳地区水稻生长季内 4—5 月变暖趋势最为显著,使得水稻播种、移栽日期显著提前,移栽—抽穗长度显著延长(薛昌颖等,2010)。

气候变暖对冬小麦影响较大的时期主要也是在生育前期,对生育后期的影响较小,春季发育期(从返青到成熟)普遍提前(万信等,2007;车少静等,2005),拔节期提前最明显,抽穗以后各生育期提前程度较少,冬季生育期、全生育期明显缩短(余卫东等,2007)。生态学模式 SU-

CROS 模拟冬小麦生长发育状况表明,在无土壤水分亏缺的情况下,黄淮海地区秋冬季温度升高,播种到开花的日数减少,开花到成熟的日数稍有延长,播种到成熟的整个生育期的持续日数缩短(周林等,2003)。

在气候变暖的形势下,河南地区 6—9 月降水量减少,夏玉米生长减缓,各生育期有推迟的趋势,成熟期推迟程度较大,全生育期的天数显著增加(余卫东等,2007)。陇东塬区随着气候变暖,积温增加,日照时数和降水量相对减少,春玉米生长发育速度加快,生育期天数缩短,主要发育期较历年均提前,提前幅度最大的是乳熟和成熟期(段金省等,2007)。

总体而言,气候变化使作物生育期缩短,且对生育前期的影响大于对生育后期的影响。

1.5 气候变化对农作物产量的影响

气候变化对作物的影响最终表现在产量上,气候变化的正负效应全球分布不均匀。高纬度地区将从气候变暖中受益,可耕作土地面积增加,GDP(国内生产总值)随之增长;低纬度地区气候变化将减少土壤水分,降低农业和林业的生产力,商品生产受到影响,GDP 降低;而气候变化对中纬度地区的影响是混合的,随地区或气候变化情景的改变而改变(Darwin et al,1995)。目前研究方法主要是采用气候模型与作物模式相嵌套,对作物产量可能受到的影响进行分析评价(Tubiello et al,2000)。在未来气候情景下,温度升高,作物生长加快,生育期缩短,不同品种的水稻产量会有不同的下降,早稻平均减产幅度 3.7%,中稻 10.5%,晚稻 10.4%(王馥棠等,1995)。气候变暖导致了小麦的发育加快,生育期缩短,春小麦生育期天数缩短的比例大于冬小麦,相应的春小麦的减产幅度大于冬小麦,无论是冬小麦还是春小麦,雨养条件下减产幅度均略大于水分适宜下(灌溉条件下)。区域间产量变化的趋势也有所不同,未来降水量增加,华北和长江中下游的雨养冬小麦有增产的趋势,而东北、西北春小麦、西南冬小麦有减产的趋势(居辉等,2005)。气候变化将导致石羊河、大凌河流域灌溉玉米稳产风险及低产出现的概率加大,给农业生产带来一定的经济损失,其中 A2 情景对玉米产量的负面影响大于 B2 情景。CO_2 肥效作用可以一定程度上缓解这种负面影响(熊伟等,2011)。若不采取其他措施,未来 A2 和 B2 两种温室气体排放情景下,2021—2050 年河南省冬小麦产量平均减少 5% 左右(成林等,2012)。但也有研究表明,2012—2050 年在 A2 和 B2 情景下,河北和河南两省冬小麦气象产量均表现出以减产为主,而山东省冬小麦气象产量以增产为主的趋势(王培娟等,2012)。但如果考虑 CO_2 的肥效作用,减产的幅度会明显减小(袁东敏等,2014)。气候变化将导致我国玉米主产区的玉米单产普遍降低,总产下降。A2 气候变化情景对我国玉米产量的负面影响要大于 B2 情景。CO_2 肥效作用可以在一定程度上缓解这种负面影响,其缓解作用对雨养玉米更明显(熊伟等,2008)。受 3 种气象因子(平均温度、日较差、辐射)变化趋势的综合影响,约有 30% 的水稻产区对 1981—2007 年的气候变化趋势敏感,少部分地区表现为脆弱,但水稻主产区受到的影响不大,且在东北地区还集中表现出产量增加的趋势,为我国水稻发展提供了契机(熊伟等,2013)。综合的研究表明,气候变化将影响未来三大作物(玉米、水稻、小麦)单产,如果不考虑 CO_2 肥效作用,未来雨养作物单产将受到更大冲击;当灌溉条件保障后,水稻受到冲击更大,单产降低最多,尤其是 A2 情景。如果考虑 CO_2 肥效作用,未来玉米平均单产变化不大,小麦单产明显增加,尤其是雨养小麦,水稻单产也有所增加(熊伟等,2010)。

但是气候变化对作物产量的影响还有很大的不确定性,首先,CO_2 的肥效作用还有很大的争议;其次,在模型中也没有考虑到病虫害和水资源供应减少的可能性、臭氧层空洞等因素对作物产量的影响;再次,未来适应的可能性带来不确定性,若很好地利用农业科技可以减少气候变化的不利影响(Piao et al,2010)。

1.6　气候变化对种植制度的影响

气温升高增加了各地的农业热量资源,从而使当前多熟制的北界向北向西推移,复种指数呈波动式增长,全国复种指数由 1985 年的 143% 增加到 1995 年的 165.1% 后又缓慢下降为 2001 年的 163.8%(李立军,2004)。在只考虑温度的情况下,1981—2007 年与 1950—1980 年相比,一年两熟制种植北界,空间位移变化最大的区域在陕西东部、山西、河北、北京和辽宁,一年三熟制种植北界,空间位移变化最大的区域为浙江、江苏、安徽、湖北、湖南地区(杨晓光等,2010)。与 1950—1980 年相比,2011—2040 年和 2041—2050 年的一年两熟带和一年三熟带种植北界都不同程度向北移动,其中一年一熟区和一年二熟区分界线空间位移最大的省(市)为陕西省和辽宁省,且 2041—2050 年种植北界北移情况更为明显;一年两熟区和一年三熟区分界线空间位移最大的区域在云南省、贵州省、湖北省、安徽省、江苏省和浙江省境内,且 2041—2050 年种植北移情况更为明显(杨晓光等,2011)。若考虑温度和水分的综合影响,南方地区一年两熟的北界无明显的变动,一年三熟的北界向西推进了约 0.25 个经度,向北移动了 0.20 个纬度(赵锦等,2010);北方地区东北部种植界限发生了空间位移,北移西扩显著(李克南等,2010)。对未来种植制度如何变动,学者多采用模型模拟未来气候变化情景,对种植制度可能受到的影响进行分析评价。若未来 CO_2 增加一倍,在品种和生产水平不变的前提下,仅考虑热量条件,我国一熟制面积减少而三熟制面积会明显增加。但由于水分变化可能产生的不利影响,种植制度的变化仍具有较大的不确定性(张厚瑄,2000)。在 ≥10℃ 积温指标下,1986—2009 年我国潜在的不可耕地面积平均值相对 1961—1985 年减少约 34.33%,一年一熟区面积有所减少,但仍约占 50%,一年两熟和一年三熟地区面积均呈增加趋势;综合 ≥10℃ 和 ≥0℃ 两个积温指标,我国潜在播种面积缓慢增加,与实际播种面积的变化趋势一致,其他综合因子则在总体上对潜在播种面积的增长有微弱抑制作用(付雨晴等,2014)。

几乎所有研究结果表明,气候变化有利于多熟制种植的发展,可有效扩大作物播种面积,提高复种指数,在一定程度上弥补气候变化对作物单产的不利影响。

1.7　气候变化对品种布局的影响

在气候变暖背景下,人们可能通过改变种植结构、更换相对高产的中晚熟品种等适应措施,以期获得更高生产效益。气候变暖的背景下,在不考虑 CO_2 浓度升高对作物生长发育影响的前提下,东北三省春玉米不同熟型品种种植北界不同程度向北移动,在界限敏感区域内中晚熟品种替代早熟品种,使得玉米生育期延长,干物质积累增加,可以提高东北三省春玉米产量(刘志娟等,2010)。与 1950—1980 年相比,1981—2007 年在 80% 气候保证率下中国热带作物安全种植北界北移了 0.86 个纬度(李勇等,2010)。冬小麦强冬性品种种植北界在宁夏—甘肃及河北—辽宁北移趋势最明显,分别北移 200 km 和 100 km;冬性品种种植北界在山东—河北变化明显,向北移动 310 km;弱冬性品种种植北界在安徽、江苏、河南和山东交互之处变化明显,北移 120~370 km(李克南等,2013)。东北地区不同熟性的玉米品种可种植北界明显北移东扩,小兴安岭可以种植极早熟玉米品种,长白山地带可以种植早熟玉米品种,三江平原成为中熟和中晚熟玉米品种区域,松嫩平原的南部亦可种植晚熟玉米品种(贾建英等,2009)。与1951—1980 年相比,1981—2010 年长江中下游地区双季稻安全种植区增加了 11.5 万 km²(李勇等,2013)。华北目前推广的强冬性冬小麦品种将被半冬性冬小麦品种所取代,比较耐高温的水稻品种将在我国南方地区占主导地位(孙智辉等,2010)。福建地区当年平均气温升高0.5℃时,水稻各熟性品种种植高度提高 50 m,相当于北界北移 0.25 个纬度(陈惠等,1999)。气候变化背景下,河南省冬小麦品种更新特征是营养生长期缩短,生殖生长期延长,千粒重增加,从而提高了产量(孙倩等,2014)。

因此,气候变化背景下,有利于喜温和晚熟品种的种植,从而可以在一定程度上提高作物产量。

1.8 气候变化对作物生产潜力和气候资源利用率的影响

农业气候生产潜力是评价农业气候资源优劣的依据之一,农业气候生产潜力的大小取决于光、温、水三要素的数量及其相互配合协调的程度。研究表明:气候变暖对热量充足的地区表现为负效应,辽宁地区未来由于热量资源的增加超出了玉米生长发育的适宜温度,2010 年开始气候生产潜力明显下降;而吉林省和黑龙江省随晚熟品种的应用,气候生产潜力不断增加,气候生产潜力的高值区向东北方向移动(Yuan et al,2012)。目前我国小麦单产最高潜力主要分布在黄土高原南部,总产潜力主要分布在环渤海山东半岛、江淮江汉平原及黄淮平原南阳盆地(蔡承智等,2007)。气候变化背景下,光、热、水资源的不匹配是限制资源利用率的主要因素。北京房山和昌平的部分地区气候资源总量丰富,但水分的限制使得光、热、水配合程度较差,资源利用率较低(田志会等,2005)。1960—2005 年河北地区降水资源不断减少,尽管光热资源能满足作物生长需求,但冬小麦气候适宜度仍为下降趋势(魏瑞江等,2007)。宁夏春玉米温度生产潜力呈逐年增加,降水和气候生产潜力呈波动中减少的趋势。未来气候变化显著影响着春玉米气候生产潜力,其中降水量变化对春玉米气候生产潜力的影响远大于气温变化的影响,降水的多少及变率对其限制作用将更明显(赖荣生等,2014)。

目前世界上大部分地区农业气候资源利用效率不高,我国光能利用率、热量利用效率、水分利用效率以及综合利用效率在世界上均属于中等水平。其中平均光资源利用效率在0.08%~0.22%,≥0℃ 期间的光能利用率为 0.18%,低于世界陆地植物的平均光能利用率0.3%,更低于高产地区农田平均光能利用率 0.4% 的水平。世界高产地区的降水利用效率比我国平均降水利用效率高 33.30%~67.60%(崔读昌,2001)。但即便是利用效率高的国家,都蕴藏巨大开发潜力,因此,提高农业气候资源利用效率成为亟待解决的重点课题(崔读昌,1995b)。前人已经结合模糊数学的概念,考虑适应性措施对气候资源利用率的影响。Yuan等(2012)认为,调整播种期可以有效地提高资源利用率,但这种效果因地因时而异,热量丰富的地区推迟播种期可以避开生长后期的高温天气,气候资源利用率增加明显,但对于热量不足的地区调整播种期的影响不大。未来气候暖干化的背景下,增强品种的抗逆性能可有效提高作物气候生产潜力,提高气候资源利用率。玉米品种的抗逆性越强,增加的气候生产潜力值越高。具备双重抗逆性(抗旱、耐高温)的品种在增加气候生产潜力方面的作用要优于只具备单一抗逆性(抗旱或耐高温)的玉米品种,而抗旱性的玉米品种对气候生产潜力的影响大于耐高温性的品种(Xu et al,2014)。

综合研究结果表明,气候变化对不同作物气候生产潜力的影响趋势不同,但在未来气候变化趋势下,水分可能是影响气候生产潜力的主要气候要素。农业适应气候变化的措施对提高农业气候资源利用率有一定的补偿作用,从而证实了农业适应气候变化措施的有效性。

1.9　问题与展望

气候变化对农业生产影响的研究成果,对准确评价气候变化对农业生产的可能影响及其发展趋势、制订适应与减缓气候变化不良影响的对策与措施起到了重要作用。然而,目前关于气候变化对农业影响评估方法和结果方面还存在很大的不确定性和许多亟待解决的问题,尚需进一步深入研究。

(1)气候变化情景的不确定性。2000 年 IPCC 排放情景特别报告(The Special Report on Emissions Scenario)中提出了 SRES 排放方案,在对已有排放情景进行分析的基础上设计了四种世界发展模式。主要分为 4 个情景"家族",包含 6 个温室气体排放参考情景,其中 A1 和 A2 强调经济发展,但在经济和社会收敛程度上有所不同;B1 和 B2 强调可持续发展,但在有关收敛程度上同样存在不同。2011 年发布了新一代情景称为"典型浓度目标"(Representative Concentration Pathways,RCPs)。同样给出了 4 种情景,分别称为 RCP8.5、RCP6、RCP4.5及 RCP2.6。其中前 3 个情景大体与 2000 年方案中的 SRES A2、A1B 和 B1 相对应(王绍武等,2012)。由此也可以看出,未来温室气体排放情景也还处于讨论和研究中,最终结论还存在不确定性。因此,如何选择适合本国的未来气候情景是准确模拟未来气候可能变化最重要的问题。

(2)气候变化模式存在不确定性。目前,全球用于开展未来气候变化模拟的全球气候模式和区域气候模式有数十个,不同的模式输出的结果相差甚远,虽然在温度的模拟方面趋势一致,但增温的幅度也相差几倍。如第四次评估报告结果为:与 1980—1999 年相比,21 世纪末全球平均地表温度可能会升高 1.1~6.4℃,最大值是最小值的接近 5 倍;第五次评估报告结果显示,尽管升温的最大幅度小于第四次评估报告,但不同模式模拟的升温最大值与最小值之间的差距反而更大。而对于降水的模拟在不同区域间差异更大,甚至出现完全相反的结果。因此,如何选择合理的气候模式是开展气候变化影响评估的重要基础和前提。

(3)评估方法存在不确定性。气候变化对农业的影响评估通常使用 3 种方法,一是实验模拟方法;二是统计模拟方法;三是数值模拟方法。首先,三种评估方法存在风险。实验模拟方法的主要问题是精度难以控制,无论是开顶式气室还是 FACE 都不能很好控制环境变量的精度,模拟结果实际上仅仅反映了影响结果的一种趋势。而统计模拟方法通常是利用历史数据建立气候要素与作物产量之间的相关关系,然后输入模拟的未来气候情景,得到气候变化下的影响。因此,统计模拟方法存在统计模式外推的风险。数值模拟方法主要是利用已有的作物生长模型输入未来气候情景来模拟对作物的影响,但事实上,现有的大部分作物模型中的许多过程仍然是建立在统计关系上的,并没有真正解决作物生长的机理过程,因此,同样也存在外推的风险。其次,现有的作物模型对极端气候事件的响应不足,难以全面反映气候变化对农业的影响。第三,基于单点建立的作物模型如何解决空间变异性从而应用于大范围区域的问题目前尚未很好解决。因此,如何将实验方法、统计方法和数值模拟方法结合,建立能完整反映气候要素对农作物综合影响的新一代模拟模型才有可能真正解决气候变化对农作物的影响评估。

(4)极端天气气候对农业影响的研究有待进一步加强。农业是对气候变化响应最为敏感的领域之一。气候变化背景下,全球范围异常气候出现的概率将大大增加,这些极端天气气候事件将对农业生产的可持续发展产生重要影响,尤其是极端天气气候事件的增多势必导致世界粮食生产的不稳定。因此,气候变化背景下继续加强该方面相关问题的研究也将是未来农业科学家研究的重要课题之一。

(5)气候变化下农业病虫害的影响评估较少。依据历史资料分析表明,气候变暖可使大部分病虫害发育历期缩短、危害期延长,害虫种群增长力增加、繁殖世代数可比常年增加 1 个代次,发生界限北移、海拔界限高度增加,危害地理范围扩大,危害程度呈明显加重趋势。但也使一些对高温敏感的病虫害呈减弱趋势,致使小麦条锈病、蚜虫等病虫由低海拔地区向高海拔地区迁移危害(霍治国等,2012a)。一定区域、时段的降水偏少、高温干旱有利于部分害虫的繁殖加快、种群数量增长,降水、雨日偏多有利于部分病害发生程度和害虫迁入数量的明显增加,病虫危害损失加重;暴雨洪涝可使部分病害发生突增,危害显著加重;暴雨可使部分迁入成虫数量突增、田间幼虫数量锐减(霍治国等,2012b)。暖冬可使病虫进入越冬阶段推迟,延长病菌冬前侵染、冬中繁殖时间,降低害虫越冬死亡率,增加冬后菌源和虫源基数;病虫害发生期、迁入期、危害期提前;越冬北界北移、海拔上限高度升高;持续暖冬可使冬后虫源基数显著增加(霍治国等,2012c)。由于对未来气候变化预估的可靠性,特别是对降水预估的可靠性不足,因此,未来病虫害的影响程度还难以估计。因此,深入研究农业病虫害发生发展规律及其对气候变化的响应是未来十分重要的研究内容之一。

本章主要回顾了气候变化对农作物(粮食作物为主)的影响研究。但气候变化对农业的影响涉及方方面面,内容十分丰富,如气候变化对经济作物、经济林果、畜牧业、农田生态系统等的影响,以及气候变化下农业气象灾害、病虫害等极端气候事件变化都会对农业生产产生影响,还有待以后进一步完善。

参考文献

蔡承智,van Velthuizen Harrij, Fischer Guenther,等.2007.基于 AEZ 模型的我国农区小麦生产潜力分析.中国生态农业学报,**15**(5):182-184.

曹卫星,罗卫红.2000.作物系统模拟及智能管理.北京:华文出版社.

车少静,智利辉,冯立辉.2005.气候变暖对石家庄冬小麦主要生育期的影响及对策.中国农业气象,**26**(3):180-183.

成林,刘荣花,王信理.2012.气候变化对河南省灌溉小麦的影响及对策初探.应用气象学报,**23**(5):571-577.

陈惠,林添忠,蔡文华.1999.气候变化对福建粮食种植制度的影响.福建农业科技,(1):6-7.

陈鹏狮,米娜,张玉书,等.2009.气候变化对作物产量影响的研究进展.作物杂志,(2):5-9.

陈少勇,张康林,邢晓宾,等.2010.中国西北地区近 47a 日照时数的气候变化特征.自然资源学报,**25**(7):1142-1152.

崔读昌.2001.中国粮食作物气候资源利用效率及其提高的途径.中国农业气象,**22**(2):25-32.

崔读昌.1995a.气候变暖对水稻生育期影响的情景分析.应用气象学报,**6**(3):361-365.

崔读昌.1995b.世界谷物产量与农业气候资源利用效率.自然资源学报,**10**(1):85-94.

代姝玮,杨晓光,赵孟,等.2011.气候变化背景下中国农业气候资源变化Ⅱ:西南地区农业气候资源时空变化
　　特征.应用生态学报,**22**(2):442-452.

丁丽佳,谢松元.2009.气候变暖对潮州水稻主要生育期的影响和对策.中国农业气象,**30**(增刊1):97-102.

丁一汇,任国玉,石广玉,等.2006.气候变化国家评估报告(Ⅰ):中国气候变化的历史和未来趋势.气候变化研
　　究进展,**2**(1):3-8.

段金省,牛国强.2007.气候变化对陇东塬区玉米播种期的影响.干旱地区农业研究,**25**(2):235-238.

冯利平,高亮之.1997.小麦生育期动态模拟模型的研究.作物学报,**23**(4):418-424.

付雨晴,丑洁明,董文杰.2014.气候变化对我国农作物宜播种面积的影响.气候变化研究进展,**10**(2):110-
　　117.

高亮之,金之庆.1994.栽培优化原理的结合——RCSODS.作物杂志,(3):4-7.

郭建平,高素华.1999.CO_2浓度倍增对春小麦不同品系影响的试验研究.资源科学,**21**(6):25-28.

霍治国,李茂松,王丽,等.2012a.气候变暖对中国农作物病虫害的影响.中国农业科学,**45**(10):1926-1934.

霍治国,李茂松,王丽,等.2012b.降水变化对中国农作物病虫害的影响.中国农业科学,**45**(10):1935-1945.

霍治国,李茂松,李娜,等.2012c.季节性变暖对中国农作物病虫害的影响.中国农业科学,**45**(10):2168-2179.

贾建英,郭建平.2009.东北地区近46年玉米气候资源变化研究.中国农业气象,**30**(3):302-307.

蒋高明,韩兴国,林光辉.1997.大气CO_2浓度升高对植物的直接影响—国外十余年来模拟实验研究之主要手
　　段及基本结论.植物生态学报,**21**(6):489-502.

姜彤,李修仓,巢清尘,等.2014.《气候变化2014:影响、适应和脆弱性》的主要结论和新认知.气候变化研究进
　　展,**10**(3):157-166.

金之庆,葛道阔,郑喜莲,等.1996.评价全球气候变化对我国玉米生产的可能影响.作物学报,**22**(5):513-
　　524.

居辉,熊伟,许吟隆,等.2005.气候变化对我国小麦产量的影响.作物学报,**31**(10):1340-1343.

赖荣生,余海龙,黄菊莹.2014.宁夏中部干旱带气候变化及其对春玉米气候生产潜力的影响.中国农业大学学
　　报,**19**(3):108-114.

李克南,杨晓光,刘志娟,等.2010.全球气候变暖对中国种植制度可能影响分析Ⅲ:中国北方地区气候资源变
　　化特征及其对种植制度界限的可能影响.中国农业科学,**43**(10):2088-2097.

李克南,杨晓光,慕臣英,等.2013.全球气候变暖对中国种植制度可能影响分析Ⅷ:气候变化对中国冬小麦冬
　　春性品种种植界限的影响.中国农业科学,**46**(8):1583-1594.

李克让,陈育峰.1999.中国全球气候变化影响研究方法的进展.地理研究,**18**(2):214-219.

李立军.2004.中国耕作制度近50年演变规律及未来20年发展趋势研究.中国农业大学,1-204.

李勇,杨晓光,王文峰,等.2010.气候变化背景下中国农业气候资源变化Ⅰ:华南地区农业气候资源时空变化
　　特征.应用生态学报,**21**(10):2605-2614.

李勇,杨晓光,代姝玮,等.2010.长江中下游地区农业气候资源时空变化特征.应用生态学报,**21**(11):2912-
　　2921.

李勇,杨晓光,王文峰,等.2010.全球气候变暖对中国种植制度可能影响Ⅴ:气候变暖对中国热带作物种植北
　　界和寒害风险的影响分析.中国农业科学,**43**(12):2477-2484.

李勇,杨晓光,叶清,等.2013.全球气候变暖对中国种植制度可能影响Ⅸ:长江中下游地区单双季稻高低温灾
　　害风险及其产量影响.中国农业科学,**46**(19):3997-4006.

林而达,张厚宣,王京华.1997.全球气候变化对中国农业影响的模拟.北京:中国农业科技出版社.

刘建国.1992.全球CO_2浓度升高和气候变暖对六个生物组织层次的影响,当代生物学博论.北京:中国科学
　　技术出版社.

刘志娟,杨晓光,王文峰.2011.气候变化背景下中国农业气候资源变化Ⅳ:黄淮海平原半湿润暖温麦-玉两熟

灌溉农区农业气候资源时空变化特征. 应用生态学报,**22**(4):905-912.

刘志娟,杨晓光,王文峰,等.2009.气候变化背景下我国东北三省农业气候资源变化特征.应用生态学报,**20**(9):2199-2206.

刘志娟,杨晓光,王文峰,等.2010.全球气候变暖对中国种植制度可能影响Ⅳ:未来气候变暖对东北三省春玉米种植北界的可能影响.中国农业科学,**43**(11):2280-2291.

刘彦随,刘玉,郭丽英.2010.气候变化对中国农业生产的影响及应对策略.中国生态农业学报,**18**(4):905-910.

莫伟强,黎伟标,许吟隆,等.2007.中国地面气温和降水变化未来情景的数值模拟分析.中山大学学报(自然科学版),**46**(5):104-108.

秦大河,罗勇.2008.全球气候变化的原因和未来变化趋势.科学对社会的影响,(2):16-21.

仇巧玲.2013.河套地区初终霜日变化趋势分析及霜冻预防.内蒙古气象,(5):21-23.

尚宗波.2000.全球气候变化对沈阳地区春玉米生长的可能影响.植物学报,**42**(3):300-305.

孙倩,黄耀,姬兴杰,等.2014.气候变化背景下河南省冬小麦品种更新特征.气候变化研究进展,**10**(4):282-288.

孙智辉,王春乙.2010.气候变化对中国农业的影响.科技导报,**28**(4):110-117.

孙白妮,门艳忠,姚凤梅.2007.气候变化对农业影响评价方法研究进展.环境科学与管理,**32**(6):165-168.

孙兰东,刘德祥.2008.西北地区热量资源对气候变化的响应特征.干旱气象,**26**(1):8-12.

汤绪,杨续超,田展,等.2011.气候变化对中国农业气候资源的影响.资源科学,**33**(10):1962-1968.

谭方颖,王建林,宋迎波,等.2009.华北平原近45年农业气候资源变化特征分析.中国农业气象,**30**(1):19-24.

田志会,郭文利,赵新平,等.2005.北京山区农业气候资源系统的模糊综合评判.山地学报,**23**(4):4507-4512.

万信,王润元.2007.气候变化对陇东冬小麦生态影响特征研究.干旱地区农业研究,**25**(4):80-84.

王春乙.1993.OTC-1型开顶式气室中CO_2对大豆影响的试验结果.气象,**19**(7):23-26.

王春乙,郭建平,白月明.2000.OTC-1型开顶式气室O_3发生、控制与测量系统及物理性能评价.应用气象学报,**11**(3):383-384.

王春乙,白月明,郑昌玲.2004.CO_2和O_3浓度增加对作物影响的研究进展.气象学报.**62**(6):875-881.

王馥棠.1993.CO_2浓度增加对植物生长和农业生产的影响.气象,**19**(7):8-13.

王馥棠,张宇.1995.气候变暖对我国水稻生产可能影响的数值模拟试验研究.应用气象学报,**6**(增刊):19-25.

王菱,谢贤群,苏文,等.2004.中国北方地区50年来最高和最低气温变化及其影响.自然资源学报,**19**(3):337-343.

王培娟,张佳华,谢东辉,等.2012.A2和B2情景下冀鲁豫冬小麦气象产量估算.应用气象学报,**22**(5):549-557.

王绍武,罗勇,赵宗慈,等.2012.新一代温室气体排放情景.气候变化研究进展,**8**(4):305-307.

王修兰,等.1996.二氧化碳、气候变化与农业.北京:气象出版社.

魏瑞江,张文宗,康西言,等.2007.河北省冬小麦气候适宜度动态模型的建立及应用.干旱地区农业研究,**25**(6):5-9.

熊伟,杨婕,林而达,等.2008.未来不同气候情景下我国玉米产量的初步预测.地球科学进展,**23**(10):1092-1101.

熊伟,林而达,蒋金荷,等.2010.中国粮食生产的综合影响分析.地理学报,**65**(4):397-406.

熊伟,冯颖竹,高清竹,等.2011.气候变化对石羊河、大凌河流域灌溉玉米生产的影响.干旱区地理,**34**(1):150-159.

熊伟,杨婕,吴文斌,等.2013.中国水稻生产对历史气候变化的敏感性和脆弱性.生态学报,**33**(2):509-518.

徐超,杨晓光,李勇,等.2011.气候变化背景下中国农业气候资源变化Ⅲ:西北干旱区农业气候资源时空变化特征.应用生态学报,**22**(03):763-772.

薛昌颖,刘荣花,吴骞.2010.气候变暖对信阳地区水稻生育期的影响.中国农业气象,**31**(3):353-357.

杨晓光,刘志娟,陈阜.2010.全球气候变暖对中国种植制度可能影响Ⅰ:气候变暖对中国种植制度北界和粮食产量可能影响的分析.中国农业科学,**43**(2):329-336.

杨晓光,李勇,代姝玮,等.2011.气候变化背景下中国农业气候资源变化Ⅸ:中国农业气候资源时空变化特征.应用生态学报,**22**(12):4177-3188.

杨晓光,刘志娟,陈阜.2011.全球气候变暖对中国种植制度可能影响Ⅱ:未来气候变化对中国种植制度北界的可能影响.中国农业科学,**44**(8):1562-1570.

余卫东,赵国强,陈怀亮.2007.气候变化对河南省主要农作物生育期的影响.中国农业气象,**28**(1):9-12.

袁东敏,尹志聪,郭建平.2014.SRES B2气候情景下东北玉米产量变化数值模拟.应用气象学报,**25**(3):284-292.

翟盘茂,邹旭恺.2005.1951—2003年中国气温和降水变化及其对干旱的影响.气候变化研究进展,**1**(1):16-18.

张建平,赵艳霞,王春乙,等.2008.气候变化情境下东北地区玉米产量变化模拟.中国生态农业学报,**16**(6):1448-1452.

张厚瑄.2000.中国种植制度对全球气候变化响应的有关问题Ⅰ:气候变化对我国种植制度的影响.中国农业气象,**21**(1):10-14.

赵锦,杨晓光,刘志娟,等.2010.全球气候变暖对中国种植制度可能影响Ⅱ:南方地区气候要素变化特征及对种植制度界限可能影响.中国农业科学,**43**(9):1860-1867.

赵俊芳,郭建平,马玉平,等.2010.气候变化背景下我国农业热量资源的变化趋势及适应对策.应用生态学报,**21**(11):2922-2930.

郑有飞,简慰民,李秀芬等.1998.紫外辐射增强对大豆影响的进一步分析.环境科学学报,**18**(5):549-552.

郑有飞,何雨红,甘思旧.2002.紫外辐射增加后麦田的小气候特征研究(Ⅰ):农业环境保护,**21**(5):406-409.

周林,王汉杰,朱红伟.2003.气候变暖对黄淮海平原冬小麦生长及产量影响的数值模拟.解放军理工大学学报(自然科学版),**4**(2):76-82.

周伟东,朱洁华,李军,等.2009.华东地区热量资源的气候变化特征.资源科学,**31**(3):472-478.

Adams R M. 1989. Global climate and agriculture: an economic perspective. *American Journal of Agricultural Economics*,**71**(5):1272-1279.

Alexandrov V A, Hoogenboom G. 2000. The impact of climate variability and change on crop yield in Bulgaria. *Agricultural and Forest Meteorology*,**104**(4):315-327.

Boogaard H L, Van Diepen C A. 1998. User's Guide for the WOFOST 7.1 Crop Growth Simulation Model and WOFOST Control Center 1.5.1DLO Wageningen: Win and Staring Centre,1-40.

Carbone G J, Kiechle W, Locke C, *et al*.2003. Response of soybean and sorghum to varying spatial scales of climate change scenarios in the Southeastern United States. *Climatic Change*,**60**:73-98.

Chaudhuri U N, Kirkham M B,Kanemasu E T. 1990. Root growth of winter wheat under elevated carbondioxide and drought. *Crop Sci*.,**30**:853-857.

Christian B, Benjamin S,Maud B, *et al*.2005. From GCM grid cell to agricultural plot scale issues affecting modeling of climate impact. *Phibs T. Roy. Soc. B.*,**360**:2095-2108.

Darwin R, Tsigas M, Lewandrowski J, *et al*.1995. World agriculture and climate change: economic adaptations. Agricultural Economic Report No.703,America,Washington,United States Department of Agriculture,1-86.

Easterling W E，Rosenberg N J，*et al*. 1992. Preparing the erosion productivity impact calculater (EPIC)model to simulate crop response to climate change and the direct effects of CO_2. *Agricultural and Forest Meteorology*，**59**：17-34.

Finn G A，Brun W A. 1982. Effect of atmospheric CO_2 enrichment on growth，nonstructural carbon hydrates content and root nodule activity in soybean. *Plant Physiology*，**69**：327-331.

IPCC. 2007. Climate Change 2007：The Physical Science Basis. Contribution of Working Group Ⅰ to The Fourth Assessment Report of the Intergovernmental Panel on Climate Change. Cambridge，UK：Cambridge University Press，1-989.

IPCC. 2013. Climate Change 2013：The Physical Science Basis. Contribution of Working Group Ⅰ to The Fifth Assessment Report of the Intergovernmental Panel on Climate Change. Cambridge，UK：Cambridge University Press，1-1552.

IPCC. 2014. Climate change 2014：impact，adaptation，and vulnerability. Cambridge：Cambridge University Press，in press，2014 [2014-05-06]. http://www. ipcc. ch/report/ar5/wg2/.

Jones C A，Kiniry J R. 1986. CERES-Maize：A Simulation Model of Maize Growth and Development. TX：Texas A & M University Press，College Station，194.

Kobayashi K，Lieffering M，Miura S. 2001. Growth and nitrogen uptake of CO_2 enriched rice under field conditions. *New Phytol*，**150**：223-229.

Lobell D B，Field C B，Cahill K N，*et al*. 2006. Impacts of future climate change on California perennial crop yields：Model projections with climate and crop uncertainties. *Agricultural and Forest Meteorology*，**141**：208-218.

Piao S，Ciais P，Huang Y，*et al*. 2010. The impacts of climate change on water resources and agriculture in China. *Nature*，**467**：43-51.

Rogers H H，Cure J D，Smith J M. 1986. Soybean growth and yield response to elevated carbon dioxide. *Agriculture Ecosystems and Environment*，**16**：113-128.

Tao F L，Yokozawa M，Xu Y L，*et al*. 2006. Climate changes and trends in phenology and yields of field crops in China，1981—2000. *Agricultural and Forest Meteorology*，**138**：82-92.

Tubiello F N，Donatelli M，Rosenzweig C，*et al*. 2000. Effects of climate change and elevated CO_2 on cropping systems：model predictions at two Italian locations. *European Journal of Agronomy*，**13**(2-3)：179-189.

Xu Y H，Guo J P，Zhao J F，*et al*. 2014. Scenario analysis on the adaptation of different maize varieties to future climate change in Northeast China. *Journal of Meteorological Research*，**28**(3)：469-480.

Yuan B，Guo J P，YE M Z，*et al*. 2012. Variety distribution pattern and climatic potential productivity of spring maize in Northeast China under climate change. *Chin Sci Bull*，**57**(14)：1252-1262.

第 2 章

气候变化下中国农业气候资源演变趋势

受全球气候变化影响,近 60 年来我国温度和降水等气候资源的时空分布发生了显著变化,极端天气气候事件与灾害的频率和强度明显增大,对农业、林业、牧业等都产生了严重影响。气候变暖使我国农业生产的不稳定性增加、产量波动增大、农业生产布局和结构发生改变,农业生产条件改变、农业生产成本和投资成本增加,农业病虫害加重,农业生产和粮食安全的风险加大。研究表明,未来气候变化下我国地表温度将继续以升高为主,极端天气气候事件与灾害的频率和强度将继续增多增强。因此,气候变化将直接影响我国的农业资源状况,我国农业生产将会受到严重冲击,进而对国家粮食安全产生威胁。因此,及早了解不同时期不同区域农业气候资源变化特征,对积极采取应对措施来适应气候变化有着非常重要的现实意义。

2.1　数据与方法

2.1.1　数据来源与处理

(1)区域气候模式及其预估

全球气候模式是气候变化预估的首要工具,但由于分辨率较低($100\sim300$ km),对区域尺度气候及其变化的模拟存在不足,故对东亚气候的模拟能力普遍较差,而高分辨率区域气候模式具有更加真实合理的地形强迫,使得其对降水变化的预估往往和其驱动场表现出很大的不同。东亚地区具有复杂的地形和独特的气候特点,因而进行高分辨率数值模拟更为重要。

本章中使用 RegCM3 区域气候模式,单向嵌套日本 CCSR/NIES/FRCGC 的 MIROC3.2_hires 全球模式输出结果,对中国及东亚地区进行了 1951—2100 年的数值模拟,在 IPCC SRES A1B 温室气体排放情景下,进行水平分辨率为 25 km 的连续气候变化模拟试验,得到 1951—2100 年的模拟资料。

(2)气象观测资料格点化

为高分辨率气候模式检验等的需要,基于 2400 余个中国地面气象台站的观测(图 2.1),通过插值建立了一套时间范围为 1961—2005 年,$0.25°\times0.25°$ 经纬度分辨率的格点化数据集(CN05.1)。CN05.1 包括日平均和最高、最低气温,以及降水 4 个变量。

其中的插值方法为常用的"距平逼近"方法,具体为:首先计算一个 40 年的气候平均场,将

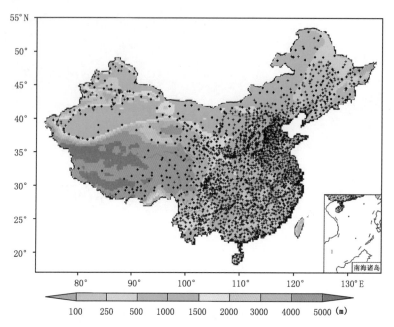

图 2.1　中国 2416 个地面气象台站及其地形高度

（注：图中圆点标记为国家基准气候站和基本气象站，十字为国家一般站）

此气候场按照薄板样条方法（通过 ANUSPLIN 软件实现）插值到格点上；随后计算距平场，并使用"角距权重（ADW）"插值方法把距平场插值到格点上；最后将气候场和距平场相叠加，得到所需格点观测数据。

（3）模式资料订正

区域气候模式虽然对中国当代气候的模拟能力有了较大提高，但还存在着一定程度上的误差。为更好地在气候变化对农业的影响评估方面进行应用，必须对 RegCM3 模拟结果进行订正，具体订正方法为：首先计算 1961—2000 年多年平均的逐日气温和降水模拟与观测资料的差值，然后将上述差值叠加在 RegCM3 的模式预估结果上。最后，得到订正后的气温、降水相关的各要素值。

（4）资料处理

根据订正的格点资料，统计 1951—2100 年我国主要农业气候资源（日平均气温≥0℃、≥10℃的初、终日、持续时间、积温、降水量、辐射等要素，初霜冻日、终霜冻日、无霜期），以1971—2000 年为基准气候时段求算基准气候时段各要素的平均值，以及各年代与基准气候时段的差值。

2.1.2　稳定通过界限温度起止日期的确定

本章日平均气温稳定通过 0℃、10℃界限温度起止日期的求算均采用五日滑动平均法进行确定。

2.1.3　初霜冻日、终霜冻日、无霜期的确定

初霜冻日：由温暖季节向寒冷季节过渡期间第一次出现霜冻的日期。

终霜冻日:由寒冷季节向温暖季节过渡期间最后一次出现霜冻的日期。

无霜期:指当地的终霜冻日到初霜冻日前一天之间的天数。

本书将日最低气温≤2℃作为霜冻指标来分析初、终霜冻日出现日期及无霜期的长短。

2.1.4　区域划分

以往研究表明,不同区域的气候变化方向和速率会有所不同,基于此,将全国划分为 6 个区,具体为:

东北地区:东北三省及内蒙古东部

华北地区:北京、天津、河北、山西、河南、山东及内蒙古中部

长江中下游地区:湖北、安徽、江苏、上海、湖南、江西、浙江

华南地区:福建、广东、广西、海南

西南地区:四川、重庆、贵州、云南、西藏

西北地区:陕西、宁夏、甘肃、青海、新疆、内蒙古西部

2.2　气候变化对中国农业气候资源的影响

2.2.1　日平均气温≥0℃期间的农业气候资源时空变化特征

2.2.1.1　日平均气温≥0℃期间的农业气候资源空间变化特征

(1)初日

基准气候时段下(1971—2000 年,下同),我国各地日平均气温≥0℃初日出现日期的基本分布特征是由南向北推迟,由低海拔向高海拔地区推迟(图 2.2a)。江南大部、华南、西南东部地区≥0℃初日出现较早,基本在 1 月开始;华北南部、黄淮、江淮大部地区及南疆大部在 2 月至 3 月上旬开始;东北地区、华北大部、西北北部和东部、内蒙古中西部在 3 月中旬至 4 月上旬间开始;内蒙古东部、黑龙江北部、青藏高原周边地区在 4 月中、下旬开始;而在高海拔的青藏高原大部地区≥0℃初日在 5 月至 6 月上旬出现。

与基准气候时段相比,1951—1980 年我国中东部地区及西部部分地区日平均气温≥0℃初日推迟 1~7 d,西北、西南、华南总体上提早 1~7 d 左右(图 2.2b)。1981—2010 年除内蒙古东部、西南地区东部、江南等地推迟 1~7 d 外,全国大部地区提早 1~7 d(图 2.2c)。

与基准气候时段相比,未来情景下,2011—2040 年,全国大部地区≥0℃初日较基准气候时段有不同程度偏早,东北地区、内蒙古、华北北部、西北北部部分地区、西南地区东南部、江南大部、华南等地初日提早 1~7 d,华北南部、黄淮、江淮、青藏高原大部及新疆高海拔地区等地提早 8~19 d,西藏、川西部分地区提早 20 d 以上(图 2.2d)。2041—2070 年,东北、内蒙古东部、西南东部、江南西南部、华南大部≥0℃初日提早 1~7 d,其余地区提早 8~19 d,青藏高原、黄淮、江淮等地提早 20 d 以上(图 2.2e)。2071—2100 年南方大部提早 1~7 d,东北、华北北部、西北北部提早 8~19 d,青藏高原、华北南部、黄淮、江淮、江南东部等地初日提早 20 d 以上(图 2.2f)。

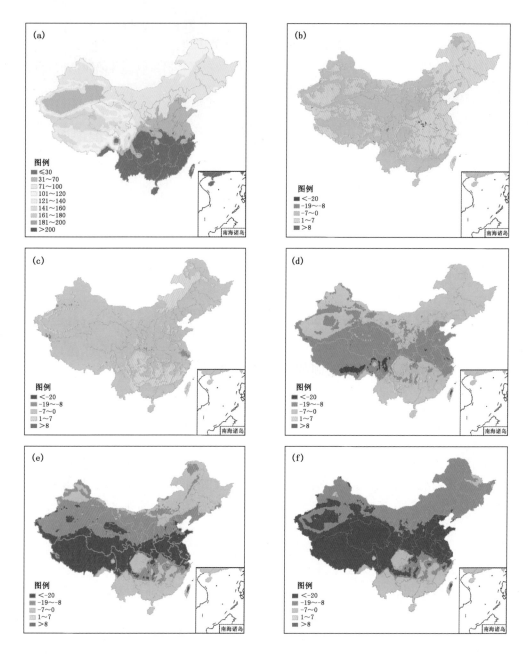

图 2.2　1971—2000 年日平均气温≥0℃初日日序(a)及与 1951—1980 年(b);1981—2010 年(c);
2011—2040 年(d);2041—2070 年(e);2071—2100 年(f))比较(单位:d)

(2)终日

　　基准气候时段下,我国各地日平均气温≥0℃终日出现日期的分布基本与初日相反,由北向南逐渐推迟,随地形海拔高度升高而提前结束。高海拔、高纬度的青藏地区及甘肃西部、新疆天山、黑龙江北部、内蒙古东北部等地 10 月中旬前即已通过≥0℃终日;东北中北部、内蒙古中部、新疆北部在 10 月下旬至 11 月上旬;华北大部、西北东部、新疆南部、辽宁等地在 11 月中旬至 12 月中旬间;西南地区东部、长江中下游、华南大部地区结束的较晚,一般在 12 月中、下旬(图 2.3a)。

　　与基准气候时段相比,1951—1980 年,我国各地日平均气温≥0℃终日北方总体偏早,南方偏晚(图 2.3b)。1981—2010 年,除北疆部分地区外,全国大部地区偏晚,其中华北南部、西北东南部、四川西部、西藏东部、内蒙古中部等地偏早 3～9 d(图 2.3c)。

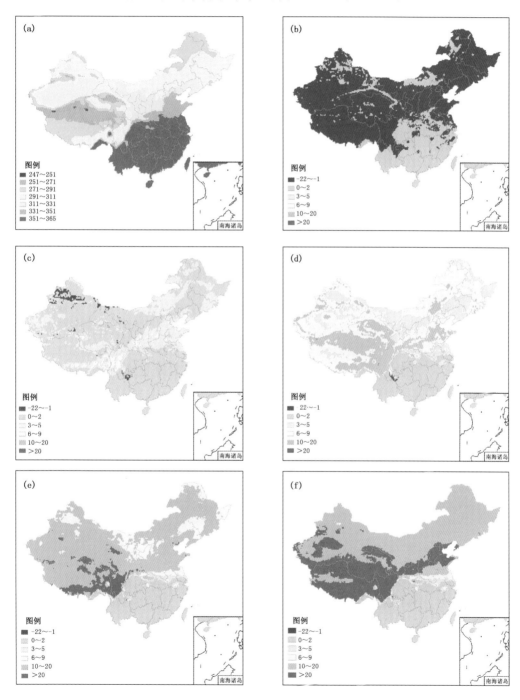

图 2.3　1971—2000 年日平均气温≥0℃终日日序(a)及与 1951—1980 年(b);1981—2010 年(c);
2011—2040 年(d);2041—2070 年(e);2071—2100 年(f)比较(单位:d)

与基准气候时段相比,未来情景下,2011—2040 年,全国大部≥0℃终日较基准气候时段延迟,南方大部地区延迟不到 2 d,东北大部、华北北部、西北北部和东北部、江淮等地延迟 3～9 d,华北南部、黄淮北部、青藏地区、四川西部、陕西中部及新疆、甘肃的部分高海拔地区延迟10 d 以上(图 2.3d)。2041—2070 年,南方大部延迟少于 2 d,北方大部延迟 6～20 d,其中青藏部分地区及四川西部延迟 20 d 以上(图 2.3e)。2071—2100 年,南方大部延迟少于 2 d,北方大部延迟 10～20 d,华北南部、黄淮北部、青藏大部、南疆、甘肃南部、陕西中部等地延迟 20 d以上(图 2.3f)。

(3)持续日数

日平均气温≥0℃的持续日数通常用来反映某地农事活动期的长短。基准气候时段下,我国日平均气温≥0℃持续日数总体上呈自南向北减少趋势。青藏地区全年≥0℃持续日数最少,大部分地区不超过 160 d;青藏高原周边、新疆山区、内蒙古东部、黑龙江北部等地在 161～200 d;东北大部、华北大部、西北北部和东部大部及四川西北部在 201～280 d;黄淮大部有281～320 d;江淮、江汉、江南、华南及西南地区东部大于 320 d(图 2.4a)。

与基准气候时段相比,1951—1980 年,新疆北部、南疆盆地周边、甘肃、青海北部、西藏中部、四川西部等地的部分地区≥0℃持续日数增加 1～7 d 外,全国大部地区≥0℃持续日数略减少(图 2.4b)。1981—2010 年,除华南、西南地区东南部、江南部分地区略减少外,全国其余大部地区≥0℃持续日数增加 1～7 d,西北东部、西南中部、江淮东部等地增加 8～14 d(图2.4c)。

与基准气候时段相比,未来情景下,2011—2040 年,除华南地区及云南大部、四川东部≥0℃持续日数略减少外,全国其余大部地区≥0℃持续日数均呈不同程度增加,江南大部及湖北东部、贵州大部≥0℃持续日数增加 1～7 d,东北大部、华北北部、西北北部和东北部、内蒙古等地增加 8～14 d,华北南部、黄淮、江淮、西北地区东南部、青藏地区及周边大部增加 15 d 以上,新疆南部、青海北部和南部、西藏大部、四川西部、陕西南部、湖北西部、河南大部、河北南部、山东部分地区≥0℃持续日数增加 21～49 d(图 2.4d)。2041—2070 年,除华南大部、云南、四川东部略减少外,其他地区增加明显,江南大部、湖北东部及北方部分地区增加 1～14 d,其余大部地区增加 15 d 以上,青海南部、西藏东部、四川西部等地增加 50～80 d(图 2.4e)。2071—2100 年,除华南大部、云南、四川东部略减少外,其他地区增加明显,江南大部、湖北东部增加 1～21 d,其余大部地区增加 22 d 以上,青藏大部、华北南部、西北东南部、黄淮北部等地增加天数 50～80 d,西藏东南部、四川西部增加 80 d 以上(图 2.4f)。

(4)积温

基准气候时段下,青藏高原日平均气温≥0℃积温最少,大多数地区在 1000℃·d 以下,青藏高原附近周边地区、天山周边、内蒙古东北部及黑龙江最北部的部分地区≥0℃积温在1000～2000℃·d,全国其余大部地区≥0℃积温从北到南递增。大小兴安岭及长白山区大部、新疆北部部分地区在 2000～3000℃·d;东北平原、黄土高原及内蒙古高原西部地区在 3000～4000℃·d;南疆大部、华北平原至江南东部、江汉北部、云南北部、贵州大部、湖南西部等地在4000～6000℃·d;江南中南部、华南北部、云南南部等地在 6000～7000℃·d;华南南部大部在 7000℃·d 以上(图 2.5a)。

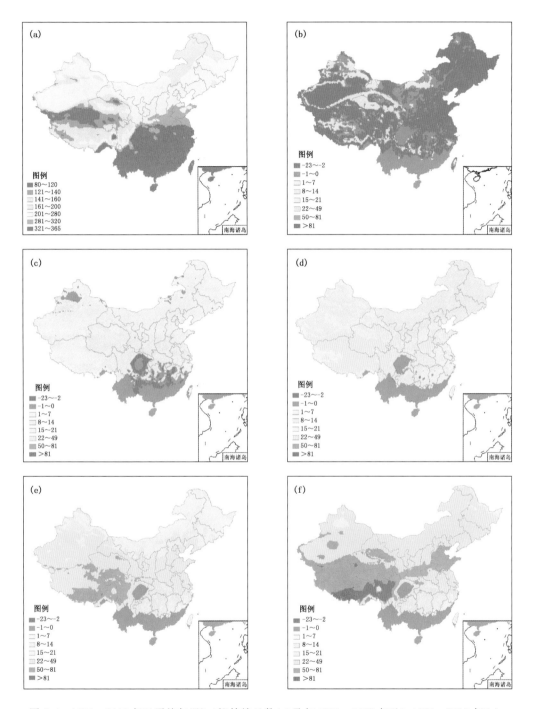

图 2.4　1971—2000 年日平均气温≥0℃持续日数(a)及与 1951—1980 年(b);1981—2010 年(c);
2011—2040 年(d);2041—2070 年(e);2071—2100 年(f)比较(单位:d)

与基准气候时段相比,1951—1980 年,全国大部≥0℃积温偏少 0～100℃•d,东南部地区
偏少 100℃•d 以上(图 2.5b)。1981—2010 年,除青藏大部、东北北部和东部≥0℃积温偏多
50～100℃•d 左右外,全国大部地区偏多 100～200℃•d(图 2.5c)。

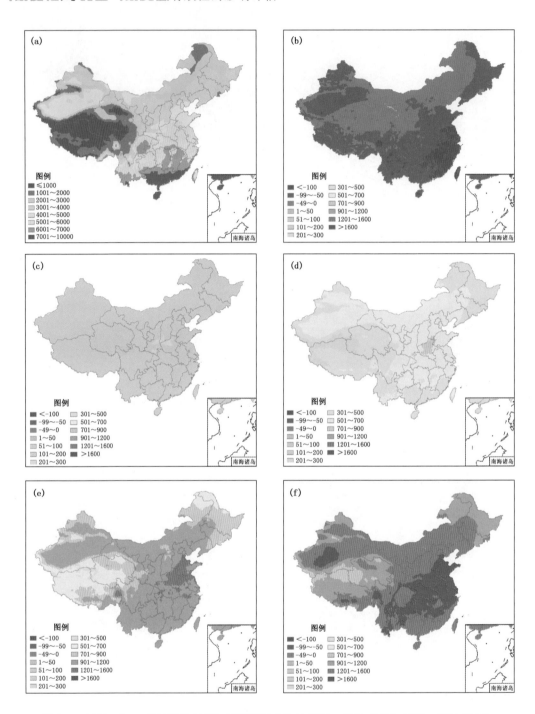

图 2.5 1971—2000 年日平均气温≥0℃积温(a)及与 1951—1980 年(b);1981—2010 年(c);
2011—2040 年(d);2041—2070(e);2071—2100(f)比较(单位:℃·d)

与基准气候时段相比,未来情景下,2011—2040 年,大、小兴安岭及长白山地区大部、青藏高原大部、川西高原及云南大部、华南大部≥0℃积温增加 200~500℃·d,全国其余大部地区增加 500~700℃·d,其中河南中北部增加 700~900℃·d(图 2.5d)。2041—2070 年,全国

≥0℃积温增加幅度较 2011—2040 年明显增加,除青藏中西部、东北最北部增加 500～700℃·d外,全国大部增加 700～1200℃·d,黄淮大部增加达 1200～1600℃·d(图 2.5e)。2071—2100 年间,除青藏大部、东北北部和东部≥0℃积温增加 700～1200℃·d 外,全国大部增加幅度超过 1200℃·d,黄淮至江南、西南地区东部部分地区增加幅度超过 1600℃·d(图 2.5f)。

(5)降水量

基准气候时段下,日平均气温≥0℃期间的降水量基本分布趋势为东南向西北递减。西藏西部、新疆、青海西部、内蒙古中西部降水量<400 mm,其中内蒙古西北部、新疆大部、西藏西北部不足 100 mm;东北地区大部、黄淮、江汉、江淮、江南东部、西南地区西北部等地降水量有 800～1200 mm;西南地区大部、江南地区和华南地区北部 1200～1600 mm;西藏东南部、云南西北部、四川中部、广东沿海、海南和台湾大部降水量超过 2000 mm;全国其余地区降水量在 400～800 mm 之间(图 2.6a)。

与基准气候时段相比,1951—1980 年,除东北西部、内蒙古东北部的部分地区以及西藏东北部、广东西南部局部地区偏少 50 mm 以上外,其他地区基本接近或偏多,其中,西藏东南部、广西北部、湖南中部、江西北部的局部地区偏多 50 mm 以上(图 2.6b)。1981—2010 年,除东北西部、内蒙古东南部、四川盆地东部偏少 50～100 mm 外,其他地区与基准期接近或偏多,其中,江淮、江南中部、华南中部及青海南部、四川西部、西藏东南部等地偏多 50 mm 以上(图 2.6c)。

与基准气候时段相比,未来情景下,2011—2040 年,日平均气温≥0℃期间的降水量偏少区域集中在东北到西南一线,其中,内蒙古东南部、辽宁、四川东部、贵州西南部、广西东南部、海南西南部等地偏少 50～100 mm,辽宁局部地区偏少 100 mm 以上;江淮以及江西北部、广东、西藏东部、青海南部的部分地区偏多 50～100 mm,江淮南部局部地区偏多 100 mm 以上(图 2.6d)。2041—2070 年,日平均气温≥0℃期间的降水量偏少的地区集中在东北地区西部、西南地区东南部及重庆、西藏东南部、内蒙古东部,其中西南东南部及重庆降水量偏少 50～100 mm,云南大部偏少 100 mm 以上;全国其余大部分地区降水偏多或基本接近,其中,四川东部、西藏东南部、青海中部和北部、海南西南部以及天山山脉等地局地偏多 200 mm 以上(图 2.6e)。2071—2100 年,全国大部分地区降水量偏多,华北西部、西北东部及四川、西藏东部、湖南南部、广东沿海等地偏多 100～200 mm,四川东部和西部、青海东南部、西藏东南部、海南西南部等局地偏多 200～300 mm;偏少的地区集中在东北地区、华北东部、黄淮、江淮、西南地区东南部等地,其中东北西部、云南中东部、贵州西南部、重庆、内蒙古东部的部分地区偏少 50～100 mm(图 2.6f)。

(6)总辐射量

地球表面获得的太阳总辐射量主要取决于纬度、海拔和云量。基准气候时段下,日平均气温≥0℃期间的总辐射量在 200～5000 MJ/m² ,其中青藏高原最低,一般在 2500 MJ/m² 以下,珠穆朗玛峰、唐古拉山、念青唐古拉山、祁连山等高山地区总辐射量大于 1500 MJ/m² ;东北中部和南部、内蒙古中部、华北、西北地区东部、西南地区东部和南部、黄淮、江淮、江汉、江南、华南等地均在 2500 MJ/m² 以上,其中,江南南部、华南以及云南、贵州中部和南部等地超过 4500 MJ/m² (图 2.7a)。

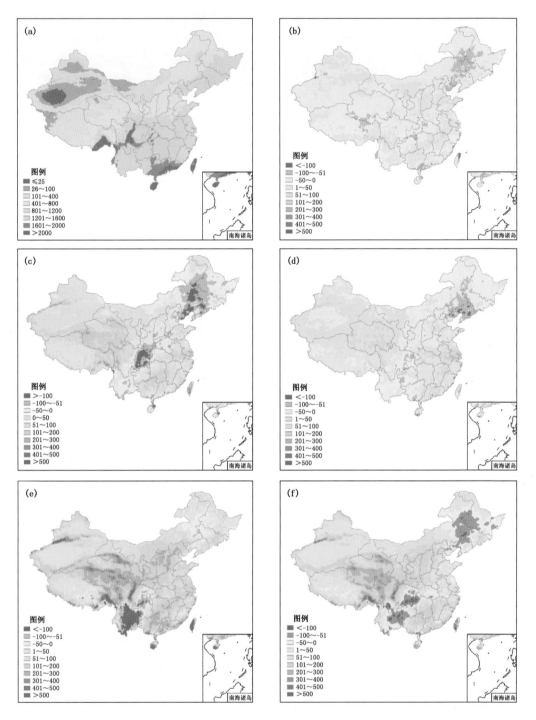

图 2.6　1971—2000 年日平均气温≥0℃期间降水量（a）及与 1951—1980 年（b）；1981—2010 年（c）；
2011—2040 年（d）；2041—2070 年（e）；2071—2100 年（f）比较（单位：mm）

与基准气候时段相比，1951—1980 年，除西北地区东部、天山山脉的局部地区≥0℃期间的总辐射量偏多 1～50 MJ/m² 以外，其他区域均偏少，其中，江南东部以及西藏、云南北部的部分地区偏少 50 MJ/m² 以上(图 2.7b)。1981—2010 年,除云南东部、贵州南部、广州北部、湖南中部和南部等地的部分地区外,全国大部分地区日平均气温≥0℃期间的总辐射量偏多,西藏、青海南部、四川西北部偏多 50 MJ/m² 以上(图 2.7c)。

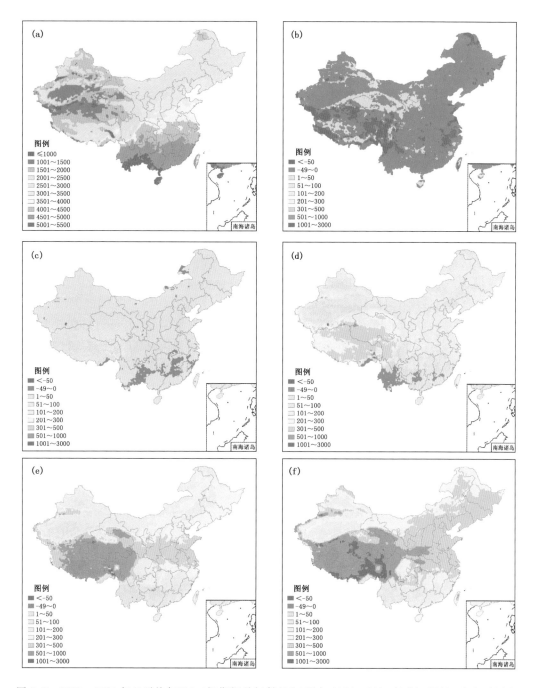

图 2.7　1971—2010 年口平均气温≥0℃期间总辐射量(a)及与 1951—1980 年(b);1981—2010 年(c);
2011—2040 年(d);2041—2070 年(e);2071—2100 年(f)比较(单位:MJ/m²)

与基准气候时段相比,未来情景下,2011—2040 年,日平均气温≥0℃期间的总辐射量除云南、广西中北部、广东北部的部分地区偏少以外,全国大部分地区偏多,其中青海北部、甘肃中部、四川西部、西藏东南部与北部等地偏多 300～500MJ/m² ,局地偏多 500 MJ/m² 以上(图 2.7d)。2041—2070 年,日平均气温≥0℃期间的总辐射量较 2011—2040 年与基准期相比总体偏多的幅度增加,其中偏多的大值区域仍集中在青海东北部和南部、四川西部、西藏等地,普遍偏多 500～1000MJ/m² ,局地偏多 1000 MJ/m² 以上(图 2.7e)。2071—2100 年,日平均气温≥0℃期间的总辐射量较 2011—2040 年和 2041—2070 年两个时段,与基准期相比总体偏多的幅度增加的更多,除普遍偏多 300 MJ/m² 以上,偏多的大值区域仍集中在青海、甘肃中部和西南部、陕西中部、四川西部、西藏等地,偏多 500～1000MJ/m² ,局地偏多 1000 MJ/m² 以上(图 2.7f)。

(7)潜在蒸散量

基准气候时段下,日平均气温≥0℃期间的潜在蒸散量基本分布趋势为南部、西北、中东部高,东北、青藏高原低。其中,华南、华北东部和南部以及新疆大部、内蒙古西部、湖北东部、江西中部、云南等地潜在蒸散量为 1200～1600 mm;东北西部、内蒙古东南部、西藏南部、青海西北部、四川西部潜在蒸散量一般有 600～900 mm;东北北部和东部、青藏高原中部和东北部以及内蒙古地区东部、潜在蒸散量小于 600 mm,其中,青海南部、西藏北部、黑龙江东部等地的部分地区潜在蒸散量不足 450 mm;全国其余地区潜在蒸散量在 900～1200 mm(图 2.8a)。

与基准气候时段相比,1951—1980 年,华南中西部、江淮、华北、内蒙古东北部、东北东部和北部、青藏高原大部、西南东南部、华南西部和南部等地潜在蒸散量偏少 50 mm 以内,天山山脉等高海拔地区偏少超过 50 mm,全国其余大部分地区偏多 50 mm 以内,仅新疆中部、甘肃西部等地局部偏多超过 50 mm(图 2.8b)。1981—2010 年,全国大部分地区偏多 50 mm 以内(图 2.8c)。

与基准气候时段相比,未来情景下,2011—2040 年,日平均气温≥0℃期间的潜在蒸散量除南疆、天山山脉、甘肃西部、西藏东南部、四川中部等地偏少外,全国其余大部分地区偏多,其中内蒙古大部、华北、黄淮、江淮、东北地区西部及南疆等地偏多 100 mm 以上,局地偏多超过 175 mm(图 2.8d)。2041—2070 年,全国大部分地区潜在蒸散量较基准时段偏多 100～250 mm,其中,华北南部、黄淮以及西藏南部、新疆南部、甘肃西部等地偏多 250 mm 以上(图 2.8e)。2071—2100 年,全国大部分地区潜在蒸散量较基准时段偏多,且偏多幅度较前几个时段更为显著,除内蒙古东北部、黑龙江西北部偏多在 100～170 mm 外,全国其余大部地区偏多在 175 mm 以上,其中东北西南部、华北南部、黄淮东部以及新疆南部、甘肃西部、内蒙古西部、青藏高原大部、贵州、云南北部等地偏多 250～400 mm,西藏南部、新疆中部的部分地区偏多达 400 mm 以上(图 2.8f)。

2.2.1.2　日平均气温≥0℃期间的农业气候资源时间变化特征

(1)初日

1951—2100 年,全国平均稳定通过 0℃初日总体上提前趋势明显,约提前 2.0 d/10a(图 2.9a)。其中,1951—2010 年,稳定通过 0℃初日总体没有明显变化趋势,多呈年际波动特征;2011—2040 年与 2041—2100 年间,稳定通过 0℃初日都有明显的提前趋势,且提前速率基本均为 2.0 d/10a 左右。

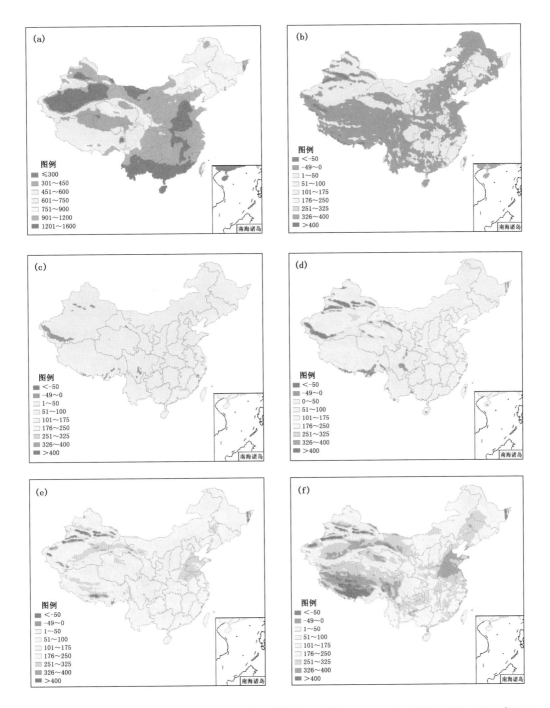

图 2.8　1971—2010 年日平均气温≥0℃期间潜在蒸散量(a)及与 1951—1980 年(b);1981—2010 年(c);
2011—2040 年(d);2041—2070 年(e);2071—2100 年(f)比较(单位:mm)

1951—2100 年,东北平均稳定通过 0℃初日总体上呈显著提早趋势,提早速率约 1.1 d/
10a(图 2.9b)。其中,1951—2010 年,稳定通过 0℃初日呈微弱提早趋势,提早速率为 0.7 d/
10a;2011—2040 年呈提早趋势,提早速率为 1.7 d/10a;2041—2100 年,稳定通过 0℃初日有

显著提早趋势,提早速率为 1.3 d/10a 左右。

1951—2100 年,西北平均稳定通过 0℃初日总体上呈显著提早趋势,提早速率约 2.1 d/ 10a(图 2.9c)。其中,1951—2010 年,稳定通过 0℃初日有微弱提早趋势,提早速率为 0.5 d/ 10a;2011—2040 年呈显著提早趋势,提早速率为 3.4 d/10a;2041—2100 年,稳定通过 0℃初 日也有显著提早趋势,提早速率为 2.4 d/10a 左右。

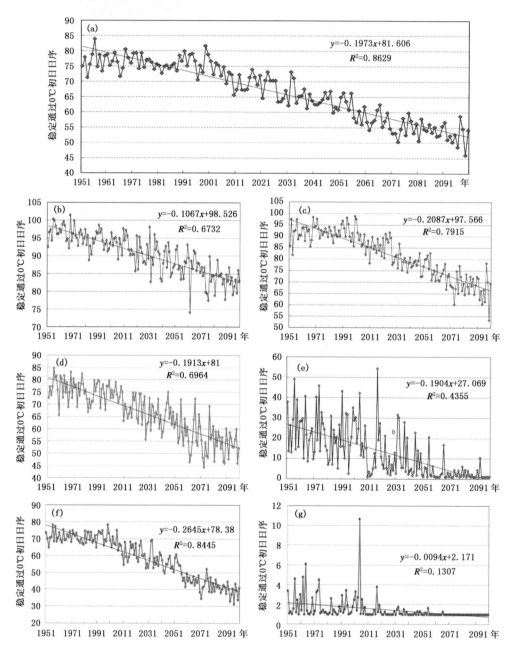

图 2.9　全国和各区域平均稳定通过 0℃初日日序历年变化(1951—2100 年)

(a. 全国;b. 东北;c. 西北;d. 华北;e. 长江中下游;f. 西南;g. 华南)

　　1951—2100 年,华北平均稳定通过 0℃ 初日总体上提早趋势明显,提早速率 1.9 d/10a(图 2.9d)。其中,1951—2010 年,稳定通过 0℃ 初日总体没有明显变化趋势,多呈现年际波动特征;2011—2040 年呈提早趋势,提早速率为 1.9 d/10a;2041—2100 年,稳定通过 0℃ 初日有明显的提早趋势,且提早速率为 2.3 d/10a。

　　1951—2100 年,长江中下游平均稳定通过 0℃ 初日总体上呈显著提早趋势,提早速率约 1.9 d/10a(图 2.9e)。其中,1951—2010 年稳定通过 0℃ 初日有微弱的提早趋势,提早速率为 1.2 d/10a;2011—2040 年没有明显变化趋势;2041—2100 年,稳定通过 0℃ 初日有微弱的提早趋势,提早速率为 0.9 d/10a 左右。

　　1951—2100 年,西南平均稳定通过 0℃ 初日总体上呈显著提早趋势,提早速率约 2.6 d/10a(图 2.9f)。其中,1951—2010 年没有明显变化趋势;2011—2040 年有微弱的提早趋势,提早速率为 1.4 d/10a;2041—2100 年稳定通过 0℃ 初日呈显著提早趋势,提早速率为 3.2 d/10a。

　　华南地区全年几乎每日日平均气温均在 0℃ 以上,因此,1951—2100 年,华南平均稳定通过 0℃ 初日总体上没有明显变化趋势(图 2.9g)。

　　(2)终日

　　1951—2100 年,全国平均稳定通过 0℃ 终日总体上推后趋势明显,推后速率为 1.5 d/10a(图 2.10a)。1951—2010 年,推后速率较慢,约 0.9 d/10a。2011—2040 年,继续保持推后趋势,且推后速率加快,达 1.8 d/10a;2041—2100 年推后速率基本与前 30 年相当,为 1.7 d/10a。

　　1951—2100 年,东北平均稳定通过 0℃ 终日总体上呈显著推后趋势,推后速率为 1.4 d/10a(图 2.10b)。1951—2010 年有推后变化趋势,推后速率约 1.1 d/10a;2011—2040 年呈推后趋势,推后速率达 1.7 d/10a;2041—2100 年推后速度又缓,推后速率为 1.3 d/10a。

　　1951—2100 年,西北平均稳定通过 0℃ 终日总体上呈显著推后趋势,推后速率为 1.8 d/10a(图 2.10c)。1951—2010 年略有推后变化趋势,推后速率约 0.9 d/10a;2011—2040 年呈显著推后趋势,推后速率达 2.3 d/10a;2041—2100 年也呈显著推后趋势,推后速率为 2.2 d/10a。

　　1951—2100 年,华北平均稳定通过 0℃ 终日总体上呈推后趋势明显。推后速率为 1.7 d/10a(图 2.10d)。1951—2010 年有推后变化趋势,推后速率约 1.2 d/10a;2011—2040 年推后速度加快,推后速率达 2.5 d/10a;2041—2100 年推后速度又缓,推后速率为 1.6 d/10a。

　　1951—2100 年,长江中下游平均稳定通过 0℃ 终日总体上略呈推后趋势,推后速率为 0.2 d/10a(图 2.10e)。1951—2010 年、2011—2040 年、2041—2100 年均没有明显变化趋势。

　　1951—2100 年,西南平均稳定通过 0℃ 终日总体上呈显著推后趋势,推后速率约 1.7 d/10a(图 2.10f)。其中,1951—2010 年有显著推后趋势,推后速率为 1.2 d/10a;2011—2040 年有显著推后趋势,推后速率为 1.7 d/10a;2041—2100 年稳定通过 0℃ 终日呈显著的推后趋势,推后速率为 2.1 d/10a。

　　华南地区全年几乎每日日平均气温均在 0℃ 以上,因此,1951—2100 年,华南平均稳定通过 0℃ 终日也没有明显变化趋势(图 2.10g)。

　　(3)持续日数

　　1951—2100 年,全国平均稳定通过 0℃ 持续日数总体上增加趋势明显,增加速率为 3.5 d/10a(图 2.11a)。其中,1951—2010 年,稳定通过 0℃ 持续日数增加速率缓慢,为 1.6 d/10a。

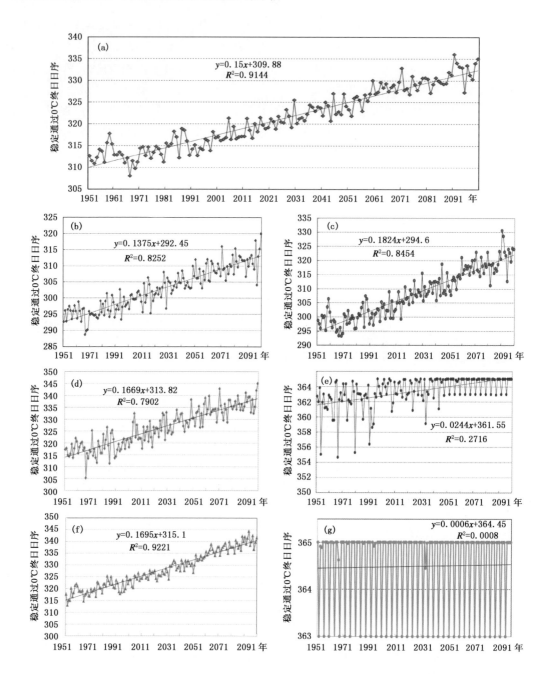

图 2.10　全国和各区域平均稳定通过 0℃终日日序历年变化(1951—2100 年)

(a.全国;b.东北;c.西北;d.华北;e.长江中下游;f.西南;g.华南)

2011—2040 年,总体上仍呈现显著增加趋势,增加速率为 3.8 d/10a;2041—2100 年稳定通过 0℃持续日数增加速率为 3.9 d/10a。

　　1951—2100 年,东北平均稳定通过 0℃持续日数总体上呈增加趋势,增加速率为 2.4 d/ 10a(图 2.11b)。其中,1951—2010 年稳定通过 0℃持续日数呈增加趋势,增加速率为 1.7 d/ 10a;2011—2040 年总体上呈显著增加趋势,增加速率为 3.4 d/10a;2041—2100 年稳定通过

0℃持续日数依然呈增加趋势,增加速率为 2.7 d/10a。

1951—2100 年,西北平均稳定通过 0℃持续日数总体上呈显著增加趋势,增加速率为 3.9 d/10a(图 2.11c)。其中,1951—2010 年稳定通过 0℃持续日数有微弱的增加趋势,增加速率为 1.5 d/10a;2011—2040 年总体上呈显著增加趋势,增加速率为 5.7 d/10a;2041—2100 年稳定通过 0℃持续日数依然呈显著增加趋势,但增加速率为 4.5 d/10a。

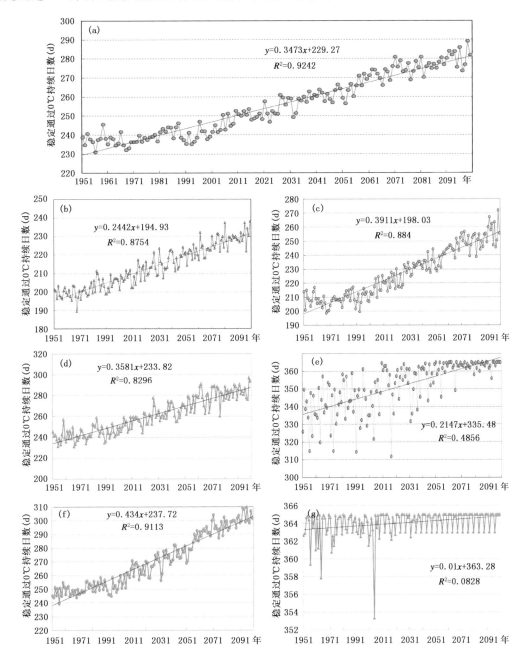

图 2.11　全国和各区域平均稳定通过 0℃持续日数历年变化(1951—2100 年)

(a. 全国;b. 东北;c. 西北;d. 华北;e. 长江中下游;f. 西南;g. 华南)

1951—2100 年,华北平均稳定通过 0℃持续日数总体上呈增加趋势,增加速率为 3.5 d/10a(图 2.11d)。其中,1951—2010 年,稳定通过 0℃持续日数呈增加趋势,增加速率为 1.9 d/10a;2011—2040 年总体上呈显著增加趋势,增加速率为 4.4 d/10a;2041—2100 年稳定通过 0℃持续日数依然呈增加趋势,增加速率为 3.8 d/10a。

1951—2100 年,长江中下游平均稳定通过 0℃持续日数总体上呈增加趋势,增加速率为 2.1 d/10a(图 2.11e)。其中,1951—2010 年稳定通过 0℃持续日数有增加趋势,增加速率为 1.5 d/10a;2011—2040 年有微弱减少趋势,减少速率为—0.6 d/10a;2041—2100 年稳定通过 0℃持续日数呈显著增加趋势,增加速率为 1.0 d/10a。

1951—2100 年,西南平均稳定通过 0℃持续日数有显著增加趋势,增加速率为 4.3 d/10a(图 2.11f)。其中,1951—2010 年有微弱增加趋势,增加速率为 1.7 d/10a;2011—2040 年有显著增加趋势,增加速率为 3.1 d/10a;2041—2100 年稳定通过 0℃持续日数呈非常显著的增加趋势,增加速率为 5.3 d/10a。

1951—2100 年,华南平均稳定通过 0℃持续日数没有明显变化趋势(图 2.11g)。

(4)积温

1951—2100 年,全国平均稳定通过 0℃积温总体上增加趋势明显,线性增加速率为 120(℃·d)/10a(图 2.12a)。其中 1951—2010 年的 50 年呈增加趋势,增加速率为 49.2(℃·d)/10a;2011—2040 年增加趋势十分显著,增加速率为 152.4(℃·d)/10a;2041—2100 年也呈显著增加趋势,增加速率为 142.2(℃·d)/10a。

1951—2100 年,东北平均稳定通过 0℃积温总体上呈显著增加趋势,线性增加速率为 104.8(℃·d)/10a(图 2.12b)。其中 1951—2010 年呈微弱增加趋势,增加速率为 41.8(℃·d)/10a;2011—2040 年成显著增加趋势,增加速率为 135.8(℃·d)/10a;2041—2100 年也呈显著增加趋势,但速度比前 30 年略缓,增加速率为 121.8(℃·d)/10a。

1951—2100 年,西北平均稳定通过 0℃积温总体上呈显著增加趋势,线性增加速率为 113.6(℃·d)/10a(图 2.12c)。其中 1951—2010 年呈增加趋势,增加速率为 46.4(℃·d)/10a;2011—2040 年呈显著增加趋势,增加速率为 157.6(℃·d)/10a;2041—2100 年也呈显著增加趋势,但速度比前 30 年略缓,增加速率为 132.3(℃·d)/10a。

1951—2100 年,华北平均稳定通过 0℃积温总体上增加趋势明显,线性增加速率为 131.0(℃·d)/10a(图 2.12d)。其中 1951—2010 年的 50 年呈增加趋势,增加速率为 53.4(℃·d)/10a;2011—2040 年增加趋势十分显著,增加速率为 193.2(℃·d)/10a;2041—2100 年也呈显著增加趋势,但增加速度比前 30 年略缓,增加速率为 137.9(℃·d)/10a。

1951—2100 年,长江中下游平均稳定通过 0℃积温总体上呈显著增加趋势,线性增加速率为 150.9(℃·d)/10a(图 2.12e)。其中 1951—2010 年呈增加趋势,增加速率为 60.1(℃·d)/10a;2011—2040 年呈显著增加趋势,增加速率为 170.7(℃·d)/10a;2041—2100 年也呈显著增加趋势,增加速率为 167.4(℃·d)/10a。

1951—2100 年,西南平均稳定通过 0℃积温总体上呈显著增加趋势,增加速率为 121.3(℃·d)/10a(图 2.12f)。其中 1951—2010 年呈增加趋势,增加速率为 49.7(℃·d)/10a;2011—2040 年呈显著增加趋势,增加速率为 135.0(℃·d)/10a;2041—2100 年也呈显著增加趋势,增加速率为 159.4(℃·d)/10a。

1951—2100 年,华南平均稳定通过 0℃积温总体上呈显著增加趋势,增加速率为

136.6(℃・d)/10a(图 2.12g)。其中 1951—2010 年呈增加趋势,增加速率为 61.0(℃・d)/10a;2011—2040 年呈显著增加趋势,增加速率为 132.1(℃・d)/10a;2041—2100 年也呈显著增加趋势,增加速率为 168.0(℃・d)/10a。

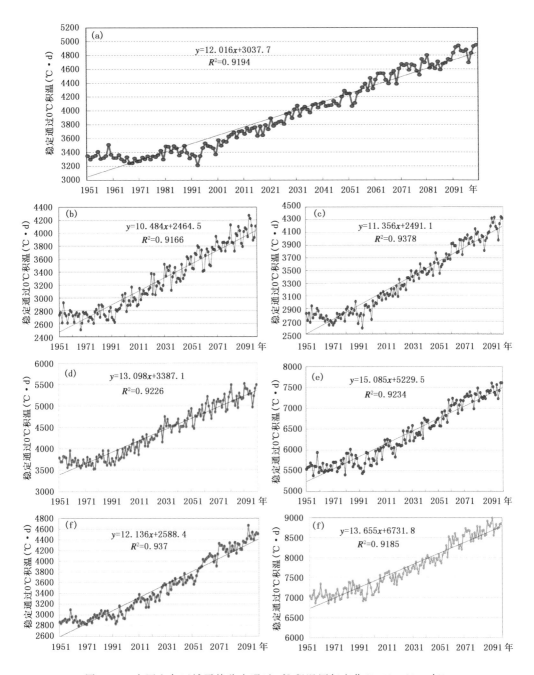

图 2.12　全国和各区域平均稳定通过 0℃ 积温历年变化(1951—2100 年)

(a. 全国;b. 东北;c. 西北;d. 华北;e. 长江中下游;f. 西南;g. 华南)

（5）降水量

1951—2100 年,全国平均稳定通过 0℃ 降水量总体上有增加趋势,线性增加速率为 9.4 mm/10a(图 2.13a)。其中,1951—2010 年,增加速率为 6.4 mm/10a;2011—2040 年降水量增加速率为 1.3 mm/10a;2041—2100 年降水增加速率为 13.4 mm/10a。

1951—2100 年,东北平均稳定通过 0℃ 降水量总体上有增加趋势,线性增加速率为

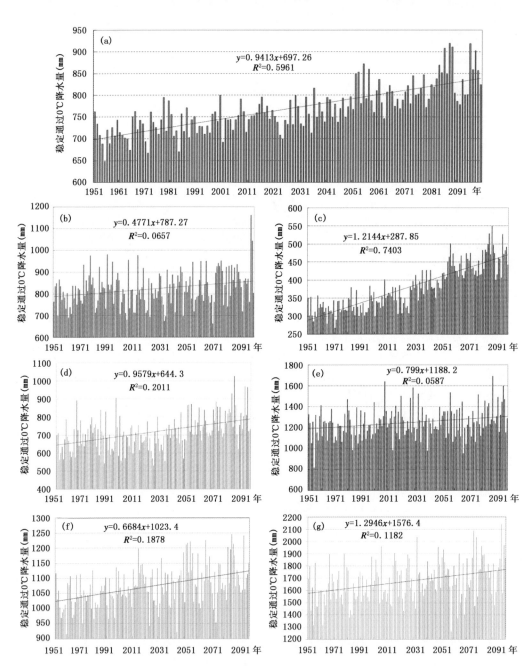

图 2.13 全国和各区域平均稳定通过 0℃ 降水量历年变化(1951—2100 年)

(a. 全国;b. 东北;c. 西北;d. 华北;e. 长江中下游;f. 西南;g. 华南)

4.8 mm/10a(图 2.13b)。其中,1951—2010 年稳定通过 0℃降水量呈增加趋势,增加速率为4.8 mm/10a;2011—2040 年降水量呈微弱增加趋势,增加速率为 4.9 mm/10a;2041—2100 年降水量呈增加趋势,增加速率为 13.0 mm/10a。

　　1951—2100 年,西北平均稳定通过 0℃降水量总体上有显著增加趋势,线性增加速率为12.1 mm/10a(图 2.13c)。其中,1951—2010 年稳定通过 0℃降水量呈增加趋势,增加速率为5.3 mm/10a;2011—2040 年降水量也呈增加趋势,增加速率为 17.1 mm/10a;2041—2100 年降水量呈显著增加趋势,增加速率为 14.3 mm/10a。

　　1951—2100 年,华北平均稳定通过 0℃降水量总体上有增加趋势,线性增加速率为9.6 mm/10a(图 2.13d)。其中,1951—2010 年稳定通过 0℃降水量呈不显著增加趋势,增加速率为 3.0 mm/10a;2011—2040 年降水量有微弱的增加趋势,增加速率为 0.7 mm/10a;2041—2100 年降水量呈增加趋势,增加速率为 18.2 mm/10a。

　　1951—2100 年,长江中下游平均稳定通过 0℃降水量总体上有增加趋势,线性增加速率为8.0 mm/10a(图 2.13e)。其中,1951—2010 年稳定通过 0℃降水量有增加趋势,增加速率为14.6 mm/10a;2011—2040 年降水量呈减少趋势,减少速率为 11.2 mm/10a;2041—2100 年降水量呈显著增加趋势,增加速率为 21.9 mm/10a。

　　1951—2100 年,西南平均稳定通过 0℃降水量总体上有增加趋势,线性增加速率为6.7 mm/10a(图 2.13f)。其中,1951—2010 年稳定通过 0℃降水量有微弱的增加趋势,增加速率为 5.8 mm/10a;2011—2040 年降水量呈减少趋势,减少速率为 25.1 mm/10a;2041—2100 年降水量呈微弱增加趋势,增加速率为 4.8 mm/10a。

　　1951—2100 年,华南平均稳定通过 0℃降水量总体上有增加趋势,线性增加速率为12.9 mm/10a(图 2.13g)。其中,1951—2010 年稳定通过 0℃降水量有微弱的增加趋势,增加速率为 13.5 mm/10a;2011—2040 年降水量呈微弱减少趋势,减少速率为 3.6 mm/10a;2041—2100 年降水量呈微弱增加趋势,增加速率为 14.7 mm/10a。

　　(6)潜在蒸散量

　　1951—2100 年,全国平均稳定通过 0℃潜在蒸散量总体上呈增加趋势,增加速率为21.6 mm/10a(图 2.14a)。其中 1951—2010 年呈微弱增加趋势,增加速率为 5.8 mm/10a,阶段性变化明显;2011—2040 年呈显著增加趋势,增加速率为 29.0 mm/10a;2041—2100 年呈显著增加趋势,增加速率为 24.7 mm/10a。

　　1951—2100 年,东北平均稳定通过 0℃潜在蒸散量总体上呈增加趋势,增加速率为18.0 mm/10a(图 2.14b)。其中 1951—2010 年潜在蒸散量呈增加趋势,增加速率为5.1 mm/10a,主要呈多—少—多的阶段变化特征;2011—2040 年呈显著增加趋势,增加速率为 24.2 mm/10a;2041—2100 年仍呈增加趋势,增加速率为 17.9 mm/10a。

　　1951—2100 年,西北平均稳定通过 0℃潜在蒸散量总体上呈增加趋势,增加速率为20.5 mm/10a(图 2.14c)。其中 1951—2010 年潜在蒸散量有增加变化趋势,增加速率为5.1 mm/10a;2011—2040 年呈显著增加趋势;增加速率为 27.0 mm/10a;2041—2100 年仍呈显著增加趋势,但增加速度略缓,增加速率为 20.9 mm/10a。

　　1951—2100 年,华北平均稳定通过 0℃潜在蒸散量总体上呈增加趋势,增加速率为22.8 mm/10a(图 2.14d)。其中 1951—2010 年潜在蒸散量呈增加趋势,增加速率为 7.1 mm/10a;2011—2040 年呈显著增加趋势,增加速率为 41.4 mm/10a;2041—2100 年仍呈显著增加趋势,但增加速度减缓,增加速率为 18.9 mm/10a。

1951—2100 年,长江中下游平均稳定通过 0℃潜在蒸散量总体上呈显著增加趋势,增加速率为 22.2 mm/10a(图 2.14e)。其中 1951—2010 年潜在蒸散量没有明显变化趋势;2011—2040 年呈增加趋势,增加速率为 32.0 mm/10a;2041—2100 年呈显著增加趋势,增加速率为 23.0 mm/10a。

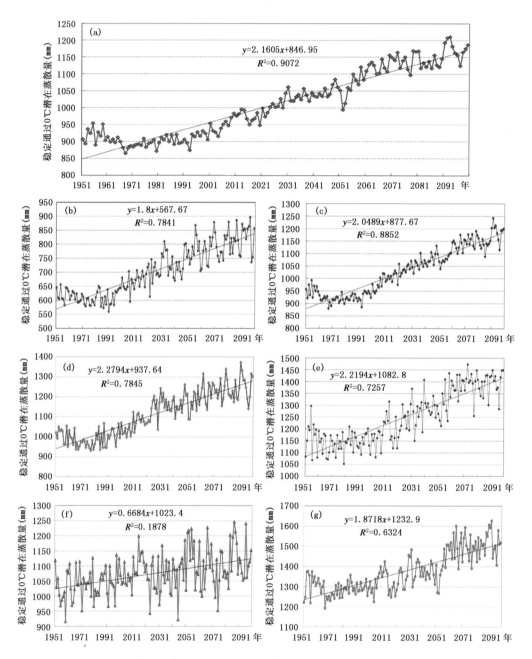

图 2.14　全国和各区域平均稳定通过 0℃潜在蒸散量历年变化(1951—2100 年)

(a.全国;b.东北;c.西北;d.华北;e.长江中下游;f.西南;g.华南)

1951—2100 年,西南平均稳定通过 0℃潜在蒸散量总体上呈增加趋势,增加速率为 6.7 mm/10a(图 2.14f)。其中 1951—2010 年潜在蒸散量呈增加趋势,增加速率为 9.0 mm/ 10a;2011—2040 年呈显著增加趋势;增加速率为 28.7 mm/10a;2041—2100 年呈显著增加趋势,增加速率为 31.7 mm/10a。

1951—2100 年,华南平均稳定通过 0℃潜在蒸散量总体上呈显著增加趋势,增加速率为 18.7 mm(图 2.14g)。其中 1951—2010 年潜在蒸散量有微弱减少趋势,减少速率为 3.4 mm/10a;2011—2040 年呈显著增加趋势,增加速率为 28.7 mm/10a;2041—2100 年呈显著增加趋势,增加速率为 31.7 mm/10a。

(7)总辐射量

1951—2100 年,全国平均稳定通过 0℃总辐射量总体呈增多趋势,增多速率 38.7(MJ/ m^2)/10a(图 2.15a)。其中 1951—2010 年呈增多趋势,增多速率较为 16.9(MJ/m^2)/10a; 2011—2040 年仍呈增多趋势,增多速率略有增大,为 39.2(MJ/m^2)/10a;2041—2100 年增多趋势显著,增多速率 48.8(MJ/m^2)/10a。

1951—2100 年,东北平均稳定通过 0℃总辐射量总体呈增多趋势,增多速率 29.8(MJ/ m^2)/10a(图 2.15b)。其中 1951—2010 年呈增多趋势,增多速率为 18.1(MJ/m^2)/10a; 2011—2040 年仍呈增多趋势,增多速率略有增大,为 31.6(MJ/m^2)/10a;2041—2100 年呈显著增多趋势,增多速率 37.7(MJ/m^2)/10a。

1951—2100 年,西北平均稳定通过 0℃总辐射量总体呈显著增多趋势,增多速率 36.8(MJ/m^2)/10a(图 2.15c)。其中 1951—2010 年呈增多趋势,增多速率为 15.1(MJ/m^2)/ 10a;2011—2040 年呈显著增多趋势,增多速率为 48.1(MJ/m^2)/10a;2041—2100 年仍呈显著增多趋势,增多速率 45.2(MJ/m^2)/10a。

1951—2100 年,华北平均稳定通过 0℃总辐射量总体呈增多趋势,增多速率 34.8(MJ/ m^2)/10a(图 2.15d)。其中 1951—2010 年呈增多趋势,增多速率为 14.4(MJ/m^2)/10a; 2011—2040 年仍呈增多趋势,增多速率略有增大,为 34.8(MJ/m^2)/10a;2041—2100 年增多趋势显著,增多速率 42.2(MJ/m^2)/10a。

1951—2100 年,长江中下游平均稳定通过 0℃总辐射量总体呈显著增多趋势,增多速率 31.6(MJ/m^2)/10a(图 2.15e)。其中 1951—2010 年呈增多趋势,增多速率为 12.0(MJ/m^2)/10a;2011—2040 年呈微弱的增多趋势,增多速率为 19.2(MJ/m^2)/10a;2041— 2100 年呈显著增多趋势,增多速率 35.4(MJ/m^2)/10a。

1951—2100 年,西南平均稳定通过 0℃总辐射量总体呈显著增多趋势,增多速率 55.5(MJ/m^2)/10a(图 2.15f)。其中 1951—2010 年呈增多趋势,增多速率为 24.7(MJ/m^2)/ 10a;2011—2040 年有显著增多趋势,增多速率 47.0(MJ/m^2)/10a;2041—2100 年呈非常显著增多趋势,增多速率 70.8(MJ/m^2)/10a。

1951—2100 年,华南平均稳定通过 0℃总辐射量总体呈显著增多趋势,增多速率 14.0(MJ/m^2)/10a(图 2.15g)。其中 1951—2010 年呈微弱增多趋势,增多速率仅为 4.1(MJ/m^2)/10a;2011—2040 年有明显变化趋势,增多速率 26.7(MJ/m^2)/10a;2041—2100 年呈显著增多趋势,增多速率 32.3(MJ/m^2)/10a。

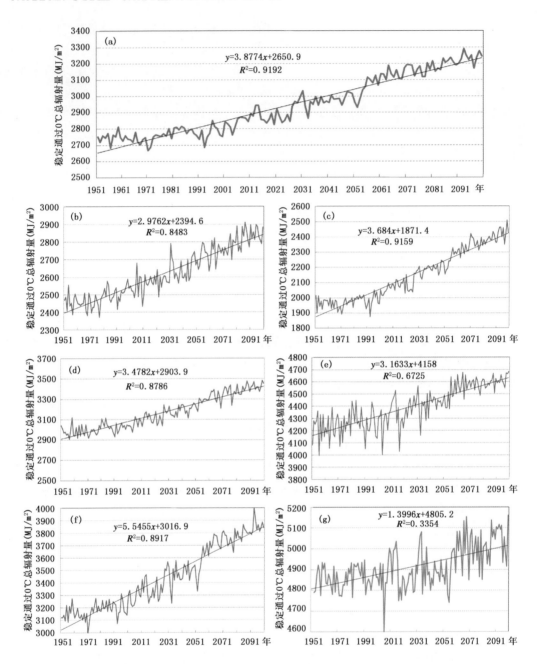

图 2.15　全国和各区域平均稳定通过 0℃总辐射量历年变化(1951—2100 年)
(a.全国;b.东北;c.西北;d.华北;e.长江中下游;f.西南;g.华南)

2.2.2　日平均气温≥10℃期间的农业气候资源时空变化特征

2.2.2.1　日平均气温≥10℃期间的农业气候资源空间变化特征

（1）初日

基准气候时段下,我国各地日平均气温≥10℃初日出现日期的基本分布特征是:由东南向西北推迟,随着海拔高度的升高、纬度的增大而推迟。华南和云南大部分地区≥10℃初日出现较早,于 1 月到 3 月上旬开始出现;华北南部至华南北部一带、西南地区东部及南疆等地出现于 3 月中旬到 4 月上旬;西北大部、东北及华北北部和西部等地出现于 4 月中旬到 6 月上旬;而在海拔高度或纬度较高的青藏地区以及甘新部分山区日平均气温≥10℃初日日期出现较晚,于 5 月下旬开始,大部分地区 7 月上旬才逐渐通过(图 2.16a)。

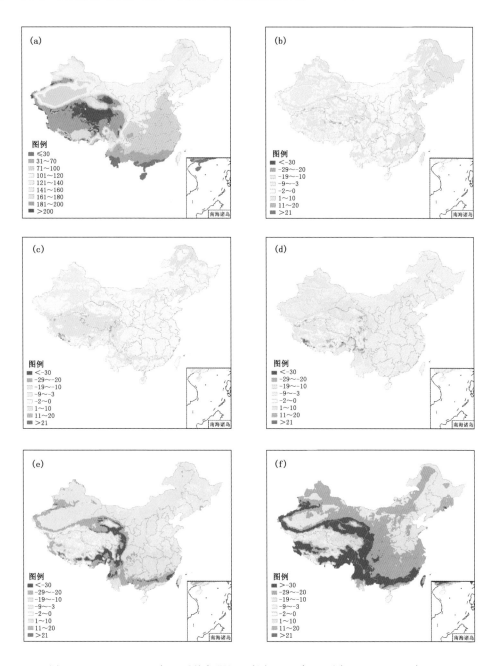

图 2.16　1971—2000 年日平均气温≥10℃初日日序(a)及与 1951—1980 年(b);
1981—2010 年(c);2011—2040 年(d);2041—2070 年(e);2071—2100 年(f)比较(单位:d)

与基准气候时段相比,1951—1980 年我国中西部大部日平均气温≥10℃初日都略有提早,东部地区以推后为主(图 2.16b)。1981—2010 年日平均气温稳定通过 10℃初日出现日期提早的地区多于推后的地区,除内蒙古东北部、东北地区北部、青藏地区及华南局部地区推后外,其他地区均有不同程度的提早(图 2.16c)。

与基准气候时段相比,未来 A1B 情景下,2011—2040 年日平均气温稳定通过 10℃初日出现日期除青藏地区推后 1~10 d 外,其余大部地区一般提早 3~9 d,西南地区中部、西北地区中西部的部分地区提早 10~19 d(图 2.16d)。2041—2070 年除青藏地区大部初日推后外,全国大部地区提早 10~29 d(图 2.16e)。2071—2100 年,全国大部 10℃初日出现日期提早,东北大部、华北大部、黄淮及南疆、青藏部分地区提早 10~19 d,其余大部地区提早 20~29 d 或更早(图 2.16f)。

(2)终日

基准气候时段(1971—2000 年)下,我国各地日平均气温≥10℃终日出现日期的基本分布特征是:由西北向东南逐渐推迟,且随着海拔高度的升高而结束的较早。海拔较高的青藏地区以及甘新地区的南部和西部边缘一带 8 月中旬之前基本结束;东北及内蒙古、华北北部、西北西部和东北部一带在 8 月下旬至 10 月中旬之间逐渐结束;我国华北南部、淮河以南至长江中下游以北大部地区则在 10 月下旬至 11 月下旬陆续结束(图 2.17a)。

与基准气候时段相比,1951—1980 年我国大部地区日平均气温≥10℃终日都提早(图 2.17b)。1981—2010 年日平均气温稳定通过 10℃终日大部推后 1~5 d(图 2.17c)。

与基准气候时段相比,未来 A1B 情景下,2011—2040 年日平均气温稳定通过 10℃终日出现日期除青藏高原地区北部和华南南部略有提早外,我国其余大部地区一般推后 6~10 d,其中西南大部地区及青海北部和东部、甘肃西南部、内蒙古中东部等地推后 11~20 d(图 2.17d)。2041—2070 年除华南南部略有提早外,全国大部地区推后 11~20 d,青藏地区南部和东部推后达 21~50 d(图 2.17e)。2071—2100 年,全国大部 10℃终日出现日期推后明显,我国中东部地区和西北大部推后 11~20 d 左右,西南东部、江南西部、内蒙古中东部等地推后 21~30 d,青藏地区推后 31~50 d(图 2.17f)。

(3)持续日数

基准气候时段(1971—2000 年)下,我国各地日平均气温≥10℃持续日数的基本分布特征是:由东南向西北呈逐渐减少趋势,且随着海拔高度、地理纬度的升高而缩短。海拔较高的青藏地区及四川西部一带,全年日平均气温≥10℃持续日数较短,不超过 80 d;东北大部、华北中北部、西北东部及内蒙古、甘肃、宁夏、新疆等地在 81~200 d;黄淮、长江中下游、西南地区东部在 201~280 d;华南大部及云南南部在 281~365 d(图 2.18a)。

与基准气候时段相比,1951—1980 年我国大部地区日平均气温≥10℃持续日数偏少(图 2.18b)。1981—2010 年除海南等地外,我国大部地区都有 1~10 d 左右不同程度的增加(图 2.18c)。

与基准气候时段相比,未来 A1B 情景下,2011—2040 年除华南大部及云南、四川东部、重庆等地略减少外,我国其余大部地区≥10℃持续日数增加 6~20 d,其中黄淮、青藏地区及四川中西部等地增加 21~40 d(图 2.18d)。2041—2070 年全国大部地区≥10℃持续日数明显延长,我国中东部大部、西北大部增加 21~40 d,青藏地区东部和南部增加 41~70 d(图 2.18e)。2071—2100 年,我国中东部大部、西北大部增加 21~70 d,青藏地区东部和南部等地增加 71~

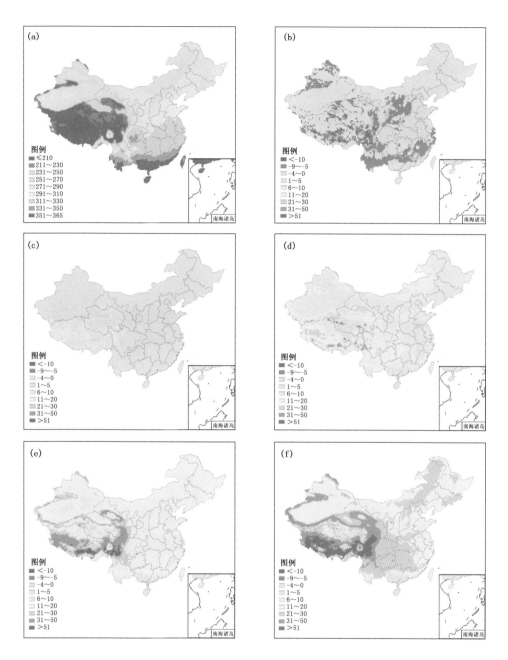

图 2.17　1971—2000 年日平均气温≥10℃终日日序(a)及与 1951—1980 年(b);
1981—2010 年(c);2011—2040 年(d);2041—2070 年(e);2071—2100 年(f)比较(单位:d)

100 d(图 2.18f)。

（4）积温

基准气候时段下,青藏高原以东地区日平均气温≥10℃积温由北向南呈增加趋势。东北、华北北部和西部、西北东部及内蒙古等地积温在 1000~4000℃·d,华北东南部、黄淮、长江中下游大部、西南东部、华南北部在 4000~6000℃·d,华南中南部达到 6000~10000℃·d。青藏高原的积温最低,大部地区积温在 1000℃·d 以内(图 2.19a)。

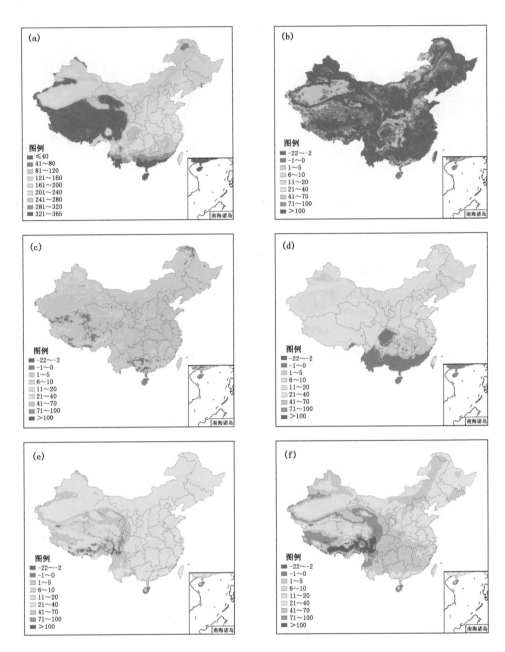

图 2.18　1971—2000 年日平均气温≥10℃持续日数(a)及与 1951—1980 年(b);
1981—2010 年(c);2011—2040 年(d);2041—2070 年(e);2071—2100 年(f)比较(单位:d)

与基准气候时段相比,1951—1980 年全国日平均气温≥10℃积温减少,江南大部和华南大部、云南等地积温减少超过 100℃·d(图 2.19b)。1981—2010 年,我国大部地区积温增加,特别是西北北部和东部、华北及内蒙古中西部、黄淮、江南中西部、华南、西南东部的部分地区积温增加 101~200℃·d(图 2.19c)。

与基准气候时段相比,未来 A1B 情景下,2011—2040 年青藏高原积温增加最少,大部少于 300℃·d,我国其余地区积温增加一般在 401~600℃·d,其中内蒙古中西部和东南部、京津地区、河北中南部、山西南部、陕西大部、四川东部、南疆大部、云南和广东的部分地区积温增加在 601～800℃·d(图 2.19d)。2041—2070 年全国大部地区≥10℃积温增加幅度明显上升,我国中东部大部、西北大部、西南东部一般积温增加在 801～1500℃·d(图 2.19e)。2071—2100 年,除青藏地区北部积温增加较少,增幅不足 800℃·d 外,我国北方大部积温增加在 1001～1500℃·d,南方大部地区增加 1501～2000℃·d(图 2.19f)。

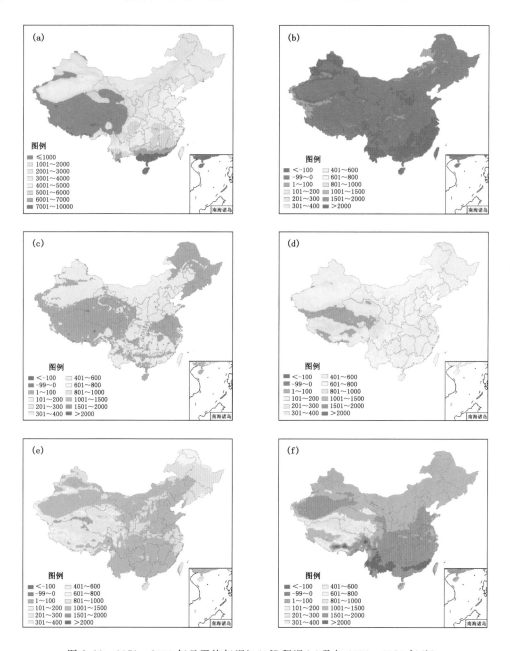

图 2.19　1971—2000 年日平均气温≥10℃积温(a)及与 1951—1980 年(b);
1981—2010 年(c);2011—2040 年(d);2041—2070 年(e);2071—2100 年(f)比较(单位:℃·d)

（5）降水量

基准气候时段下，日平均气温≥10℃期间降水量基本分布特征为自东南向西北递减（图2.20a）。800 mm等值线从浙江北部、安徽中部向西经过巴山至四川盆地北沿和西沿、再向西至西藏东南部，这一等值线以南地区及东北南部、山东东南部、江苏中北部降水量普遍在800 mm以上，其中华南、台湾大部、西藏东南部、云南南部等地超过1200 mm，其余地区降水量在800～1200 mm。东北中北部、华北大部、黄淮大部、西北地区东部大部及内蒙古东南部等地降水量一般有400～800 mm。大兴安岭、内蒙古高原、黄土高原西北部、青藏高原东部、新疆北部和天山地区降水量有100～400 mm。内蒙古西部、甘肃西部、青藏高原大部、新疆大部降水量在100 mm以下（图2.20a）。

与基准气候时段相比，1951—1980年，东北、华北东北部、西北中部、青藏高原大部、新疆的北部和西部及南部、华南东部和南部、湖北大部、云南西部等地降水量减少，其中东北中西部、两广交界南部、海南北部等地减少50 mm以上；全国其余地区降水量增加，增加在50 mm以下（图2.20b）。1981—2010年，除东北大部、华北东北部和西南部、西北地区东部、黄淮北部、四川盆地东部、华南西部、西南南部等地减少，其中辽宁局部减少50 mm以上外，全国其余大部地区为降水量增加，其中安徽南部、江苏南部、江西北部增多50～100 mm（图2.20c）。

与基准气候时段相比，未来A1B情景下，2011—2040年，东北西部和南部、华北东北部和西南部、黄淮西部、四川盆地及内蒙古东部、陕西大部、云南南部、海南北部等地降水量减少，其中东北西部、四川盆地及内蒙古东部、河北东北部、海南北部减少50mm以上。全国其余大部地区降水量增加，其中江南、江淮、华南大部、青藏高原东部和北部增多50～200 mm，青藏高原东南部部分地区增多达200～400 mm（图2.20d）。2041—2070年，东北西部、云南南部、重庆南部降水依然减少，黄淮南部局部地区也减少，但仅东北西部部分地区减少幅度在50 mm以上；全国其余大部地区降水增加，其中华北西部、西北中部和东部、青藏高原东部和北部、江南、华南大部降水量增多在50～200 mm，四川西部、青海北部、西藏东南部、湖南南部增多达200～600 mm（图2.20e）。2071—2100年，除云南大部、雷州半岛、东北西部局地降水量减少，其中云南中南部减少50mm以上外，全国其余大部地区降水量增加，其中东北大部、华北、黄淮大部、西北中部和西部、青藏高原中部和东部、江南、华南普遍增多100～400 mm，川西高原和西藏东南部分布地区增多达400～900 mm，局地增多900 mm以上（图2.20f）。

（6）总辐射量

地球表面获得的太阳总辐射量主要取决于纬度、海拔高度和云量多少。基准气候时段下，日平均气温≥10℃期间的总辐射量在0～5000 MJ/m^2，其中青藏高原最低，一般在2500 MJ/m^2以下，珠穆朗玛峰、唐古拉山、念青唐古拉山、祁连山等高山地区总辐射量大于1000 MJ/m^2。华北、西北地区东部、西南地区东部和南部、黄淮、江淮、江汉、江南、华南等地均在2500MJ/m^2以上，其中，华南南部以及云南南部等地超过4500 MJ/m^2（图2.21a）。

与基准时段相比，1951—1980年，除黄淮、江汉、江南西部以及新疆南部的部分地区增多1～50 MJ/m^2以外，其他区域均偏少，其中四川南部和中部、云南中部、西藏东部、青海东部和北部等地减少100 MJ/m^2以上（图2.21b）。1981—2010年，全国大部分地区日平均气温≥10℃期间的总辐射量与基准期相比增多，内蒙古中部、新疆北部、青海北部、西藏东南部和西部、四川、陕西南部等地增多51～100 MJ/m^2，四川南部、西藏东南部和西部、青海东北部等地增多100 MJ/m^2以上（图2.21c）。

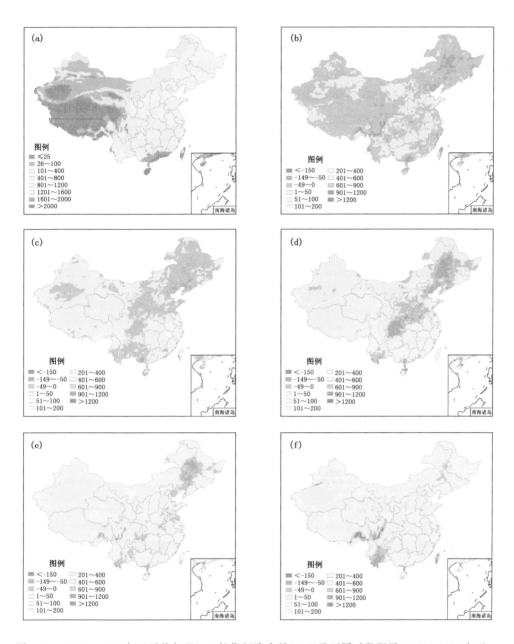

图 2.20　1971—2000 年日平均气温≥10℃期间降水量(a)以及不同时段距平(1951—1980 年(b);
1981—2010 年(c);2011—2040 年(d);2041—2070 年(e)和 2071—2100(f))(单位:mm)

　　与基准气候时段相比,未来 A1B 情景下,2011—2040 年,日平均气温≥10℃期间的总辐射量除新疆与西藏交界处、青海南部、西藏南部等地的部分地区减少以外,全国大部分地区增多,其中青海北部、甘肃西南部、四川西部、西藏东南部与西部等地增多 300～500 MJ/m²,局地增多 500 MJ/m² 以上(图 2.21d)。2041—2070 年,日平均气温≥10℃期间的总辐射量较2011—2040 年与基准期相比总体偏多的幅度增加,偏多的大值区域仍集中在青海北部、甘肃西南部、四川西部、西藏东南部与西部等地,普遍增多 500～1200 MJ/m²,局地增多 1200 MJ/m² 以上(图 2.21e)。2071—2100 年,日平均气温≥10℃期间的总辐射量较 2011—2040 年和

2041—2070 年两个时段,与基准期相比总体偏多的幅度增加的更多,普遍增多 500 MJ/m² 以上,增多的大值区域仍集中在青海北部、甘肃西南部、四川西部、西藏东南部与西部等地,增多 800~1800 MJ/m²,局地增多 1800 MJ/m² 以上(图 2.21f)。

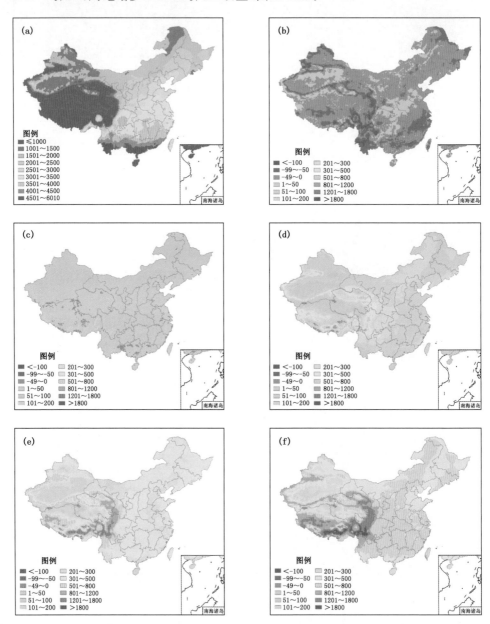

图 2.21　1971—2000 年日平均气温≥10℃期间总辐射量(a)以及不同时期的距平(1951—1980 年(b);
1981—2010 年(c);2011—2040 年(d);2041—2070 年(e)和 2071—2100 年(f))(单位:MJ/m²)

(7)潜在蒸散量

基准气候时段下,日平均气温≥10℃期间的潜在蒸散量基本分布趋势为南部、西北部、中东部高,东北、青藏高原低。华南、黄淮西部、华北南部以及江西中部、湖北东部、内蒙古地区西北部、新疆南部等地有 1000～1800 mm；东北、青藏高原及内蒙古地区东部在 400 mm 以下，局部不足 200 mm（图 2.22a）。

　　与基准气候时段相比，1951—1980 年，青藏高原大部、华南、江南东部、江淮、西南、西北地区东部、东北东部和北部及内蒙古东北部等地潜在蒸散量减少 50 mm 以内，天山山脉等高海拔地区减少超过 50 mm；全国其余大部分地区增多，其中新疆中部和南部、甘肃西部等地局部增多超过 25 mm（图 2.22b）。1981—2010 年，全国大部分地区增多在 25 mm 以内，西北地区东南部、内蒙古中部和西部、东北地区西部以及新疆等地增多 25～50 mm（图 2.22c）。

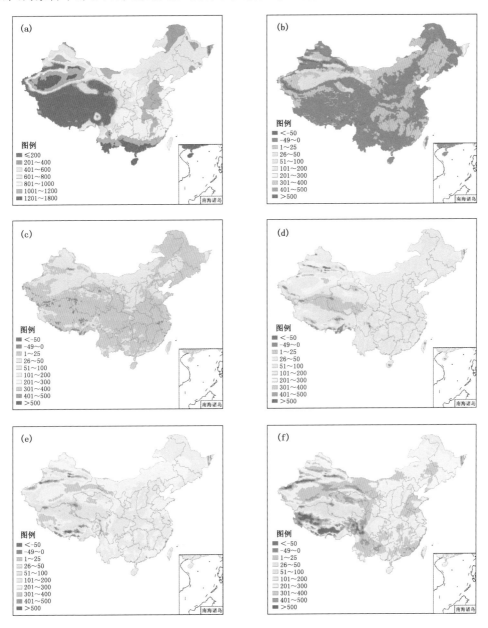

图 2.22　1971—2000 年日平均气温≥10℃期间潜在蒸散量(a)以及不同时期的距平(1951—1980 年(b)；1981—2010 年(c)；2011—2040 年(d)；2041—2070 年(e)和 2071—2100 年(f))（单位：mm）

与基准气候时段相比,未来 A1B 情景下,2011—2040 年,日平均气温≥10℃ 期间的潜在蒸散量全国大部分地区增多,其中内蒙古大部、华北、黄淮、东北地区西部、江南中部和西部等地增多 100～200 mm(图 2.22d)。2041—2070 年,全国潜在蒸散量普遍较基准时段增多,大多数地区增多在 100～300 mm;青藏高原中部增多 25～100 mm;新疆南部、西藏西部、甘肃西部等地偏多 300～400 mm(图 2.22e)。2071—2100 年,全国潜在蒸散量继续较基准时段增多,且偏多幅度较前几个时段更为显著,华南中部和东部、西北地区中部和西部、黄淮东部、江淮北部、西南东南部以及西藏南部、四川西部等地增多 300～400 mm,其中西藏南部、新疆中部的部分地区增多 400 mm 以上(图 2.22f)。

2.2.2.2 日平均气温≥10℃ 期间的农业气候资源时间变化特征

(1)初日

1951—2100 年,全国平均稳定通过 10℃ 初日总体上提早趋势明显,提早速率为 1.3 d/10a(图 2.23a)。其中 1951—2010 年变化趋势不明显,提早速率为 0.6 d/10a;2011—2040 年稳定通过 10℃ 初日具有显著提早趋势,提早速率为 2.5 d/10a;2041—2100 年提早趋势更为显著,提早速率达 2.9 d/10a。

1951—2100 年,东北平均稳定通过 10℃ 初日总体上提早趋势明显,提早速率为 1.7 d/10a(图 2.23b)。其中 1951—2010 年没有明显变化趋势,提早速率为 0.6 d/10a;2011—2040 年、2041—2100 年稳定通过 10℃ 初日有显著提早趋势,提早速率均为 1.9 d/10a。

1951—2100 年,西北平均稳定通过 10℃ 初日总体上提早趋势明显。提早速率为 1.3 d/10 年(图 2.23c)。其中 1951—2010 年没有明显变化趋势;2011—2040 年稳定通过 10℃ 初日有显著提早趋势,提早速率为 3.0 d/10a;2041—2100 年也有显著提早趋势,提早速率为 2.7 d/10a。

1951—2100 年,华北平均稳定通过 10℃ 初日总体上提早趋势明显。提早速率为 1.6 d/10a(图 2.23d)。其中 1951—2010 年有微弱的提早趋势,提早速率为 0.5 d/10a;2011—2040 年,稳定通过 10℃ 初日具有显著提早趋势,提早速率为 2.9 d/10a;2041—2100 年提早趋势更为显著,提早速率达 2.1 d/10a。

1951—2100 年,长江中下游地区平均稳定通过 10℃ 初日总体上提早趋势明显,提早速率为 1.8 d/10a(图 2.23e)。其中 1951—2010 年有微弱的推后趋势,推后速率为 0.5 d/10a;2011—2040 年稳定通过 10℃ 初日有显著提早趋势,提早速率为 4.8 d/10a;2041—2100 年也有显著提早趋势,提早速率为 2.7 d/10a。

1951—2100 年,西南地区平均稳定通过 10℃ 初日总体上呈显著提早趋势,提早速率为 1.1 d/10a(图 2.23f)。其中 1951—2010 年呈显著推后趋势,推后速率为 2.3 d/10a;2011—2040 年稳定通过 10℃ 初日有提早趋势,提早速率为 2.0 d/10a;2041—2100 年有显著提早趋势,提早速率为 4.2 d/10a。

1951—2100 年,华南地区平均稳定通过 10℃ 初日总体上呈显著提早趋势,提早速率为 2.6 d/10a(图 2.23g)。其中 1951—2010 年有微弱的推后趋势,推后速率为 0.2 d/10a;2011—2040 年稳定通过 10℃ 初日有微弱提早趋势,提早速率为 0.9 d/10a;2041—2100 年也有显著提早趋势,提早速率为 2.9 d/10a。

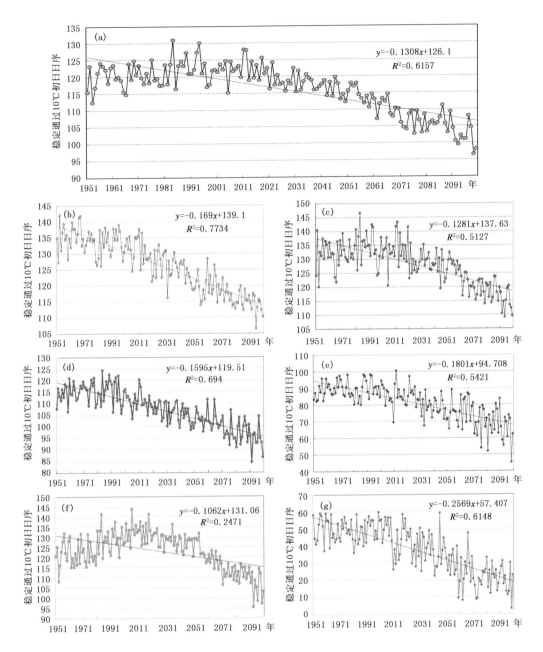

图 2.23　全国和各区域平均稳定通过 10℃初日日序历年变化(1951—2100 年)

(a.全国;b.东北;c.西北;d.华北;e.长江中下游;f.西南;g.华南)

(2)终日

1951—2100 年,全国平均稳定通过 10℃终日总体上呈推后趋势,推后速率为 1.6 d/10a (图2.24a)。其中 1951—2010 年,有微弱的推后趋势,推后速率为 0.7 d/10a;2011—2040 年有显著的推后趋势,推后速率为 2.4 d/10a;2041—2100 年稳定通过 10℃终日也有显著的推后趋势,推后速率为 2.3 d/10a。

1951—2100 年,东北稳定通过 10℃终日总体上呈推后趋势,推后速率为 1.8 d/10a(图

2.24b)。其中1951—2010年有微弱的推后趋势,推后速率为0.9 d/10a;2011—2040年有显著的推后趋势,推后速率为3.1 d/10a;2041—2100年稳定通过10℃终日也有显著的推后趋势,后延速率为1.6 d/10a。

　　1951—2100年,西北稳定通过10℃终日总体上呈显著推后趋势,推后速率为1.6 d/10a(图2.24c)。其中1951—2010年有显著推后趋势,推后速率为1.0 d/10a;2011—2040年也有显著的推后趋势,推后速率为1.8 d/10a;2041—2100年稳定通过10℃终日仍有显著的推后趋势,推后速率为1.9 d/10a。

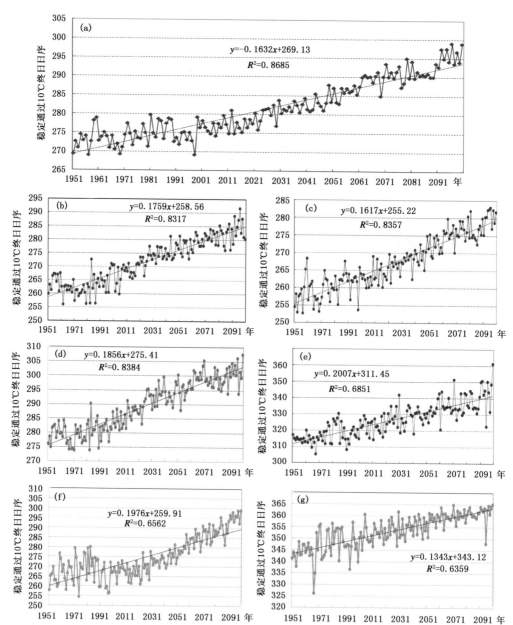

图2.24　全国和各区域平均稳定通过10℃终日日序历年变化(1951—2100年)

(a.全国;b.东北;c.西北;d.华北;e.长江中下游;f.西南;g.华南)

1951—2100 年,华北稳定通过 10℃终日总体上呈推后趋势,推后速率为 1.9 d/10a(图 2.24d)。其中 1951—2010 年有推后趋势,推后速率为 1.0 d/10a;2011—2040 年有显著的推后趋势,推后速率为 3.5 d/10a;2041—2100 年稳定通过 10℃终日也有显著的推后趋势,推后速率为 1.5 d/10a。

1951—2100 年,长江中下游地区平均稳定通过 10℃终日总体上呈显著推后趋势,推后速率为 2.0 d/10a(图 2.24e)。其中 1951—2010 年有显著推后趋势,推后速率为 1.6 d/10a;2011—2040 年也有显著的推后趋势,推后速率为 3.4 d/10a;2041—2100 年稳定通过 10℃终日仍有显著的推后趋势,推后速率为 2.7 d/10a。

1951—2100 年,西南地区平均稳定通过 10℃终日总体上呈显著推后趋势,推后速率为 2.0 d/10a(图 2.24f)。其中 1951—2010 年没有明显变化趋势;2011—2040 年有显著推后趋势,推后速率均为 3.0 d/10a;2041—2100 年有非常显著的推后趋势,推后速率为 3.9 d/10a。

1951—2100 年,华南地区平均稳定通过 10℃终日总体上呈显著推后趋势,推后速率为 1.3 d/10a(图 2.24g)。其中 1951—2010 年有推后趋势,推后速率为 1.4 d/10a;2011—2040 年、2041—2100 年均有推后趋势,且推后速率均为 1.1 d/10a。

(3)持续日数

1951—2100 年,全国平均稳定通过 10℃持续日数总体上呈明显增加趋势,线性增加速率为 2.9 d/10a(图 2.25a)。其中 1951—2010 年,稳定通过 10℃的持续日数没有明显变化趋势;2011—2040 年有增加趋势,增加速率为 4.9 d/10a;2041—2100 年稳定通过 10℃的持续日数增加趋势更为显著,增加速率为 5.2 d/10a。

1951—2100 年,东北平均稳定通过 10℃持续日数总体上呈显著增加趋势,线性增加速率为 3.4 d/10a(图 2.25b)。其中 1951—2010 年间,稳定通过 10℃的持续日数有增多趋势,增加速率为 1.4 d/10a;2011—2040 年有显著增加趋势,增加速率为 5.1 d/10a;2041—2100 年稳定通过 10℃的持续日数也呈显著增加趋势,增加速率为 3.5 d/10a。

1951—2100 年,西北平均稳定通过 10℃持续日数总体上呈显著增加趋势,线性增加速率为 2.9 d/10a(图 2.25c)。其中 1951—2010 年间,稳定通过 10℃的持续日数没有明显变化趋势;2011—2040 年有显著增加趋势,增加速率为 4.8 d/10a;2041—2100 年稳定通过 10℃的持续日数也呈显著增加趋势,增加速率为 4.6 d/10a。

1951—2100 年,华北平均稳定通过 10℃持续日数总体上呈显著增加趋势,线性增加速率为 3.5 d/10a(图 2.25d)。其中 1951—2010 年间,稳定通过 10℃的持续日数有微弱增多趋势,增加速率为 1.5 d/10a;2011—2040 年有显著增加趋势,增加速率为 6.4 d/10a;2041—2100 年稳定通过 10℃的持续日数也呈显著增加趋势,增加速率为 3.7 d/10a。

1951—2100 年,长江中下游平均稳定通过 10℃持续日数总体上呈显著增加趋势,线性增加速率为 3.8 d/10a(图 2.25e)。其中 1951—2010 年间,稳定通过 10℃的持续日数有增多趋势,增加速率为 2.1 d/10a;2011—2040 年有显著增加趋势,增加速率为 8.2 d/10a;2041—2100 年稳定通过 10℃的持续日数也呈显著增加趋势,增加速率为 5.4 d/10a。

1951—2100 年,西南平均稳定通过 10℃持续日数总体上呈显著增加趋势,线性增加速率为 3.0 d/10a(图 2.25f)。其中 1951—2010 年间,稳定通过 10℃的持续日数有减少趋势,减少速率为 2.1 d/10a;2011—2040 年有显著增加趋势,增加速率为 5.0 d/10a;2041—2100 年稳定通过 10℃的持续日数呈非常显著增加趋势,增加速率为 8.1 d/10a。

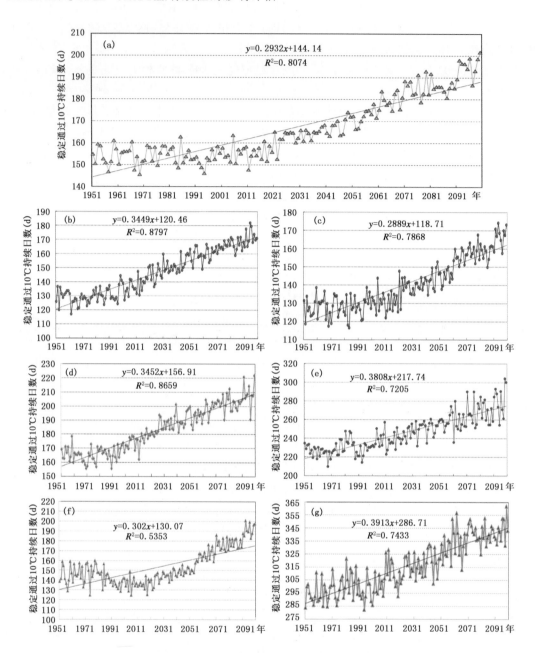

图 2.25　全国和各区域平均稳定通过 10℃ 持续日数历年变化（1951—2100 年）

（a.全国；b.东北；c.西北；d.华北；e.长江中下游；f.西南；g.华南）

1951—2100 年,华南平均稳定通过 10℃ 持续日数总体上呈显著增加趋势,线性增加速率为 3.9 d/10a(图 2.25g)。其中 1951—2010 年间,稳定通过 10℃ 的持续日数有微弱增多趋势,增加速率为 1.6 d/10a;2011—2040 年有微弱的增加趋势,增加速率为 2.0 d/10a;2041—2100 年稳定通过 10℃ 的持续日数呈显著增加趋势,增加速率为 4.0 d/10a。

（4）积温

1951—2100 年,全国平均稳定通过 10℃ 积温总体上呈显著增加趋势,增加速率为

96.2(℃·d)/10a(图 2.26a)。其中 1951—2010 年稳定通过 10℃ 的积温呈增加趋势,增加速率为 18.0(℃·d)/10a;2011—2040 年,有显著增加趋势,增加速率为 143.3(℃·d)/10a;2041—2100 年稳定通过 10℃ 的积温也有显著增加趋势,增加速率为 147.1(℃·d)/10a。

1951—2100 年,东北平均稳定通过 10℃ 积温总体上呈显著增加趋势,增加速率为 113.4(℃·d)/10a(图 2.26b)。其中 1951—2010 年间,稳定通过 10℃ 的积温呈增加趋势,增加速率为 41.6(℃·d)/10a;2011—2040 年有显著增加趋势,增加速率为 151.2(℃·d)/10a;

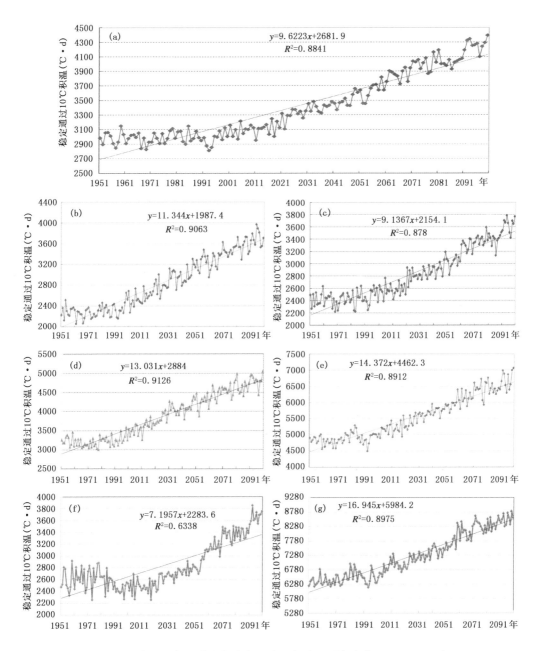

图 2.26　全国和各区域平均稳定通过 10℃ 积温历年变化(1951—2100 年)

(a.全国;b.东北;c.西北;d.华北;e.长江中下游;f.西南;g.华南)

2041—2100 年稳定通过 10℃的积温也有显著增加趋势,增加速率为 129.2(℃·d)/10a。

1951—2100 年,西北平均稳定通过 10℃积温总体上呈显著增加趋势,增加速率为 91.4℃·d/10a(图 2.26c)。其中 1951—2010 年,稳定通过 10℃的积温呈增加趋势,增加速率为 29.3(℃·d)/10a;2011—2040 年,有显著增加趋势,增加速率为 136.2(℃·d)/10a;2041—2100年也有显著增加趋势,增加速率为 130.5(℃·d)/10a。

1951—2100 年,华北平均稳定通过 10℃ 积温总体上呈显著增加趋势,增加速率为 130.3(℃·d)/10a(图 2.26d)。其中 1951—2010 年,稳定通过 10℃的积温呈增加趋势,增加速率为 51.8(℃·d)/10a;2011—2040 年,有极显著增加趋势,增加速率为 210.6(℃·d)/10a;2041—2100 年,也有极显著增加趋势,增加速率为 134.7(℃·d)/10a。

1951—2100 年,长江中下游平均稳定通过 10℃积温总体上呈显著增加趋势,增加速率为 143.7(℃·d)/10a(图 2.26e)。其中 1951—2010 年,稳定通过 10℃的积温呈增加趋势,增加速率为 59.4(℃·d)/10a;2011—2040 年,有极显著增加趋势,增加速率为 237.1(℃·d)/10a;2041—2100 年,也有极显著增加趋势,增加速率为 183.0(℃·d)/10a。

1951—2100 年,西南平均稳定通过 10℃ 积温总体上呈显著增加趋势,增加速率为 72.0(℃·d)/10a(图 2.26f)。其中 1951—2010 年,稳定通过 10℃的积温呈减少趋势,减少速率为 30.0(℃·d)/10a;2011—2040 年有显著增加趋势,增加速率为 115.7(℃·d)/10a;2041—2100 年,有极显著增加趋势,增加速率为 172.3(℃·d)/10a。

1951—2100 年,华南平均稳定通过 10℃ 积温总体上呈显著增加趋势,增加速率为 169.5(℃·d)/10a(图 2.26g)。其中 1951—2010 年,稳定通过 10℃的积温呈显著增加趋势,增加速率为 71.5(℃·d)/10a;2011—2040 年有显著增加趋势,增加速率为 148.9(℃·d)/10a;2041—2100 年,也有极显著增加趋势,增加速率为 206.7(℃·d)/10a。

(5)降水量

1951—2100 年,全国平均稳定通过 10℃降水量总体上呈增加趋势,增加速率为 10.4 mm/10a(图 2.27a)。其中,1951—2010 年变化趋势不明显;2011—2040 年有增加趋势,增加速率为 9.6 mm/10a;2041—2100 年,稳定通过 10℃降水量增加趋势显著,增加速率 23.0 mm/10a。

1951—2100 年,东北平均稳定通过 10℃降水量总体上呈增加趋势,增加速率为 10.8 mm/10a(图 2.27b)。其中,1951—2010 年有增加趋势,增加速率 6.7 mm/10a;2011—2040 年,有微弱的增加趋势,增加速率 13.6 mm/10a;2041—2100 年,稳定通过 10℃降水呈显著增加趋势,增加速率 18.0 mm/10a。

1951—2100 年,西北平均稳定通过 10℃降水量总体上呈显著增加趋势,增加速率为 12.0 mm/10a(图 2.27c)。其中,1951—2010 年有增加趋势,增加速率 2.3 mm/10a;2011—2040 年有显著增加趋势,增加速率 15.2 mm/10a;2041—2100 年,稳定通过 10℃降水量呈显著增加趋势,增加速率 19.1 mm/10a。

1951—2100 年,华北平均稳定通过 10℃降水量总体上呈增加趋势,增加速率为 11.9 mm/10a(图 2.27d)。其中,1951—2010 年没有明显变化趋势,增加速率 7.0 mm/10a;2011—2040 年,没有明显变化趋势;2041—2100 年,稳定通过 10℃降水量呈显著增加趋势,增加速率 21.6 mm/10a。

1951—2100 年,长江中下游平均稳定通过 10℃降水量总体上呈增加趋势,增加速率为

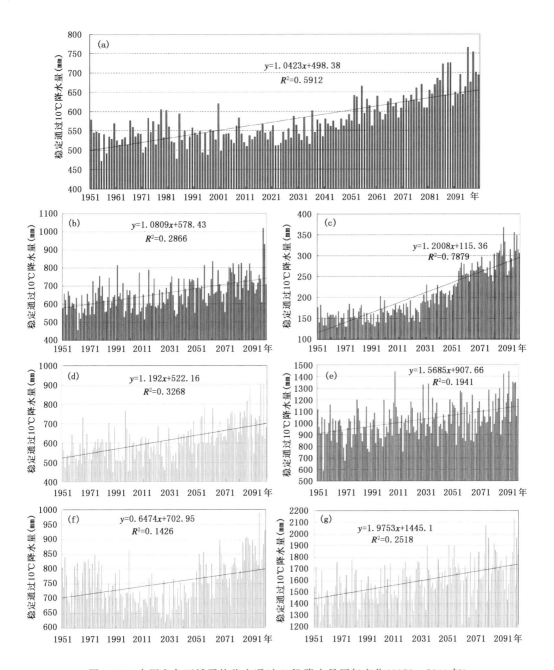

图 2.27　全国和各区域平均稳定通过 10℃降水量历年变化(1951—2100 年)

(a. 全国；b. 东北；c. 西北；d. 华北；e. 长江中下游；f. 西南；g. 华南)

15.7 mm/10a(图 2.27e)。其中,1951—2010 年有增多趋势,增加速率为 17.0 mm/10a; 2011—2040 年有微弱增加趋势,增加速率 37.0 mm/10a,年际变化大;2041—2100 年,稳定通过 10℃降水量呈增加趋势,增加速率 37.8 mm/10a。

1951—2100 年,西南平均稳定通过 10℃降水量总体上呈增加趋势,增加速率为 6.5 mm/ 10a(图 2.27f)。其中,1951—2010 年呈减少趋势,减少速率为 13.3 mm/10a;2011—2040 年也有微弱减少趋势,减少速率6.4 mm/10a,年际变化大;2041—2100年,期间稳定通过10℃降水量呈显著增加趋势,增加速率27.9 mm/10a。

1951—2100年,华南平均稳定通过10℃降水量总体上呈显著增加趋势,增加速率为19.8 mm/10a(图2.27g)。其中,1951—2010年呈微弱增加趋势,增加速率为10.0 mm/10a;2011—2040年有微弱增加趋势,增加速率17.9 mm/10a,年际变化大;2041—2100年,稳定通过10℃降水呈增加趋势,增加速率22.6 mm/10a。

(6)潜在蒸散量

1951—2100年,全国平均稳定通过10℃潜在蒸散量总体上呈显著增加趋势,增加速率为18.6 mm/10a(图2.28a)。其中,1951—2010年潜在蒸散量没有明显变化趋势,20世纪50年代初至60年代中期,潜在蒸散量较大;60年代中期至90年代中期,潜在蒸散量略有减少,90年代中期至2010年,又略有增加;2011—2040年潜在蒸散量呈显著增加趋势,增加速率为30.0 mm/10a;2041—2100年增加速率略有降低,增加速率为28.6 mm/10a。

1951—2100年,东北平均稳定通过10℃潜在蒸散量总体上呈显著增加趋势,增加速率为21.3 mm/10a(图2.28b)。其中,1951—2010年潜在蒸散量没有明显线性变化趋势,仅具有多—少—多的阶段性变化特征;2011—2040年稳定通过10℃潜在蒸散量呈增加趋势,增加速率为27.8 mm/10a;2041—2100年也呈显著增加趋势,增加速率为20.9 mm/10a。

1951—2100年,西北平均稳定通过10℃潜在蒸散量总体上呈显著增加趋势,增加速率为17.9 mm/10a(图2.28c)。其中,1951—2010年潜在蒸散量没有明显变化趋势;2011—2040年稳定通过10℃潜在蒸散量呈显著增加趋势,增加速率为26.6 mm/10a;2041—2100年也呈显著增加趋势,增加速率为24.7 mm/10a。

1951—2100年,华北平均稳定通过10℃潜在蒸散量总体上呈显著增加趋势,增加速率为24.3 mm/10a(图2.28d)。其中,1951—2010年潜在蒸散量有增加趋势,增加速率为7.3 mm/10a;2011—2040年潜在蒸散量呈显著增加趋势,增加速率为48.2 mm/10a;2041—2100年潜在蒸散量也呈显著增加趋势,但增加速率略有降低,增加速率为20.3 mm/10a。

1951—2100年,长江中下游平均稳定通过10℃潜在蒸散量总体上呈显著增加趋势,增加速率为24.0 mm/10a(图2.28e)。其中,1951—2010年潜在蒸散量呈微弱的增加趋势,增加速率为2.3 mm/10a;2011—2040年稳定通过10℃潜在蒸散量呈显著增加趋势,增加速率为43.3 mm/10a;2041—2100年也呈显著增加趋势,增加速率为28.1 mm/10a。

1951—2100年,西南平均稳定通过10℃潜在蒸散量总体上呈显著增加趋势,增加速率为16.2 mm/10a(图2.28f)。其中,1951—2010年潜在蒸散量呈减少趋势,减少速率为7.3 mm/10a;2011—2040年稳定通过10℃潜在蒸散量呈显著增加趋势,增加速率为29.5 mm/10a;2041—2100年呈显著增加趋势,增加速率为41.5 mm/10a。

1951—2100年,华南平均稳定通过10℃潜在蒸散量总体上呈显著增加趋势,增加速率为26.9 mm/10a(图2.28g)。其中,1951—2010年潜在蒸散量呈增多趋势,增加速率为8.2 mm/10a;2011—2040年稳定通过10℃潜在蒸散量呈增加趋势,增加速率为28.2 mm/10a;2041—2100年呈显著增加趋势,增加速率为40.2 mm/10a。

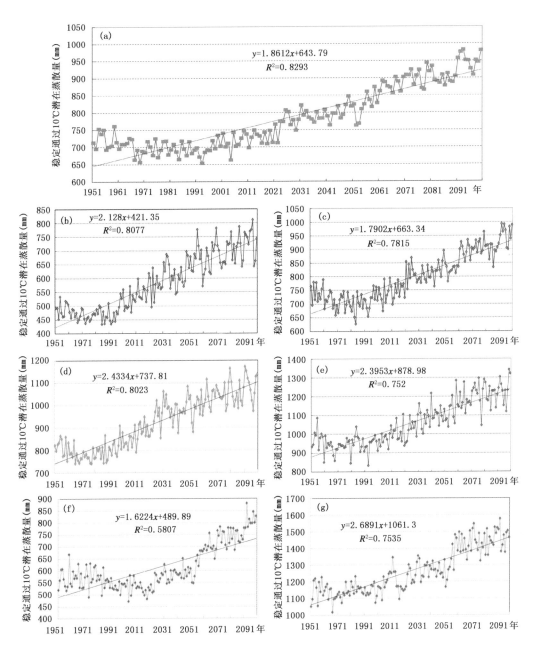

图 2.28　全国和各区域平均稳定通过 10℃潜在蒸散量历年变化(1951—2100 年)

(a. 全国;b. 东北;c. 西北;d. 华北;e. 长江中下游;f. 西南;g. 华南)

(7)总辐射量

1951—2100 年,全国平均稳定通过 10℃总辐射量总体上呈显著增加趋势,增加速率为 36.0(MJ/m²)/10a(图 2.29a)。其中,1951—2010 年总辐射量没有明显变化趋势;2011—2040 年总辐射量呈增加趋势,增加速率为 56.0(MJ/m²)/10a;2041—2100 年总辐射量也呈显著增加趋势,增加速率达 70.6(MJ/m²)/10a。

1951—2100 年,东北平均稳定通过 10℃总辐射量总体上呈显著增加趋势,增加速率为

46.8(MJ/m²)/10a(图 2.29b)。其中,1951—2010 年总辐射量呈增加趋势,增加速率为
19.4(MJ/m²)/10a;2011—2040 年总辐射量呈显著增加趋势,增加速率为 56.6(MJ/m²)/10a;
2041—2100 年总辐射量也呈显著增加趋势,增加速率达 50.9(MJ/m²)/10a。

1951—2100 年,西北平均稳定通过 10℃总辐射量总体上呈显著增加趋势,增加速率为
33.6(MJ/m²)/10a(图 2.29c)。其中,1951—2010 年总辐射量呈增加趋势;2011—2040 年总

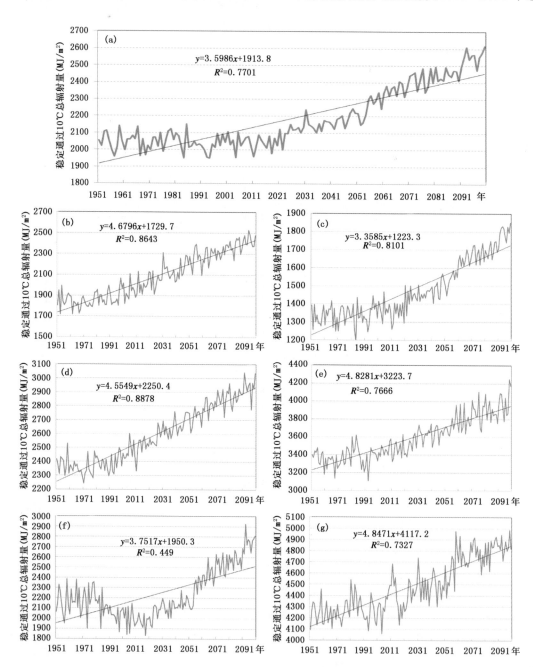

图 2.29　全国和各区域平均稳定通过 10℃总辐射量历年变化(1951—2100 年)
(a. 全国;b. 东北;c. 西北;d. 华北;e. 长江中下游;f. 西南;g. 华南)

辐射量呈显著增加趋势,增加速率为 53.4(MJ/m²)/10a;2041—2100 年总辐射量也呈显著增加趋势,增加速率达 58.6(MJ/m²)/10a。

1951—2100 年,华北平均稳定通过 10℃总辐射量总体上呈显著增加趋势,增加速率为 45.5(MJ/m²)/10a(图 2.29d)。其中,1951—2010 年总辐射量呈增加趋势,增加速率为 17.9(MJ/m²)/10a;2011—2040 年总辐射量呈显著增加趋势,增加速率为 67.5(MJ/m²)/10a;2041—2100 年也呈显著增加趋势,增加速率达 52.6(MJ/m²)/10a。

1951—2100 年,长江中下游平均稳定通过 10℃总辐射量总体上呈显著增加趋势,增加速率为 48.3(MJ/m²)/10a(图 2.29e)。其中,1951—2010 年总辐射量呈增加趋势,增加速率为 16.6(MJ/m²)/10a;2011—2040 年总辐射量呈显著增加趋势,增加速率为 98.6(MJ/m²)/10a;2041—2100 年也呈显著增加趋势,增加速率达 67.6(MJ/m²)/10a。

1951—2100 年,西南平均稳定通过 10℃总辐射量总体上呈显著增加趋势,增加速率为 37.5(MJ/m²)/10a(图 2.29f)。其中,1951—2010 年总辐射量有减少趋势,减少速率为 34.7(MJ/m²)/10a;2011—2040 年总辐射量呈显著增加趋势,增加速率为 67.1(MJ/m²)/10a;2041—2100 年呈非常显著增加趋势,增加速率达 115.0(MJ/m²)/10a。

1951—2100 年,华南平均稳定通过 10℃总辐射量总体上呈显著增加趋势,增加速率为 48.5(MJ/m²)/10a(图 2.29g)。其中,1951—2010 年总辐射量呈增加趋势,增加速率为 14.9(MJ/m²)/10a;2011—2040 年总辐射量呈微弱增加趋势,增加速率为 23.1(MJ/m²)/10a;2041—2100 年总辐射量呈显著增加趋势,增加速率达 66.1(MJ/m²)/10a。

2.2.3　霜冻时空变化特征

2.2.3.1　霜冻空间变化特征

(1)初霜冻日

每年入秋后第一次出现的霜冻称为初霜冻。基准气候时段下,我国初霜冻日具有纬度越高、海拔越高,初霜冻出现越早;纬度越低、海拔越低,初霜冻出现越晚的分布特征。具体来讲,平均初霜冻日最早出现在青藏高原和天山山脉,这些地区大部平均初霜冻日期一般出现在7 月下旬至 8 月上旬这一时段,当然,部分地区由于终年积雪,也就没有初霜冻和终霜冻日之分。除此之外,全国其余大部地区平均初霜冻出现时间大体呈北早南晚的分布态势,东北、西北出现较早,江南、华南出现较晚。黑龙江、吉林、辽宁东部、内蒙古、河北北部、山西北部、甘肃大部、新疆东部和北部的部分地区一般出现在 10 月上旬至 10 月中旬,内蒙古东北部和新疆北部的局部地区出现在 9 月下旬及之前,辽宁西部、北京、天津、河北中部、山西南部、陕西大部、新疆大部出现在 10 月下旬,河北南部、黄淮、江淮、江南东部、江汉、贵州中部和北部、云南北部等地出现在 11 月上旬至 11 中旬,四川盆地大部、湖北中南部、湖南大部、江西、贵州南部、云南中南部、福建北部等地出现在 11 月下旬至 12 月上旬,华南大部及云南南部、四川盆地南部、西藏东南部等地出现在 12 月中旬及以后(图 2.30a)。

与基准气候时段相比,1951—1980 年,全国大部地区的初霜冻日提早 3～7 d,青海东部、川西高原、西藏东南部、云南东北部、贵州中西部、湖北西南部等地提早 8 d 以上(图 2.30b)。1981—2010 年,全国大部地区的初霜冻日接近或略提早,其中西藏东北部和中部、四川西北部、青海东南部等地一般提早 3～7d(图 2.30c)。

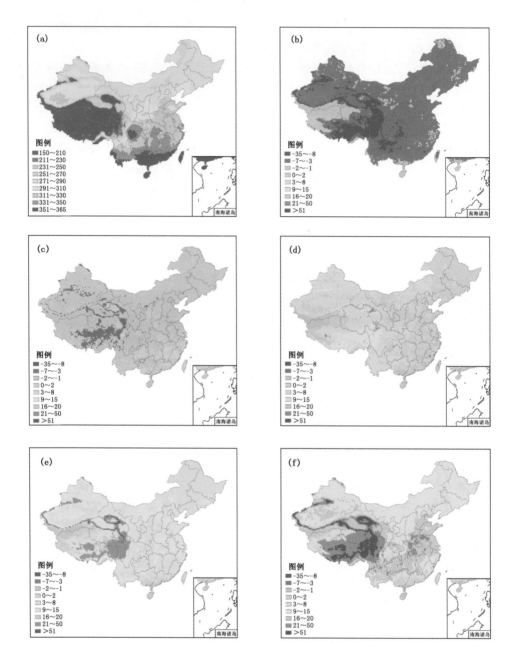

图 2.30　1971—2000 年初霜冻日序(a)以及不同时段距平(1951—1980 年(b)；
1981—2010 年(c)；2011—2040 年(d)；2041—2070 年(e)和 2071—2100 年(f))(单位:d)

　　与基准气候时段相比,未来 A1B 情景下,2011—2040 年,全国大部地区的初霜冻日推后或接近,其中西北大部、西南大部、华北西部及内蒙古中东部和西部、河南西部、湖北西部、广西北部、西藏中部和东部等地推后 3～8 d,川西高原、西藏东北部、青海东南部和中北部推后 9～15 d,局部地区推后达 16～20 d(图 2.30d)。2041—2070 年,除华南南部、西藏西部接近外,全国其余大部地区的初霜冻日推后 3～15 d,川西高原、西藏东北部和南部、青海东南部和中北部推后 16～50 d,局部地区推后超过 50 d(图 2.30e)。2071—2100 年,除华南南部、西藏西北部接近常年外,全国其余大部地区的初霜冻日推后,其中东北、华北北部和西部、西北东部和西部、西南东北部、江南东部、华南北部及云南中部等地推后 5～15 d,华北南部、黄淮、江淮、江南西部、西南大部、青藏高原大部等地推后 16～50 d,川西高原、西藏东北部和南部、青海东南部和中北部推后 50 d 以上(图 2.30f)。

(2)终霜冻日

每年春季最后一次出现的霜冻称为终霜冻。我国多年平均终霜冻日的地理分布与初霜冻日的分布正好相反。初霜冻来得最晚地区,终霜冻结束得最早;而初霜冻来得最早的地区,终霜冻晚。平均终霜冻日等日线的走向和分布形式与初霜冻日等日线基本相似。基准气候时段下,青藏高原大部终霜冻日在 6 月中旬和 7 月中旬之间,东北北部和东部、内蒙古中部和东部一般在 5 月上中旬,东北西部和南部、西北东部及内蒙古东南部和西部、山西中部和南部、河北中北部、陕西北部、新疆东部和北部等地在 4 月中下旬,河北南部、山东大部、河南北部和西部、陕西南部、湖北西部、云南东北部在 3 月下旬至 4 月上旬,黄淮西部、江淮、江南及四川盆地、贵州、云南中部等地在 2 月上旬至 3 月中旬,华南大部及云南南部、西藏东南部出现在 1 月份,部分地区甚至终年没有霜冻出现(图 2.31a)。

与基准气候时段相比,1951—1980 年,我国大部地区平均终霜冻日均推后,其中东北地区、黄淮大部及内蒙古中部、山西北部、云南中部和南部、广西南部、广东西南部、海南等地推后 1～3 d,西北大部、黄淮西南部、江淮、江南、华南大部、西南大部等地推后 4～10 d,西藏中部和东部、川西高原、青海东南部等地推后 11～35 d(图 2.31b)。1981—2010 年,全国大部地区平均终霜冻日基本接近或推后,其中东北中西部、江南中西部、青藏高原中部和东部及内蒙古东南部、福建、两广南部等地推后 1～3 d,西藏东北部和中部、四川西部等地推后 4～10 d(图 2.31c)。

与基准气候时段相比,未来 A1B 情景下,2011—2040 年,全国大部地区平均终霜冻日提早,其中黄淮、江淮、江南、青藏高原中部和东部及云南北部、贵州中部和东北部、重庆东部、四川大部、甘肃中东部、北疆、辽宁南部和西部提早 3 d 以上,青海南部和中北部、西藏东北部和中南部、云南西北部等地提早 6～19d,仅云南南部、内蒙古西部等地推后 1～3 d(图 2.31d)。2041—2070 年,全国绝大多数地区平均终霜冻日提早,其中黑龙江中部和西部、吉林中东部、内蒙古西部、两广南部提早 3～5 d,华北、西北东北部、华南中部及吉林西部、辽宁、内蒙古中部和东部、山东、河南北部、新疆大部、云南南部等地提早 6～10 d,西南大部、江南及青海中部、甘肃东部、陕西中部、河南南部、湖北、江苏、安徽、广西北部、福建大部等地提早 11～19 d,青海中北部和中部、西藏中部等地提早达 20～29 d(图 2.31e)。2071—2100 年,全国所有地区平均终霜冻日均提早,并且提早幅度进一步增大。其中内蒙古东北部、黑龙江中部和西部、吉林中东部、广西中南部、广东南部提早 6～10 d,东北东部和南部、江淮、江南东部、华南中部及内蒙古大部、河北北部、京津地区、山西中部和北部、宁夏北部、甘肃东北部和西部、新疆大部、云南南部等地提早 11～19 d,黄淮、江南中部和西部、华南北部、西南大部、西北东南部及河北南部等地提早 20～29 d,青藏高原大部提早在 30 d 以上(图 2.31f)。

(3)无霜期

基准气候时段下,我国平均无霜期的空间分布具有以下特点(图 2.32a):无霜期最短的地区在青藏高原,大部地区无霜期一般在 60 d 以内,青藏高原东部及北部边缘地区有 61～120 d,内蒙古东部西侧一般有 121～140 d,黑龙江西北部和东南部、吉林东部、内蒙古中部有 141

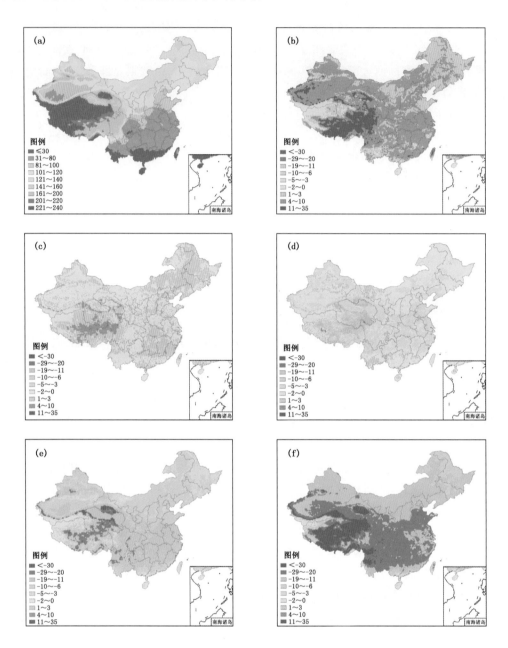

图 2.31 1971—2010 年终霜冻日序(a)以及不同时段距平(1951—1980 年(b);
1981—2010 年(c);2011—2040 年(d);2041—2070 年(e)和 2071—2100 年(f))(单位:d)

～160 d,东北中西部和南部、华北北部和西部、西北东南部、河西走廊、内蒙古西部、新疆北部
和东部、青藏高原东部边缘等地有 161～200 d,河北南部、黄淮大部、江淮东北部、江汉、云南北
部、南疆大部有 201～250 d,江淮大部、江南、四川盆地、贵州、云南中北部、福建等地平均无霜
期在 251～300 d,两广大部、福建南部、海南、云南南部等地平均无霜期在 320 d 以上,部分地
区甚至终年没有霜冻出现(图 2.32a)。

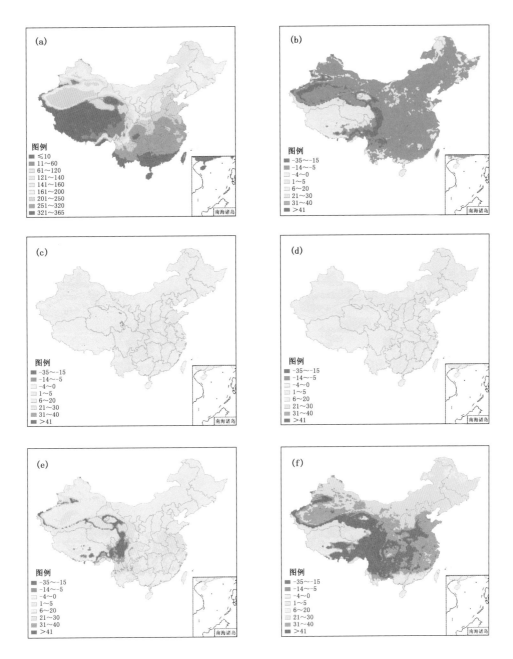

图 2.32　1971—2010 年平均无霜期(a)以及不同时段距平(1951—1980 年(b)；
1981—2010 年(c)；2011—2040 年(d)；2041—2070 年(e)和 2071—2100 年(f))(单位:d)

与基准气候时段相比,1951—1980 年,全国平均无霜期均缩短,其中,大兴安岭、长白山区、黑龙江中部、青藏高原地区、青海北部、甘肃东北部、山东东南部、浙江南部等地缩短不足 4 d,全国其余大部地区缩短 5～14 d,青藏高原东部边缘部分地区缩短 15～35 d(图 2.32b)。1981—2010 年,全国无霜期变化不大,变幅一般在—4～5 d,也就是说,缩短或延长量都不大,其中陕西、四川盆地、湖北西部、贵州、云南中部和南部、华南中部、浙江大部、山东中部、新疆北部和东部部分地区延长 1～5 d,全国其余大部地区缩短(图 2.32c)。

与基准气候时段相比,未来 A1B 情景下,2011—2040 年,除西藏西部、海南平均无霜期缩短不足 4 d 外,全国其余大部地区平均无霜期延长,其中内蒙古中部偏东地区、河北南部、黄淮大部、江汉以及江苏、湖南北部、四川大部、贵州大部、云南北部、西藏东部、青海北部和东部、甘肃中部和东部、新疆部分地区延长 6～20 d(图 2.32d)。2041—2070 年,除西藏西部、海南平均无霜期缩短不足 4 d 外,全国其余大部地区平均无霜期进一步延长,东北、华北、西北东部和新疆大部、江南南部、华南大部及湖北西部、重庆大部、贵州东北部、云南平均无霜期延长 6～20 d,四川大部、贵州西部和南部、云南北部、甘肃中部和东部、青海北部、河南大部、苏皖地区及湖北中部和东部、湖南中南部和北部、江西北部和西部、浙江北部和东南部等地平均无霜期延长 21～30 d,西藏东部、四川西部及青海中北部部分地区无霜期延长达 31～40 d,部分地区超过 40 d(图 2.32e)。2071—2100 年,全国大部地区平均无霜期依旧呈延长态势,西藏西部、青海西南部、华南南部平均无霜期延长 1～20 d,东北、华北北部和西部及内蒙古、陕西北部、新疆北部和东部平均无霜期延长 21～30 d,西北东南部、华北东南部、黄淮东部、江淮、江南中部和东部、四川盆地南部及河西走廊、新疆南部、福建等地延长 31～40 d,除海南略缩短外,全国其余地区平均无霜期延长 40 d 以上(图 2.32f)。

2.2.3.2 霜冻时间变化特征

(1)初霜冻日

1951—2100 年,全国平均初霜冻日期总体上呈推后趋势,推后速率 1.9 d/10a(图 2.33a)。其中,1951—2010 年初霜冻日期有明显推后趋势,推后速率 1.2 d/10a;2001 年有一显著突变,明显提前;2011—2040 年初霜冻日期推后速率达 3.2 d/10a;2041—2100 年初霜冻日期推后速率略缓,为 2.8 d/10a。

1951—2100 年,东北平均初霜冻日期总体上呈显著推后趋势,推后速率 1.6 d/10a(图 2.33b)。其中,1951—2010 年初霜冻日期有显著推后趋势,推后速率 1.7 d/10a;2011—2040 年初霜冻日期也呈显著推后趋势,推后速率达 2.2 d/10a;2041—2100 年推后趋势依旧,推后速率较前 30 年略缓,为 1.7 d/10a。

1951—2100 年,西北平均初霜冻日期总体上呈显著推后趋势,推后速率 2.5 d/10a(图 2.33c)。其中,1951—2010 年初霜冻日期有显著推后趋势,推后速率 1.9 d/10a;2011—2040 年初霜冻日期也呈显著推后趋势,推后速率达 3.2 d/10a;2041—2100 年初霜冻日期推后趋势依旧,推后速率较前 30 年略缓,为 2.8 d/10a。

1951—2100 年,华北平均初霜冻日期总体上呈推后趋势,推后速率 1.9 d/10a(图 2.33d)。其中,1951—2010 年初霜冻日期有明显推后趋势,推后速率 1.9 d/10a;2011—2040 年初霜冻日期推后速率达 3.0 d/10a;2041—2100 年,初霜冻日期推后速率略缓,为 2.0 d/10a,且 2071—2100 年,初霜冻日期年际间变化加大。

1951—2100 年,长江中下游平均初霜冻日期总体上呈显著推后趋势,推后速率 2.2 d/10a(图 2.33e)。其中,1951—2010 年初霜冻日期有显著推后趋势,推后速率 2.2 d/10a;2011—2040 年初霜冻日期呈显著推后趋势,推后速率达 3.5 d/10a;2041—2100 年初霜冻日期呈显著推后趋势,推后速率为 3.1 d/10a。

1951—2100 年,西南平均初霜冻日期总体上呈显著推后趋势,推后速率 3.1 d/10a(图 2.33f)。其中,1951—2010 年初霜冻日期有显著推后趋势,推后速率 2.5 d/10a;2011—2040

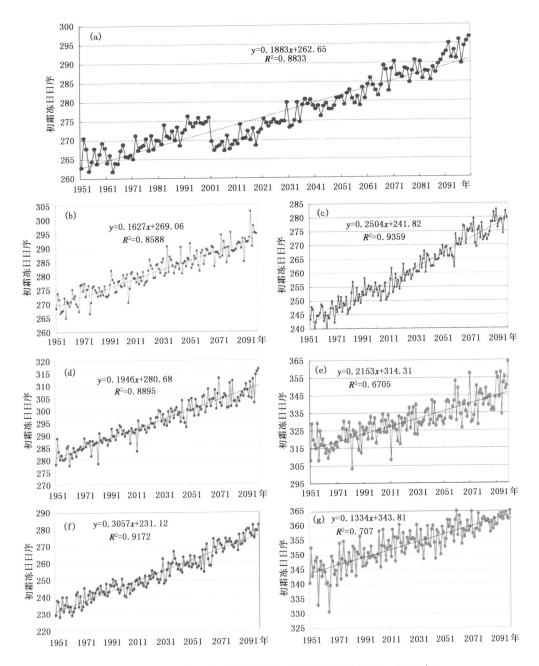

图 2.33　全国和各区域平均初霜冻日日序历年变化（1951—2100 年）

（a. 全国；b. 东北；c. 西北；d. 华北；e. 长江中下游；f. 西南；g. 华南）

年初霜冻日期有显著增多趋势，推后速率为 4.5 d/10a；2041—2100 年初霜冻日期仍呈显著推后趋势，推后速率为 4.1 d/10a。

1951—2100 年，华南平均初霜冻日期总体上呈显著推后趋势，推后速率为 1.3 d/10a（图 2.33g）。其中，1951—2010 年初霜冻日期有显著推后趋势，推后速率为 1.7 d/10a；2011—2040 年初霜冻日期没有明显变化趋势；2041—2100 年初霜冻日期呈显著推后趋势，推后速率为1.3 d/10a,且2071—2100年,初霜冻日期年际间变化小。

(2)终霜冻日

1951—2100年,全国平均终霜冻日期总体上提前趋势明显,提早速率为2.0 d/10年(图2.34a)。其中,1951—2010年,终霜冻日期有明显提早趋势,提早速率为1.5 d/10a;2011—2040年,终霜冻日期提早趋势更为明显,提早速率为2.8 d/10a;2041—2100年,终霜冻日期提早趋势尤为明显,提早速率为3.1 d/10a。

1951—2100年,东北平均终霜冻日期总体上提早趋势明显,提早速率为1.5 d/10a(图2.34b)。其中,1951—2010年终霜冻日期有提早趋势,提早速率为1.1 d/10a;2011—2040年呈微弱著提早趋势,提早速率为0.6 d/10a,2041—2100年,终霜冻日期呈显著提早趋势,提早速率为1.6 d/10a。

1951—2100年,西北平均终霜冻日期总体上提早趋势明显,提早速率为2.6 d/10a(图2.34c)。其中,1951—2010年终霜冻日期有显著提早趋势,提早速率为2.5 d/10a;2011—2040年终霜冻日期也呈显著提早趋势,提早速率为3.7 d/10a,2041—2100年终霜冻日期呈显著提早趋势,提早速率为3.4 d/10a。

1951—2100年,华北平均终霜冻日期总体上提早趋势明显,提早速率为2.1 d/10a(图2.34d)。其中,1951—2010年霜冻终日有提早趋势,提早速率为1.7 d/10a;2011—2040年终霜冻日提早趋势明显,提早速率为2.7 d/10a;2041—2100年终霜冻日期提早趋势也较为明显,提早速率为2.6 d/10a。

1951—2100年,长江中下游平均终霜冻日期总体上提早趋势明显,提早速率为2.6 d/10a(图2.34e)。其中,1951—2010年终霜冻日期有提早趋势,提早速率为1.8 d/10a;2011—2040年终霜冻日期有提早趋势,提早速率为2.2 d/10a;2041—2100年终霜冻日期呈提早趋势,提早速率为2.1 d/10a。

1951—2100年,西南平均终霜冻日期总体上提早趋势明显,提早速率为3.0 d/10a(图2.34f)。其中,1951—2010年终霜冻日期有显著提早趋势,提早速率为2.5 d/10a;2011—2040年终霜冻日期也有显著的提早趋势,提早速率为3.6 d/10a;2041—2100年终霜冻日期呈显著提早趋势,提早速率为4.0 d/10a。

1951—2100年,华南平均终霜冻日期总体上提早趋势明显,提早速率为2.1 d/10a(图2.34g)。其中,1951—2010年终霜冻日期有显著提早趋势,提早速率为1.8 d/10a;2011—2040年终霜冻日期有微弱的提早趋势,提早速率为0.8 d/10a;2041—2100年终霜冻日期呈显著提早趋势,提早速率为1.7 d/10a。

(3)无霜期

1951—2100年,全国平均无霜期总体上延长趋势明显,延长速率约3.2 d/10a(图2.35a)。其中,1951—2010年无霜期延长速率为2.2 d/10a;2011—2040年与2041—2100年无霜期延长速率基本相当,为4.6 d/10a。

1951—2100年,东北平均无霜期总体上延长趋势明显,延长速率约2.9 d/10a(图2.35b)。其中,1951—2010年无霜期呈延长趋势,延长速率1.9 d/10a;2011—2040年无霜期呈延长趋势,延长速率为2.8 d/10a;2041—2100年无霜期延长速率比前期略快,为3.3 d/10a。

1951—2100年,西北平均无霜期总体上显著延长趋势,延长速率约3.9 d/10a(图2.35c)。其中,1951—2010年呈延长趋势,延长速率为2.8 d/10a;2011—2040年呈显著延长趋势,延长

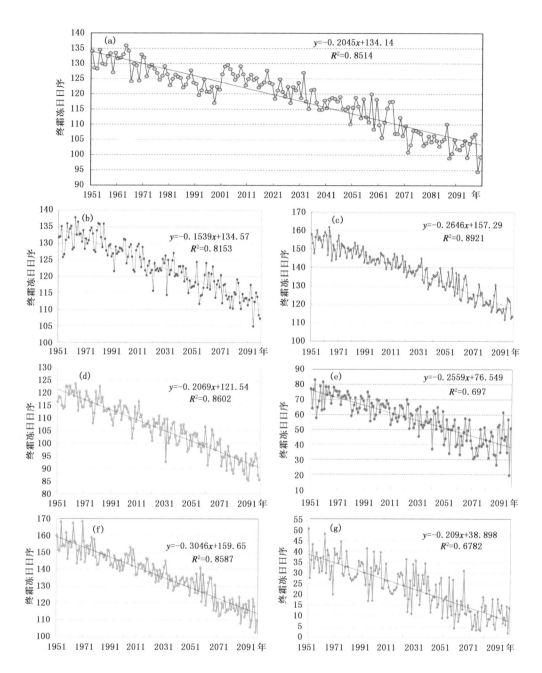

图 2.34　全国和各区域平均终霜冻日日序历年变化(1951—2100 年)

(a. 全国;b. 东北;c. 西北;d. 华北;e. 长江中下游;f. 西南;g. 华南)

速率为 5.0 d/10a;2041—2100 年无霜期也呈显著延长趋势,延长速率为 4.8 d/10a。

1951—2100 年,华北平均无霜期总体上延长趋势明显,延长速率约 3.7 d/10a(图 2.35d)。其中,1951—2010 年呈延长趋势,延长速率 2.7 d/10a;2011—2040 年呈延长趋势,延长速率 5.7 d/10a;2041—2100 年无霜期呈延长趋势,但延长速率略缓,为 4.6 d/10a。

1951—2100 年,长江中下游平均无霜期总体上呈显著延长趋势,延长速率约 4.4 d/10a

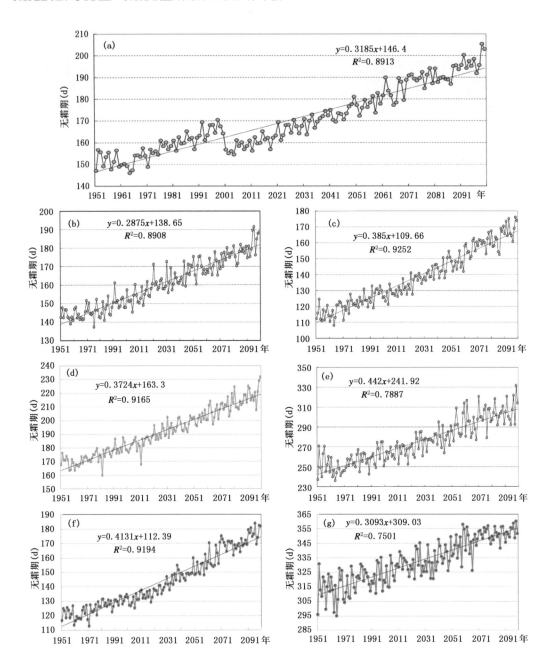

图 2.35　全国和各区域平均无霜期历年变化(1951—2100 年)

(a.全国;b.东北;c.西北;d.华北;e.长江中下游;f.西南;g.华南)

(图 2.35e)。其中,1951—2010 年呈显著延长趋势,延长速率为 3.0 d/10a;2011—2040 年也呈显著延长趋势,延长速率为 5.7 d/10a;2041—2100 年无霜期依然呈显著延长趋势,延长速率为 5.1 d/10a。

　　1951—2100 年,西南平均无霜期总体上显著延长趋势,延长速率约 4.1 d/10a(图 2.35f)。其中,1951—2010 年呈显著延长趋势,延长速率为 2.4 d/10a;2011—2040 年、2041—2100 年无霜期均呈显著延长趋势,延长速率也均为 5.6 d/10a。

1951—2100 年,华南平均无霜期总体上显著延长趋势,延长速率约 3.1 d/10 年(图 2.35g)。其中,1951—2010 年呈显著延长趋势,延长速率为 2.6 d/10a;2011—2040 年由微弱的缩短趋势,缩短速率为 0.7 d/10a;2041—2100 年无霜期呈显著延长趋势,延长速率为 2.9 d/10a。

第 3 章

黄淮海地区冬小麦气候资源有效性评估

黄淮海地区地处我国东部季风区,是我国冬小麦主产区,小麦产量占全国小麦总产量的80%以上。该地区季节差异明显,温度的季节变化大,降水时空分布不均匀。冬小麦生长季较长,经历秋冬春三个季节,农业气候资源中秋冬季热量、春季降水量是制约冬小麦生产过程中农业气候资源利用效率的主要因素。随着气候变化的日益显现,黄淮海麦区的气候特征逐渐发生改变,分析气候变化背景下冬小麦生长季的气候适宜性、生产潜力以及对冬小麦生产造成的影响,评估气候变化对农业气候资源有效性的影响,可为合理调整冬小麦播期、品种布局、灾害防御、农业设施建设及生产措施的布局提供科学依据,对应对和适应气候变化具有重要意义。本章采用黄淮海地区(包括河北、河南、山东、北京、天津以及江苏和安徽北部)历史气象资料和冬小麦发育期观测资料以及区域气候模式 RegCM3 输出的气候情景数据,分析麦区气候资源要素的变化趋势、冬小麦不同发育阶段气候适宜度的时空分布、生长季气候生产潜力变化,评估气候变化背景下麦区气候资源的有效性的变化趋势。

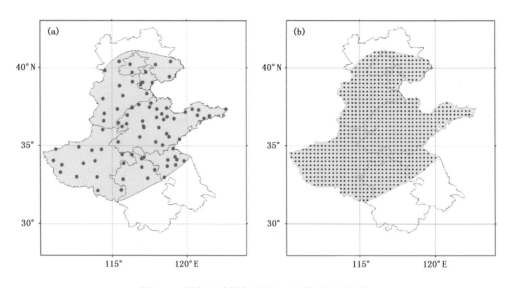

图 3.1 研究区域气象站点(a)及格点(b)分布

以上一年 10 月至当年 5 月作为冬小麦生长季,选取 1961—2010 年黄淮海地区具有较为完整资料序列的 84 个气象站逐日气象观测资料进行区域气候变化的背景分析(图 3.1a);选取其中均匀分布的 60 个代表站分析冬小麦生长季气候适宜度;采用区域气候模式 RegCM3 输出的 1951—2100 年气候情景 897 个格点数据(0.25°×0.25°)(图 3.1b)分析未来区域气候变化趋势,各气候资源特征量的累计值和平均值均以生长季和站点及格点的数据为基础计算。产量资料为国家统计局公布数据的北京、天津、河南、河北、山东、安徽、江苏小麦单产资料。

3.1 冬小麦生长季农业气候资源特征

3.1.1 热量资源的时空演变特征

3.1.1.1 近 50 年热量资源的时空演变

采用生长季平均气温要素作为气候变暖背景分析指标,>0℃积温作为热量资源评价指标、冬季负积温和极端最低气温作为冬小麦品种越冬分析指标,对近 50 年冬小麦生长季热量资源的时空分布进行分析。

从整个区域的气温变化来看,1961—2010 年日平均气温、日最低气温和日最高气温三要素平均值均呈上升趋势,其中,日平均气温和日最低气温的趋势比日最高气温($P<0.01$)更为明显,达 0.001 的显著水平,从上升的速率来看,最低气温上升最快,上升速率为 0.048℃/10a (图 3.2)。图 3.3 显示出麦区日平均气温和最低气温距平的时间变化具有良好的一致性,在 1989 年以前,二者均为负距平,尤其在 20 世纪 60 年代中后期至 70 年代初偏低 1℃左右;1989 年以后二者以正距平为主,尤其是 1998—2010 年期间,平均最低气温正距平达到 1℃以上的有 9 年(占 75%)(图 3.3),表明黄淮海地区冬小麦生长季从 80 年代末开始以增暖为主,其中以最低气温升高最为突出。

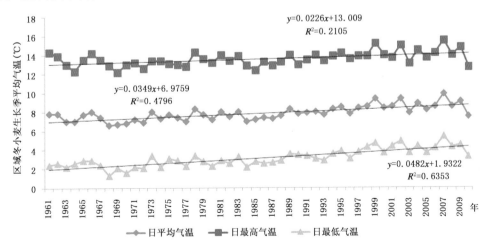

图 3.2 1961—2010 年黄淮海冬小麦生长季区域平均气温要素的年际变化

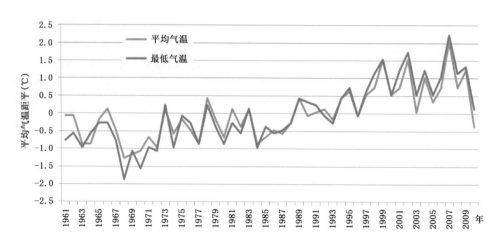

图 3.3　1961—2010 年黄淮海地区冬麦生长季区域日平均气温及日最低气温距平的年际变化

随着生长季气温逐渐增高，>0℃ 积温呈增加趋势，小麦越冬期 <0℃ 的负积温呈减少趋势，二者变化趋势均达到极显著水平（图 3.4 和图 3.5）。>0℃ 积温在 1998 年以后增加明显，大部分年份均在 2200℃·d 以上，其中 2007 年达 2480℃·d，与最低的 1970 年相比，增加了 600℃·d。冬季负积温在 1988 年之后的大部分年份低于 −160℃·d，尤其是 2002 年不足 −70℃·d，与 1968 年、1969 年的 −336℃·d 相比减少了近 270℃·d；与此同时，区域平均冬季气温低于 0℃ 的日数也显著减少，从 1968 年的 77 d，减少到 2002 年的 29 d，减少了一个多月。上述结果表明，黄淮海地区冬季变暖的趋势明显，冬小麦生长季 >0℃ 积温增加，冬季负积温明显减少，意味着小麦冬季长寒型冻害的发生几率显著降低，有利于半冬性和春性品种种植范围扩大。

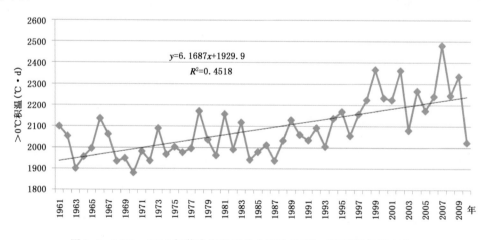

图 3.4　1961—2010 年黄淮海地区冬小麦生长季 >0℃ 积温年际变化

图 3.6 显示了黄淮海冬麦区近 50 年 >0℃ 积温的空间分布年代际变化，冬麦区 20 世纪 60—80 年代一直维持南部 2250～2500℃·d，中部 1750～2250℃·d 的格局，表明在此期间热量资源空间变化并不显著；20 世纪 90 年代之后麦区南部积温上升至 2500～3000℃·d，中部也达 2000℃·d，热量资源有所增加，尤其是进入 21 世纪增加速度较快，>2000℃·d 和 >2500℃·d 的范围明显向北扩大，总体上麦区南部积温增量大于北部。

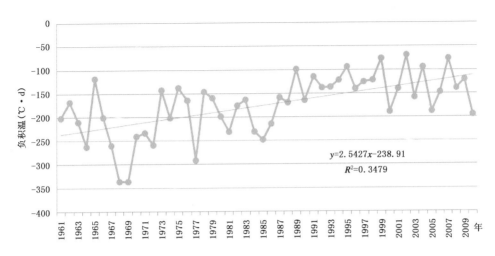

图 3.5　1961—2010 年黄淮海麦区冬季负积温年际变化

图 3.7 显示了黄淮海麦区极端最低气温的年代际变化,表明自 20 世纪 70 年代开始麦区的极端最低气温有所上升,但 90 年代麦区极端最低气温分布与其他年代存在明显差异,麦区北部极端最低气温升至 -10℃以上,高于其他年代;而南部极端最低气温降至 -8℃以下,苏皖北部降至 -10℃以下,低于其他年代;90 年代以后黄淮海麦区大部极端最低气温在 -12℃以上,有利于弱冬性品种的北移。

3.1.1.2　热量资源的变化趋势

以>0℃积温作为冬小麦生长季总热量资源的评价指标,可看出在 150 年时间尺度麦区呈现出极显著的增加趋势,以 9.3(℃·d)/10a 的速度增加(图 3.8)。图 3.8 显示在 1951—2100 年的 150 年间,除 20 世纪 50—60 年代>0℃积温呈下降趋势外,70—80 年代中期变化较为平稳,在 1987 年之后呈现持续上升趋势,在 2040 年之后将会更加快速的上升,且年际间变幅较大,至 21 世纪末麦区的>0℃积温的平均值将达到 3100℃·d,与 20 世纪 70 年代的 1900℃·d 相比,增加了 1200℃·d,表明冬麦区热量资源将变得更加充裕。

将 1951—2100 年的 150 年按每 30 年一个年代际划分,对冬麦区小麦生长季>0℃积温变化的年代际倾向率进行分析,结果表明,1951—1980 年冬小麦生长季>0℃积温为减少的趋势,总体呈现出南部和北部减少速率偏快的格局,其中河北北部及京津地区、山东西南部及苏皖北部以 5~10℃/10a 的速率下降(图 3.9a)。自 1981—2010 年开始,冬小麦生长季>0℃积温转为持续上升的趋势,1981—2010 年麦区大部冬小麦生长季>0℃积温以不足 5℃/10a 的速率缓慢上升,河北东南部、山东西北部上升速率相对较快,为 5~10℃/10a(图 3.9b)。此后的两个年代积温增加趋势更加明显,速率明显快于其他年代。其中,2011—2040 年代,整个麦区冬小麦生长季>0℃积温以 10~15℃/10a 速率迅速上升(图 3.9c);2041—2070 年代,麦区大部积温增长速率仍维持在 10~15℃/10a,麦区北部上升速率低于其他区域,为 5~10℃/10a(图 3.9d)。2071—2100 年代,麦区积温上升的趋势明显减缓,其中麦区北部速率下降最为明显,东部地区上升速率减缓至 5℃/10a 以下,河南、山东西南部、安徽北部积温增加速率下降至 5~10℃/10a(图 3.9e)。上述结果表明,在 CO_2 低排放的气候情景下,黄淮海小麦生长季>0℃积温升高的速率将有所加快,在 21 世纪后期将逐渐趋于减缓。

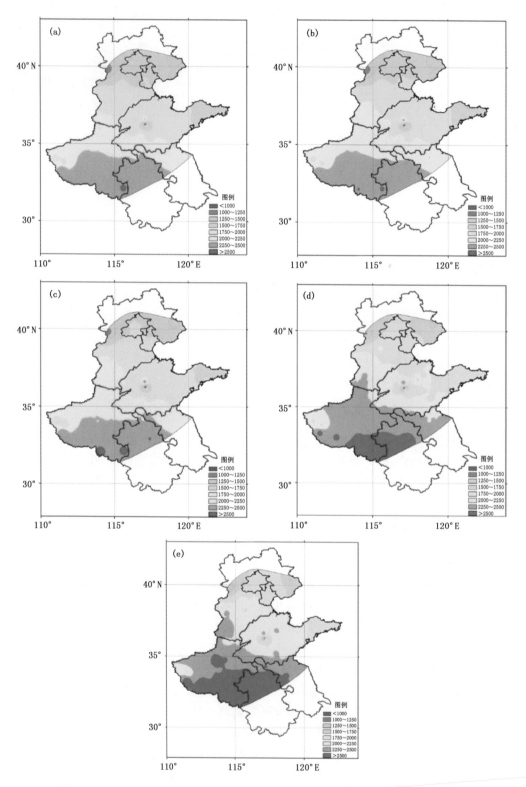

图 3.6 1961—2010 年黄淮海地区冬小麦生长季＞0℃积温空间分布的年代际变化

(a. 20 世纪 60 年代；b. 70 年代；c. 80 年代；d. 90 年代；e. 21 世纪前 10 年)(单位：℃・d)

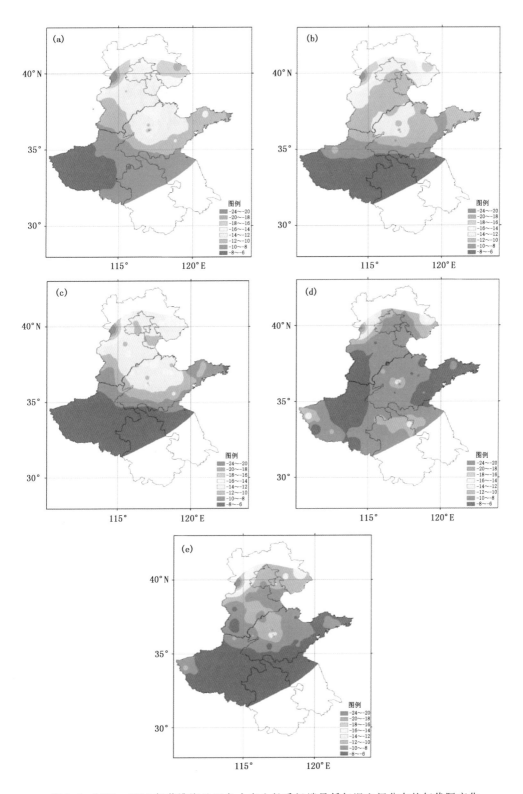

图 3.7　1961—2010 年黄淮海地区冬小麦生长季极端最低气温空间分布的年代际变化

（a. 20 世纪 60 年代；b. 70 年代；c. 80 年代；d. 90 年代；e. 21 世纪前 10 年）（单位：℃）

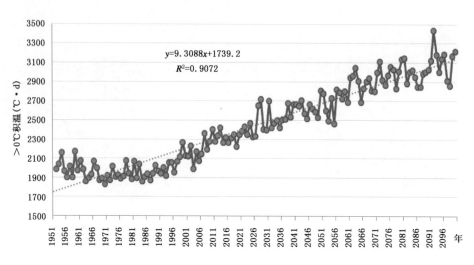

图 3.8　黄淮海冬麦区 1951—2100 年＞0℃积温变化趋势

以气温稳定通过≥3℃的初终日作为黄淮海麦区冬小麦活跃生长季的起始期,对热量资源增加背景下生长季长度的变化趋势进行分析,结果表明,在 1951—2100 年的 150 年间区域≥3℃平均终日延后、初日提前的倾向十分明显($P<0.001$)(图 3.10)。其中,终日的延后从2007 年以后比较显著,但年际间变化大,稳定性较差,2071 年之后趋于稳定;初日的变化趋势虽然总体为提前,但阶段性较为明显,自 1951—1988 年基本维持在第 40～68 d(2 月下旬末至3 月上旬)的范围内;1989—2055 年基本在第 25～55 d(1 月下旬至 2 月下旬)的范围内;2056—2100 年基本出现在第 35 d(2 月上旬前期)之前,意味着冬小麦活跃生长季将延长 1 个月左右。表明随着气候变暖,黄淮海地区秋、冬季气温上升,在传统播期播种至冬前＞0℃有效积温将达 900℃·d 以上,如果不调整就会导致小麦冬前旺长,同时小麦活跃生长期提前将使拔节、孕穗期提前,但年际间差异播期明显,将可能造成严重的霜冻害。上述分析结果也在其他学者的研究中得到了应验(胡焕焕,2008;Sun,2007),表明在活跃生长季延长、热量资源不断增加的背景下,未来黄淮海麦区需要进行种植结构调整、小麦品种布局更新以及播期调整,才能适应气候变暖。

3.1.2　水分资源的时空演变特征

3.1.2.1　近50年水分资源的时空演变

黄淮海地区冬小麦生长季降水年际变幅较大,无明显的变化规律;1961—2010 年小麦生长季区域平均总降水基本在 150～350 mm 的范围内变化,仅占全年总降水的 20%～30%。其中有两个较为平稳的低值阶段,分别在 1974—1984 年和 2005—2010 年,生长季区域平均总降水量基本维持在 200～250 mm 上下变化;降水量年际变化较大的阶段分别出现在 20 世纪60 年代前期和 90 年中后期,其中最大变幅出现在 90 年代,1996 年和 1998 年生长季区域平均总降水量分别为近 50 年的最小值和最大值,二者相差近 120 mm(图 3.11)。上述分析表明,黄淮海地区冬小麦生长季降水资源不足,并存在较大的波动性。

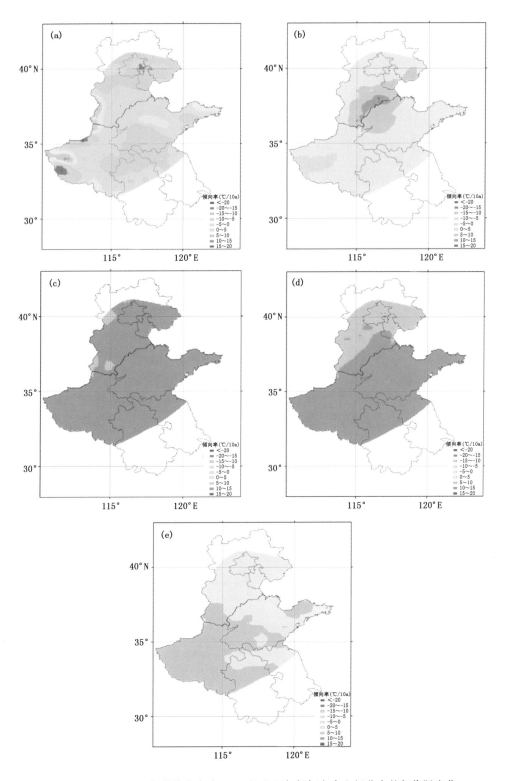

图 3.9　1951—2100 年黄淮海冬麦区＞0℃积温气候倾向率空间分布的年代际变化

（a. 1951—1980 年；b. 1981—2010 年；c. 2011—2040；d. 2041—2070 年；e. 2071—2100 年）

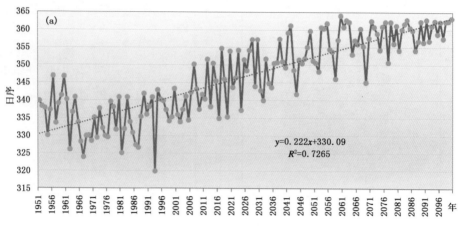

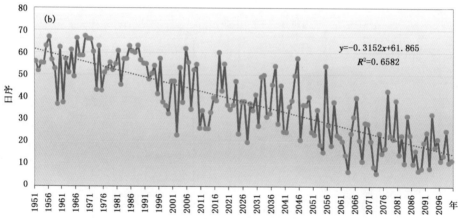

图 3.10　1951—2100 年黄淮海地区≥3℃终日(上)和初日(下)的年际变化趋势

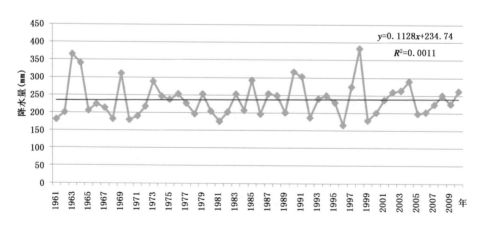

图 3.11　1961—2010 年黄淮海地区冬小麦生长季降水量年际变化

从近 50 年的冬麦区的降水空间分布看,南多北少的总格局一直未发生改变,麦区南部冬小麦生长季降水量基本在 300～400 mm,中部为 150～300 mm,北部不足 150 mm(图 3.12),相对而言,20 世纪 70—80 年代降水总体状况较差,生长季降水量少于 150 mm 的区域比其他

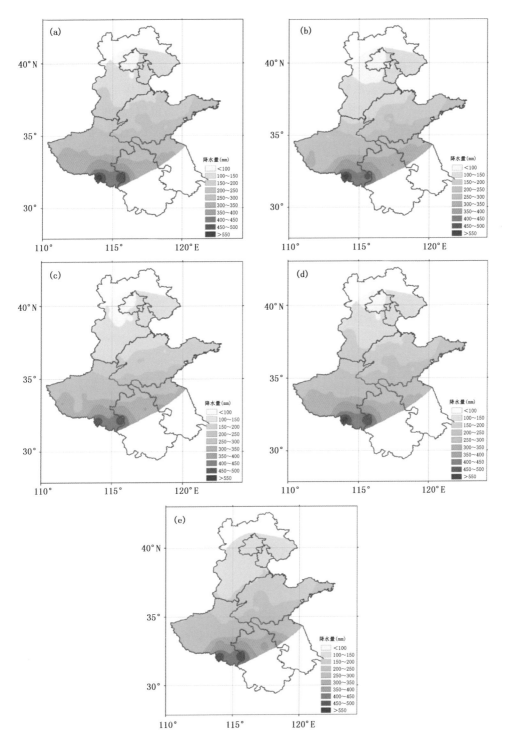

图 3.12　1961—2010 年黄淮海地区冬小麦生长季降水量空间分布的年代际变化

（a. 20 世纪 60 年代；b. 70 年代；c. 80 年代；d. 90 年代；e. 21 世纪前 10 年）

年代位置偏南,南移至山东北部;90 年代麦区降水总体增加,150 mm 和 200 mm 的区域向北扩大,尤其是 21 世纪前 10 年,麦区北部降水量小于 100 mm 的区域消失,但河南西南部大于 350 mm 的范围在缩小。表明在这一时期麦区中北部降水略有增加,但增长幅度较小,总体上对冬小麦生长季水资源无明显改善作用。

从冬小麦生长季可能蒸散量的年际变化来看,规律性不明显,总体呈现出微弱的缓慢下降趋势,阶段性波动较为明显(图 3.13)。20 世纪 70 年代为高值阶段,可能蒸散量在 550～600 mm;80 年代为低值阶段,区域平均可能蒸散量基本在 500～550 mm,90 年代之后略有上升,大部分年份在 550～580 mm。上述结果表明,受辐射、空气湿度、风速等其他环境因素的制约,蒸散量对该地区气温升高的响应并不显著。

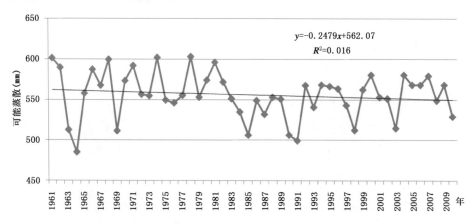

图 3.13 1961—2010 年黄淮海地区冬小麦生长季可能蒸散量的年际变化

图 3.14 显示了以冬小麦生长季降水量与可能蒸散量之差计算的水分盈亏量,由图可见,由于降水量明显小于可能蒸散量,在整个麦区水分盈亏均为负值。总体格局与降水较为相似,南部亏缺量小于北部。麦区南部水分盈亏量的年代际变化较小,北部在 20 世纪 70 年代水分亏缺量较大,京津冀和山东北部亏缺量在 450～500 mm,90 年代以后亏缺量 450～500 mm 的区域明显缩小,主要位于天津南部和河北东南部(图 3.14)。表明近 50 年黄淮海地区冬小麦生长季内的水分资源一直处于紧缺状态,水分盈亏状况并未发生明显改变,依靠自然降水资源无法满足冬小麦生产的需要。

3.1.2.2 水分资源的变化趋势

从 150 年的长周期尺度来看,黄淮海地区冬小麦生长季区域平均降水量以 1.2 mm/10a 速率缓慢增加,在 20 世纪 50—80 年代缓慢下降,从 300～400 mm 下降为 200～300 mm,一直持续至 21 世纪初,且年际间变化较小;2008 年以后降水量总体呈增加趋势,年际间变化明显增大,尤其是 21 世纪 50—60 年代,降水量的极差显著增加,最大值接近 660 mm,而最低值不到 180 mm(图 3.15)。上述结果表明,未来黄淮海地区水资源存在较大的波动性,将使冬小麦生长季发生严重干旱的风险增大。

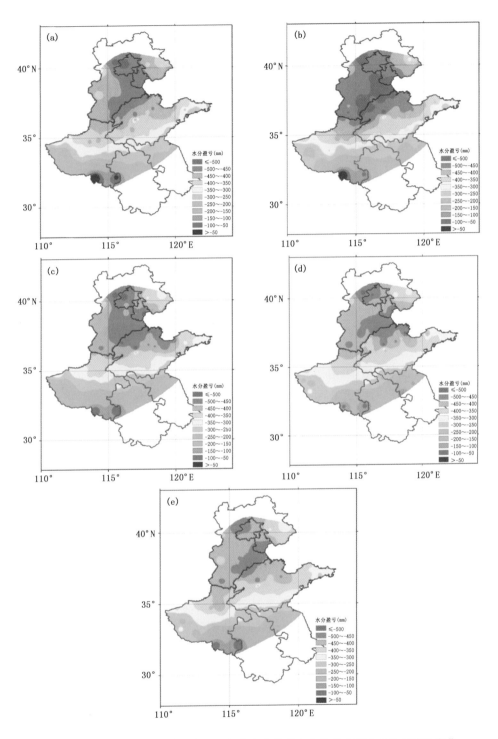

图 3.14   1961—2010 年黄淮海地区冬小麦生长季水分盈亏空间分布的年代际变化

（a. 20 世纪 60 年代；b. 70 年代；c. 80 年代；d. 90 年代；e. 21 世纪前 10 年）

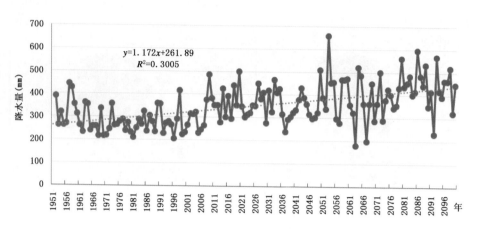

图 3.15　1951—2100 年黄淮海地区冬小麦生长季区域平均降水量的年际变化

图 3.16 显示了以 30 年划分为年代周期的冬小麦生长季降水量气候倾向率空间分布的年代际变化。由图可见,1951—1980 年的麦区降水量呈现出缓慢减少的趋势,整个麦区基本以低于 3 mm/10a 速率在减少(图 3.16a)。1981—2010 年,整个麦区降水量转为增多趋势,中北部增加速率相对较快,山东中部和北部、河北大部以及天津增速相对较快,以 3～9 mm/10a 的速率增加,尤其是河北东南部增加速率达 9～16 mm/10a(图 3.16b)。2011—2040 年,麦区大部呈现出西部和北部降水增多,南部减少的格局,但变化速率均较小,其中,河南西部、河北南部和东北部、山东北部以及胶东半岛降水以低于 3 mm/10a 速度缓慢增加,苏皖北部、河南东部、山东中南部、河北中北部、京津地区以低于 3 mm/10a 的速率缓慢减少(图 3.16c)。2041—2070 年,麦区大部生长季降水呈缓慢增加趋势,麦区中部和北部降水增加速率低于 3 mm/10a,河北东北部及京津地区以 3～9 mm/10a 的速度增加;而苏皖北部、河南大部则以 3～6 mm/10a 的速度减少(图 3.16d)。2071—2100 年,麦区降水量呈现出增加趋势,中部增加速率相对较快,尤其是山东西南部、河南东北部以 9～20mm/10a 的速度增加,其余麦区大部以低于 3 mm/10a 的速度缓慢增加(图 3.16e)。上述结果表明,黄淮海冬小麦生长季降水量气候倾向率存在较明显的阶段性和区域性变化态势,总体对水资源改善的贡献不大。

图 3.17 显示了以 30 年划分为年代周期的冬小麦生长季降水相对变率空间分布的年代际变化。由图可见,1951—1980 年,麦区大部降水变率在 25％ 以上,其中,山东西部、河南东北部、河北中南部降水量变率达 30％ 以上,尤其是河北东南部和山东西北部高达 35％～45％,明显高于其他地区(图 3.17a)。1981—2010 年,降水变率的区域性差异增大,南部降水变率低于 25％ 的区域明显扩大,而北部降水变率明显增大,河北中南部以及天津降水变率达 40％～60％(图 3.17b)。2011—2040 年,降水变率空间分布发生改变,降水变率高于 30％ 的区域再度向南延伸,与 1951—1980 年相似,但变率大于 35％ 的区域明显扩大(图 3.17c)。2041—2070 年,降水变率大于 30％ 区域几乎拓展到全麦区,与此同时,降水变率大于 40％ 的区域也明显扩大,尤其是河北东南部、山东西北部,降水变率达 45％～70％,表明在这一年代降水的不稳定性明显加大(图 3.17d)。2071—2100 年,降水变率大于 30％ 的区域较上一年代有所缩小,但降水变率大于 40％ 的区域有所南压(图 3.17e)。上述结果表明在气候变化背景下,未来黄淮海地区冬小麦生长季降水量的不稳定性将加大。

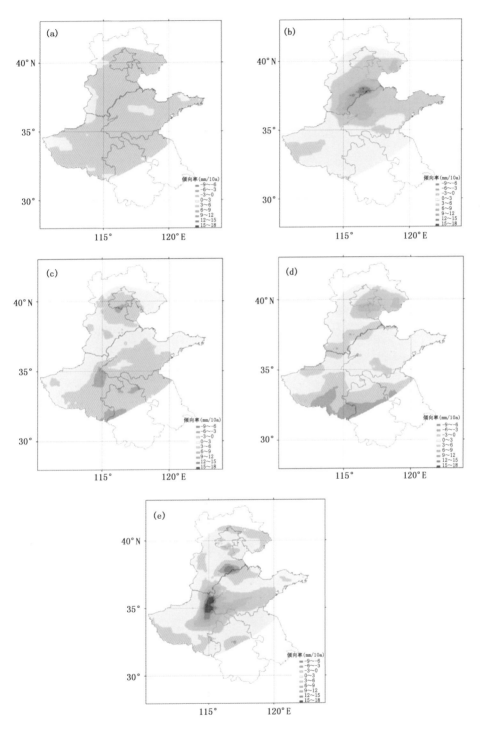

图 3.16 1951—2100 年黄淮海地区冬小麦生长季降水量气候倾向率空间分布的年代际变化

(a. 1951—1980 年；b. 1981—2010 年；c. 2011—2040 年；d. 2041—2070 年；e. 2071—2100 年)

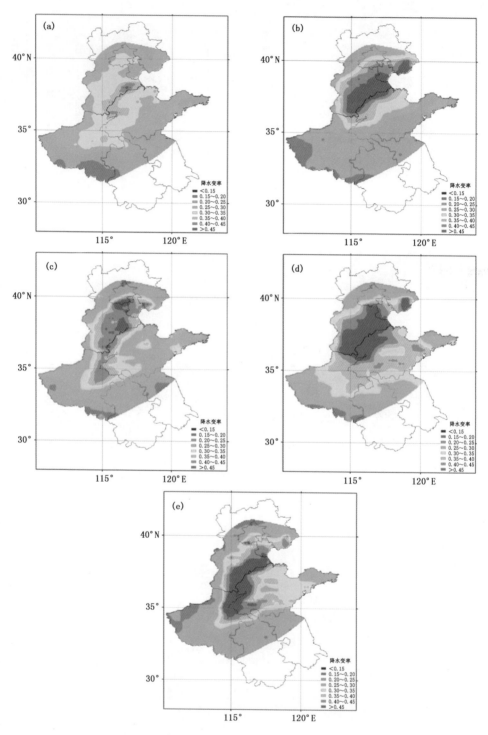

图 3.17　1951—2100 年黄淮海地区冬小麦生长季降水相对变率空间分布的年代际变化
（a. 1951—1980 年；b. 1981—2010 年；c. 2011—2040 年；d. 2041—2070 年；e. 2071—2100 年）

3.1.3　光照资源的时空演变特征

3.1.3.1　近 50 年光照资源的时空演变

以区域平均日照时数为指标分析黄淮海地区近 50 年冬小麦生长季光照资源时间演变,结果显示,冬小麦生长季日照时数以－4.3 h/10a 的速率呈显著下降趋势(图 3.18)。其时间变化可大致分为两个阶段,第一阶段为 1961—1981 年,期间日照时数变化范围为 1400～1800 h,但年际间波动较大;1982 年之后日照时数明显减少,变化范围为 1300～1600 h,较前一阶段减少了 100～200 h,尤其是 2005 年以后一直少于 1450 h,光照资源逐渐减少。

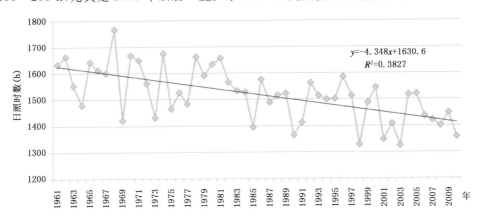

图 3.18　1961—2010 年黄淮海地区冬小麦生长季日照时数的年际变化

图 3.19 显示了黄淮海地区冬小麦生长季日照时数空间分布的年代际变化,近 50 年麦区光照资源一直呈现出北多南少的格局。20 世纪 60 年代光照资源相对丰富,京津冀以及山东大部日照时数为 1500～1900 h,70 年代从空间上开始呈现出由东北部向西南部逐渐减少的趋势。至 21 世纪前 10 年,西南部地区的河南和皖北由 20 世纪 60 年代的 1300～1500 h,减少为 1000～1300 h;山东和河北等地 1700 h 以上的区域基本消失,尤其是京津冀地区由原有的 1700～1900 h,减少为 1400～1700 h(图 3.19)。上述结果表明,近 50 年黄淮海地区,冬小麦生长季光照资源正在逐年减少。

3.1.3.2　光照资源的变化趋势

以格点数据为基础对冬小麦生长季光照资源的时间变化趋势进行分析,显示在 1951—2100 的 150 年间,黄淮海地区冬小麦生长季太阳辐射总体呈下降趋势,以－0.99 [(MJ/m^2)/d]/10a 的速率在缓慢减少。从变化幅度看,1951—1990 年呈较明显的下降趋势,且变化幅度较大;1991—2040 年前后变化相对平稳,此后年际变化逐渐加大(图 3.20)。

图 3.21 显示了冬小麦生长季太阳辐射气候倾向率空间的年代际变化,由图可见,1951—1980 年麦区大部冬小麦生长季太阳辐射为减少趋势,尤其是河南以及安徽北部以 6～9 [(MJ/m^2)/d]/10a 的速度迅速减少,江苏北部、山东西部、河北南部以 4～6 [(MJ/m^2)/d]/10a 的速率减少,山东东部和河北东部以低于 4 [(MJ/m^2)/d]/10a 的速率缓慢减少。1981—2010 年,麦区生长季太阳辐射呈现出北增南减的趋势,山东北部以及京津冀地区以 0.1～

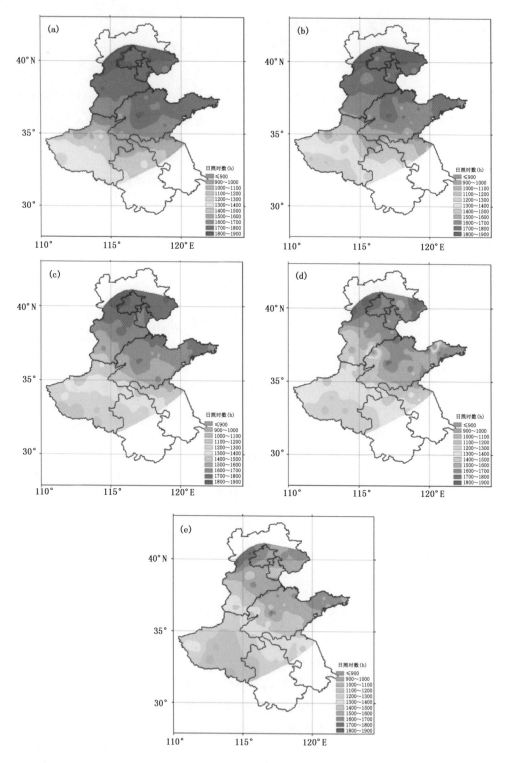

图 3.19　1961—2010 年黄淮海地区冬小麦生长季日照时数空间分布的年代际变化
（a. 20 世纪 60 年代；b. 70 年代；c. 80 年代；d. 90 年代；e. 21 世纪前 10 年）

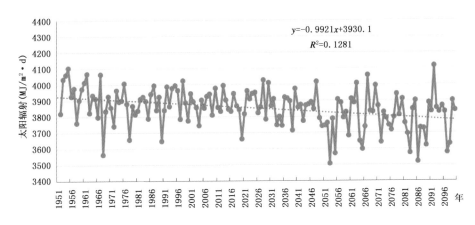

图 3.20　1951—2100 年黄淮海地区冬小麦生长季太阳辐射的年际变化

4［(MJ/m²)/d］/10a 的速率缓慢上升,而南部则以 −0.1～−4［(MJ/m²)/d］/10a 的速率缓慢减少。2011—2040 年,冬小麦生长季太阳辐射的气候倾向率空间分布南增北减,河南南部以及苏皖北部以 2～6［(MJ/m²)/d］/10a 的速率增加,而山东北部以及京津冀地区则以 −6～−2［(MJ/m²)/d］/10a 的速率减少。2041—2072 年,冬小麦生长季太阳辐射的气候倾向率空间分布呈现出南增北减的趋势,递减的梯度分布较为明显,河南南部、安徽北部以 2～6［(MJ/m²)/d］/10a 的速率增加,京津冀地区大部、山东北部以 −4～−2［(MJ/m²)/d］/10a 的速率下降。2071—2100 年,麦区中南部太阳辐射呈上升趋势,其中河南西南部上升速率为 2～4［(MJ/m²)/d］/10a,河北中北部以及京津地区呈减少趋势。总体看来,未来黄淮海地区冬小麦生长季光照资源区域的稳定性较差,以北部地区减少为主。

3.2　气候适宜度的空间分布特征

3.2.1　气候适宜度计算方法

农作物气候适宜度主要用来表征光、温、水等气候条件对作物生长发育的适宜程度。一个地区的气候适宜度在一定程度上决定该地区农业生产结构类型、作物布局、耕作制度,乃至作物产量的高低和品质的优劣,继而关系到粮食安全。黄淮海地区作为我国最大的小麦主产区,属温带大陆性季风气候,是我国气候变化敏感区之一,自然植被已基本不存在,小麦、玉米、棉花、高粱、水稻、谷子、薯类和花生等人工植被占绝对优势,作物一年两熟或两年三熟(王利民等,2007;杨瑞珍等,2010;杨晓琳等,2012),对该区域的冬小麦气候适宜度进行研究对当地农业生产具有重要的指导意义。20 世纪 80 年代以来,气候变化给农业生产带来了较大影响,相关研究越来越受到重视,国内不少学者对气象条件适宜性评价模型作了分析研究并取得了一定的进展(赵峰等,2004;魏瑞江等,2006,2009;姚树然等,2009;代应芹等,2011;任玉玉等,2006)。如魏瑞江等(2007)利用模糊数学理论,建立了冬小麦生长气候适宜度评价模型,并对河北省冬小麦生育期内气候适宜度特征进行了初步分析;千怀遂等(2005)、赵峰等(2003)、刘伟昌等(2008)运用建立的冬小麦气候适宜度模型对全生育期气候适宜度年际变化进行了分析。目前针对区域性的研究仍较少,本书对黄淮海地区小麦气候适宜度时空分布特征进行分析,从而对气候变化背景下总体指导黄淮海地区冬小麦生产提供参考。

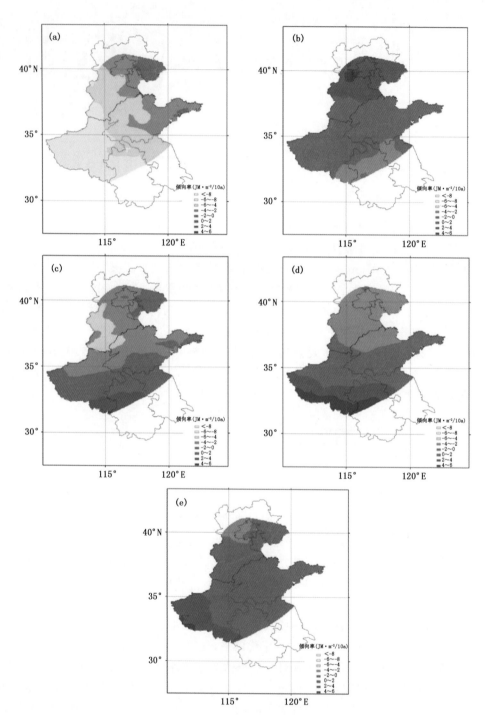

图 3.21 1951—2100 年黄淮海地区冬小麦生长季太阳辐射气候倾向率空间分布的年代际变化
（a. 1951—1980 年；b. 1981—2010 年；c. 2011—2040 年；d. 2041—2070 年；e. 2071—2100 年）

为了定量分析光、温、水等气候条件对冬小麦生长发育的适宜程度,根据前人的研究,分别引入温度、降水、日照对冬小麦生长发育的适宜度函数模型。

(1)温度适宜度模型

根据前人建立的作物温度适宜度模型,通过确定模型中冬小麦各生长发育期所需的最低温度 t_l、最高温度 t_h 和适宜温度 t_0,选择了冬小麦温度适宜度模型(马树庆,1994;刘清春等,2004):

$$T_t = \frac{(t - t_l) \times (t_h - t)^B}{(t_0 - t_l) \times (t_h - t_0)^B} \tag{3.1}$$

$$B = \frac{(t_h - t_0)}{(t_0 - t_l)} \tag{3.2}$$

式中,T_t 为旬平均气温适宜度;t 为某旬的旬平均气温;t_l、t_h、t_0 分别为冬小麦某发育期所需的最低温度、最高温度和适宜温度(宋迎波等,2006)。

(2)降水适宜度模型

$$P_p = \begin{cases} p/p_l & p < p_l \\ 1 & p_l \leqslant p \leqslant p_h \\ p_h/p & p > p_h \end{cases} \tag{3.3}$$

式中,P_p 为旬降水适宜度;p 为旬降水量;p_0 为冬小麦生育期内逐旬的需水量。根据魏瑞江等(2000,2007)、康西言等(2010)、陈玉民等(1995)的研究,以冬小麦生育期内降水量/需水量 $<60\%$ 为轻旱,降水量/需水量 $>150\%$ 为轻涝,所以定义 $60\% \leqslant$ 降水量/需水量 $\leqslant 150\%$ 为降水适宜标准,即 $p_l = 0.6\ p_0$,$p_h = 1.5\ p_0$,本章选取不同地区冬小麦生长发育阶段各旬需水量。

(3)日照适宜度模型

以 1981—2010 年区域旬平均日照时数为临界值,当旬日照时数超过区域旬多年平均日照时数时,即认为冬小麦对光照条件的反应达到适宜状态。由此建立的日照适宜度模型(李曼华等,2012)为:

$$S_s = \begin{cases} 1 & S \geqslant S_0 \\ S/S_0 & S < S_0 \end{cases} \tag{3.4}$$

式中,S_s 为区域旬日照适宜度;S 为区域某旬实际日照时数(h);S_0 为多年(1981—2010 年)区域旬平均日照时数。

(4)气候适宜度综合模型

为了综合反映温度、降水、日照 3 个因素对冬小麦适宜性的影响,选择小麦气候适宜度综合模型。

$$F_n = \sqrt[3]{T_n(t) \times P_n(p) \times S_n(s)} \tag{3.5}$$

式中,F_n 为第 n 旬的区域气候适宜度;$T_n(t)$、$P_n(p)$、$S_n(s)$ 分别为第 n 旬的区域温度、降水、日照适宜度。

文献结果表明,上述模型均能很好地反映黄淮海地区冬小麦气候适宜性水平及其动态变化,气候适宜指数与小麦丰歉的年际变化有很好的一致性,可以用来对黄淮海地区冬小麦气候适宜性进行分析评估。

(5)权重的确定

各站不同发育阶段的温度、降水、日照对小麦的生长影响程度不同,根据不同发育阶段温度、降水、日照对全生育期贡献率的大小来确定权重系数。

本章分别计算黄淮海冬麦区各站点不同发育阶段、不同时段光、温、水各要素及综合适宜度,利用 GIS 软件进行空间插值分析,可以看出不同要素气候适宜度存在明显差异,其中温度适宜度与日照适宜度各省均较高,光热资源一般能满足冬小麦生长发育需要,但降水适宜度明显较小,在灌溉条件无法满足的情况下,成为限制冬小麦生长发育进而影响产量提高的一个重要因素。

3.2.2 不同发育阶段温度适宜度空间分布

从不同发育期各站点 1961—2010 年平均温度适宜度空间分布来看,播种至乳熟期各个不同发育阶段大部地区温度适宜度大于该发育期对应的区域平均值。播种期河北、河南、山东大部地区温度适宜度高于 0.90,仅安徽、江苏北部局地略低,为 0.82~0.86;出苗期除安徽、江苏产区外,其余产区大部高于区域平均值 0.81,其中河北、河南大部、山东中北部和东部均高于0.89(图 3.22)。

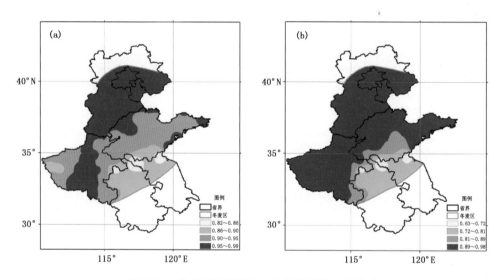

图 3.22 冬小麦播种期(a)、出苗期(b)温度适宜度

分蘖生长阶段温度适宜度总体较低,安徽和江苏产区低于 0.41,山东中南部、河南东部部分地区为 0.41~0.52,略低于区域平均值 0.52,其余产区高于该发育期区域平均值,其中河北大部产区为 0.64~0.76。拔节阶段温度适宜度高于分蘖生长阶段,自西向东总体呈降低的趋势,其中山东半岛和江苏产区均低于 0.53;安徽和山东中南部地区为 0.53~0.66,略低于区域平均值 0.66。抽穗开花阶段空间分布趋势与拔节阶段类似,依然呈西高东低的分布,产区大部温度适宜度高于区域平均值,仅山东半岛和江苏东部产区略低于平均值 0.77。乳熟阶段空间分布与前面发育期明显不同,全区大部温度适宜度高于平均值 0.89,但河北西部地区略低于区域平均值(图 3.23)。

由全生育期空间分布来看,产区大部各年代及 1961—2010 年平均温度适宜度均高于对应时段的区域平均值,空间分布均呈现西高东低的分布情况,其中,20 世纪 60—70 年代山东南部和半岛地区、安徽、江苏产区温度适宜度略低于区域平均值。80 年代以来,山东半岛地区温度适宜度有所上升,而江苏东部产区在不同年代及多年平均情况来看,总体较低(图 3.24)。

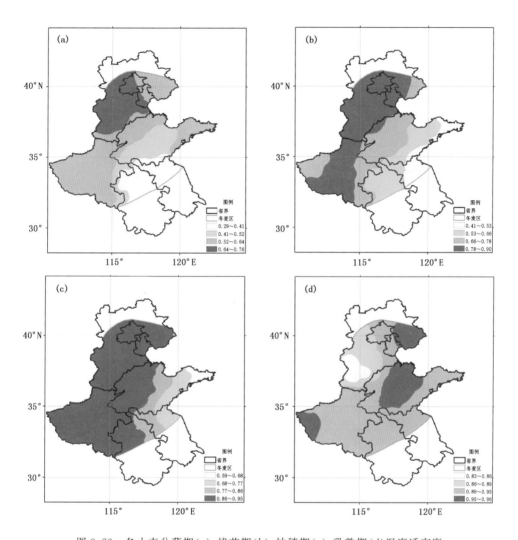

图 3.23　冬小麦分蘖期(a)、拔节期(b)、抽穗期(c)、乳熟期(d)温度适宜度

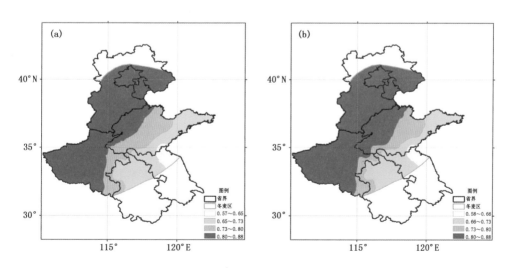

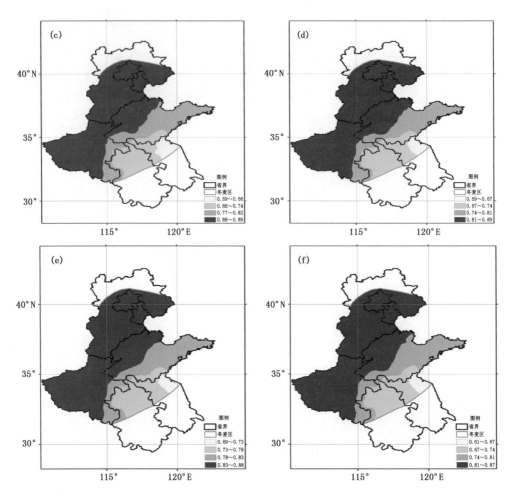

图 3.24　冬小麦全生育期不同时间段温度适宜度

(a. 20 世纪 60 年代；b. 70 年；c. 80 年代；d. 90 年代；e. 21 世纪前 10 年；f. 多年平均)

3.2.3　不同发育阶段水分适宜度空间分布

从不同发育期各站点 1961—2010 年平均降水适宜度空间分布来看，自北向南降水适宜度逐渐增高，河北在不同发育阶段降水适宜度总体较低，播种期河北南部、河南北部、山东西北部地区降水适宜度低于 0.42，河南西部、山东半岛、安徽、江苏产区降水适宜度高于平均值 0.47，其余产区降水适宜度为 0.42～0.47(图 3.25a)。出苗期河北大部产区低于 0.36，河北南部、山东北部、河南北部降水适宜度略低于平均值，为 0.36～0.45，其余产区高于平均值 0.45(图 3.25b)。分蘖期河北低于 0.29，河南北部、山东西部降水适宜度为 0.29～0.39，低于平均值 0.39，山东半岛、河南南部、安徽和江苏大部产区高于平均值(图 3.26a)。拔节生长阶段河北、山东北部低于 0.27，河南北部、山东大部地区为 0.27～0.41，略低于平均值 0.41，其余产区高于平均值(图 3.26b)。抽穗至乳熟阶段降水适宜度空间分布较为相似，河北、河南北部、山东北部降水适宜度均低于平均值，其余产区高于平均值(图 3.27)。

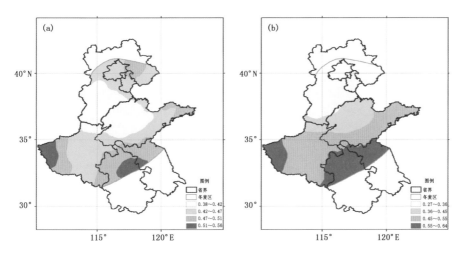

图 3.25　冬小麦播种期(a)、出苗期(b)降水适宜度

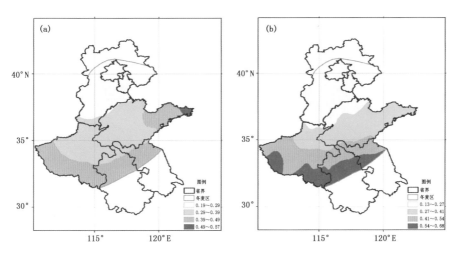

图 3.26　冬小麦分蘖期(a)、拔节期(b)降水适宜度

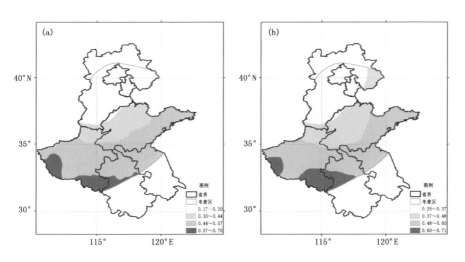

图 3.27　冬小麦抽穗期(a)、乳熟期(b)降水适宜指数

由全生育期降水适宜度空间分布来看,无论是不同年代还是 1961—2010 年多年平均值的空间分布,均呈现南高北低的分布情况,年代间空间分布差异不大,河北、河南北部和山东北部产区大部降水适宜度均低于平均值,其余产区高于平均值(图3.28)。

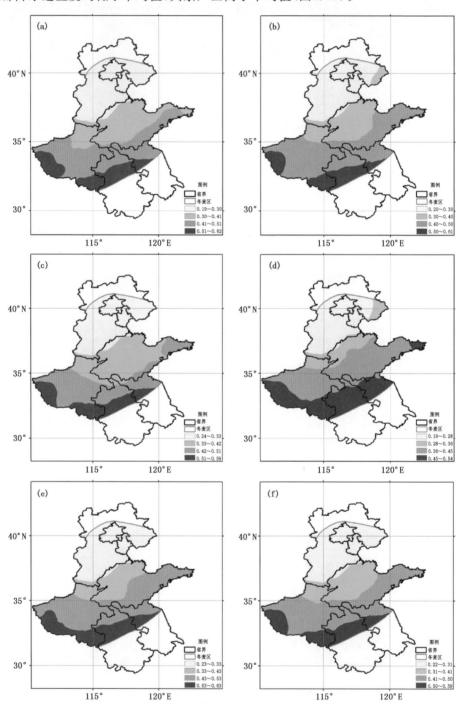

图 3.28 冬小麦全生育期不同时间段降水适宜度

(a.20 世纪 60 年代;b.70 年;c.80 年代;d.90 年代;e.21 世纪前 10 年;f.多年平均)

3.2.4　不同发育阶段日照适宜度空间分布

从不同发育期各站点 1961—2010 年平均日照适宜度空间分布来看,河北和山东两省在不同发育阶段日照适宜度总体较高。播种期自西向东日照适宜度逐渐增高,除河南西部地区日照适宜度低于 0.84 外,其余大部地区高于 0.84,其中河北东部、山东大部地区日照适宜度高于平均值 0.87,而山东半岛地区高于 0.90。出苗期河北、山东、河南东北部、江苏北部产区高于平均值 0.87,其余产区大部日照适宜度略低于平均值,为 0.81~0.87。分蘖期日照适宜度分布与出苗期相似,河北、山东大部及江苏北部高于平均值 0.86,尤以河北东部和山东东部地区适宜度更高,其余产区略低于平均值。拔节生长阶段产区大部日照适宜度高于平均值 0.87,其中河北和山东大部产区高于 0.90,仅河南西北部、安徽和江苏产区略低于平均值 0.87。抽穗阶段河北、山东、安徽和江苏产区大部高于平均值 0.87,仅河南省大部略低于平均值。乳熟阶段日照适宜度河北和山东大部明显较高,河南大部、安徽、江苏日照适宜度均低于平均值(图 3.29)。

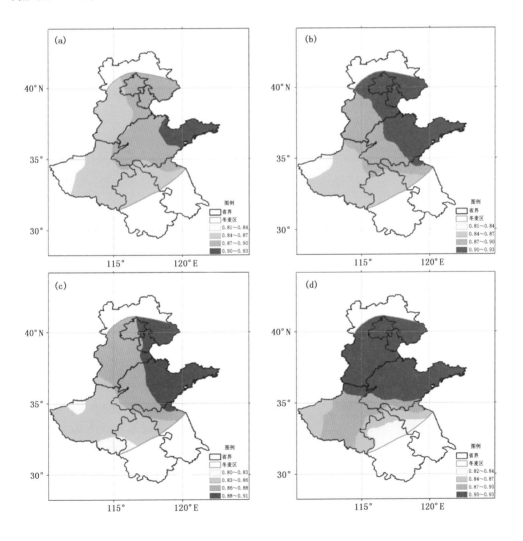

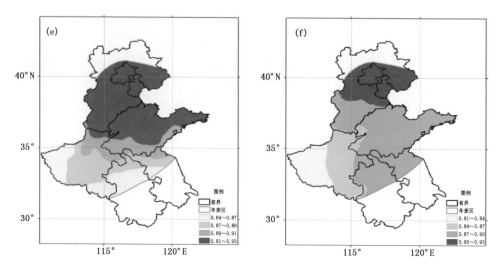

图 3.29　冬小麦不同生育期日照适宜度
(a.播种期;b.出苗期;c.分蘖期;d.拔节期;e.抽穗期;f.乳熟期)

由全生育期日照适宜度空间分布来看,无论是不同年代还是 1961—2010 年多年平均值的空间分布,均呈现东高西低的分布情况,年代间空间分布有所差异,20 世纪 60 年代产区大部日照适宜度均高于平均值。70 年代河北和山东大部日照适宜度高于平均值 0.89,河南西部和安徽南部较低,为 0.82～0.86。80 年代河北和山东日照适宜度高于平均值 0.86,其中河北大部和山东东部高于 0.90,河南、安徽和江苏产区低于平均值。90 年代河南大部、河北西南部、山东西部、安徽和江苏大部低于平均值 0.87,其余产区高于平均值。2000 年以来河北东部、山东中东部日照适宜度高于平均值 0.85;其余产区低于平均值,其中河南大部、安徽和江苏南部产区为 0.79～0.82,明显低于平均值。从多年平均空间分布来看,河北、山东大部日照适宜度均高于平均值 0.87,其余产区低于平均值(图 3.30)。

3.2.5　不同发育阶段气候适宜度空间分布

从冬小麦不同生育期光、温、水综合适宜度空间分布来看,播种期综合适宜度除河南西部、河北东部、山东东部高于平均值 0.68 外,其余大部产区低于平均值,其中河北西南部为 0.62～0.65,明显偏低(图 3.31a)。出苗阶段由北向南逐步升高,河北大部地区为 0.57～0.62,小于平均值,河南大部、山东东部、安徽和江苏南部产区高于平均值 0.68,其余产区略低于平均值(图 3.31b)。分蘖生长阶段产区大部综合适宜度低于平均值 0.55,仅河南西南部和山东半岛地区略高。拔节至乳熟生长阶段自北向南综合适宜度逐渐升高。拔节阶段河北、山东北部产区为 0.40～0.49,河南西北部、山东中南部、安徽北部、江苏大部为 0.49～0.59,略低于平均值;其余产区高于平均值,其中河南南部为 0.69～0.78。抽穗阶段河北大部为 0.45～0.54,河南北部、山东北部及半岛地区为 0.54～0.63,略低于平均值,其余产区高于平均值。乳熟阶段河北西南部为 0.56～0.62,河北东部、山东北部和河南北部地区略低于平均值,为 0.62～0.68,其余产区大部高于平均值 0.68(图 3.32)。

由全生育期综合适宜度空间分布来看,无论是不同年代还是 1961—2010 年多年平均值的空间分布,均呈现南高北低的分布情况,除 20 世纪 80 年代综合适宜度空间分布与其余时段差

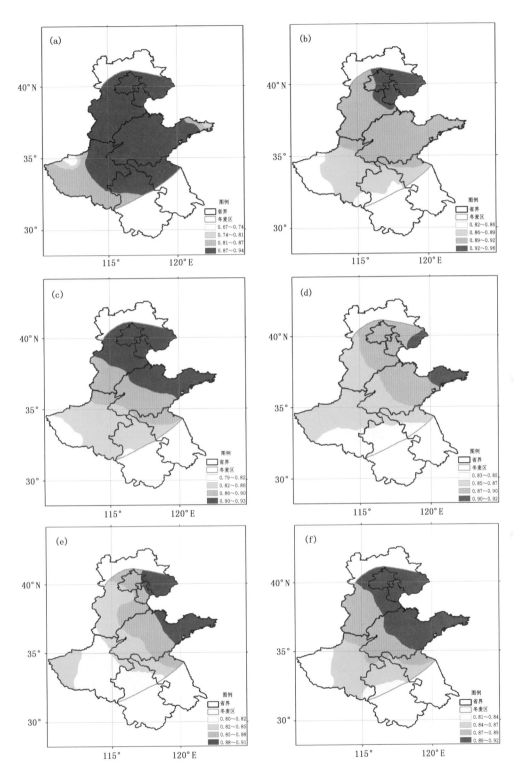

图 3.30　冬小麦全生育期不同时间段日照适宜度

（a. 20 世纪 60 年代；b. 70 年代；c. 80 年代；d. 90 年代；e. 21 世纪前 10 年；f. 多年平均）

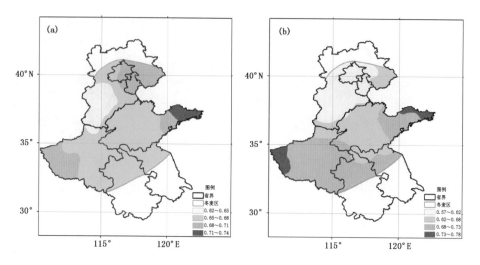

图 3.31　冬小麦播种期(a)、出苗期(b)光温水综合适宜度

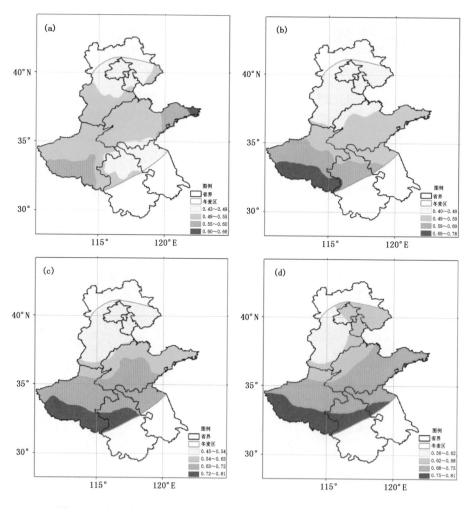

图 3.32　冬小麦分蘖期(a)、拔节期(b)、抽穗期(c)、乳熟期(d)综合适宜度

异较大外,其余年代间空间分布差异不大。60 年代河北西部为 0.5～0.56,河北东部、山东北部和半岛部分地区为 0.56～0.62,略低于平均值 0.62,其余产区高于平均值,其中河南南部和安徽大部为 0.68～0.73。70 年代河北大部、山东北部略低于平均值 0.63,其余产区高于平均值。80 年代产区大部低于平均值 0.66,其中尤以河北省较为明显,仅河南中西部和山东半岛、安徽南部地区综合适宜度高于平均值。90 年代、2000 年以来综合适宜度有所上升,趋势相同,表现为河北西部偏低,河北东部、河南北部和山东北部地区略低于平均值 0.62,其余产区大部高于平均值,其中河南中西部、山东半岛、安徽南部、江苏西南部明显较高。由多年平均值来看,河南北部和山东北部以北的地区略低于平均值,其余产区高于平均值。总体来看,全生育期河北在不同年代综合适宜度总体较小,且大部分时段西部小于东部。河南中西部地区不同年代综合适宜度总体较大,尤其以西部较为明显;而山东半岛地区 90 年代以来有增加的趋势;其余产区变化不大(图 3.33)。

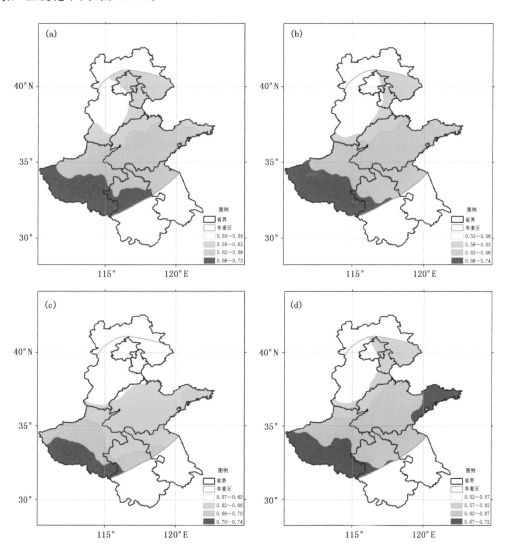

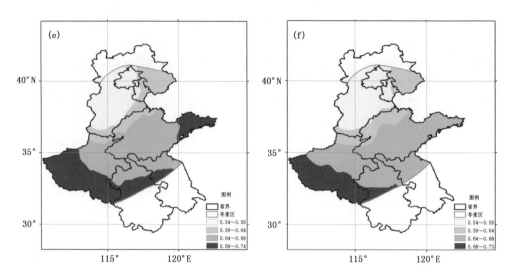

图 3.33　冬小麦全生育期不同时间段光温水综合适宜度

(a. 20 世纪 60 年代；b. 70 年；c. 80 年代；d. 90 年代；e. 21 世纪前 10 年；f. 多年平均)

3.3　气候适宜度演变趋势

为了分析黄淮海地区气候适宜度不同年份及不同年代的演变趋势，本书分别计算了黄淮海冬麦区各站点 1961—2010 年逐年及各年代冬小麦不同发育阶段光温水各要素及综合适宜度，计算方法及资料同 3.2.1。

3.3.1　不同发育阶段温度适宜度演变趋势

从不同发育期阶段来看，不同年代温度适宜度变化规律表现出较好的一致性，总体趋势表现为降—升—降—升的趋势，播种出苗阶段温度适宜度总体较高，随后呈下降趋势，至分蘖生长阶段降至最低，后又逐渐增高，至停止生长阶段再次达到高峰，后又下降，至拔节生长阶段降至低点，抽穗开花至乳熟生长阶段陆续增高。

就全生育期温度适宜度而言，不同年代之间差异较小，总体在 0.76～0.81，其中 20 世纪 60 年代温度适宜度最低，2001—2010 年最高，总体呈增加的趋势。

从不同年代看，播种阶段温度适宜度均在 0.91 以上，总体较高，其中 2000 年以来温度适宜度（0.94）最高，温度条件能很好地满足需要。出苗阶段有所降低，但各个年代仍在 0.86～0.90，处于较高的水平，以 2000 年以来最高，20 世纪 60 年代次之，80 年代和 90 年代保持同一水平，70 年代（0.86）略低于其余年代。而到了分蘖生长阶段，由于受气温起伏影响较大，各年代均较低，为 0.49～0.53，在整个生长发育阶段处于最低。停止生长阶段，冬小麦处于越冬期，受温度条件影响相对较小，温度适宜度较高。返青拔节阶段，由于气温起伏较大，各个年代温度适宜度均下降，返青阶段为 0.67～0.75，拔节阶段为 0.61～0.78，拔节阶段波动相对较大。抽穗开花阶段，温度适宜度为 0.80～0.89，60 年代至 2000 年以来呈增加的趋势；乳熟生长阶段温度适宜度总体较高，各年代大部为 0.91～0.93，条件较好（图 3.34）。

就不同省份不同年代平均温度适宜度来看，河北省 20 世纪 60 年代至 2000 年以来均处于

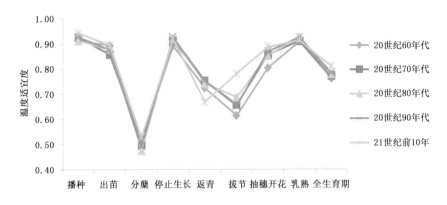

图 3.34　黄淮海地区冬小麦不同发育期温度适宜度

最高,为 0.86～0.88;河南省次之,为 0.83～0.85;两省自 60 年代以来总体呈略增的趋势。山东省 60 年代以 0.82 最高,70 年代下降至 0.74,随后略有增加。江苏和安徽变化趋势相同,年代之间一直波动,呈减少—增加—减少—增加的趋势,但波幅总体较小(图 3.35)。

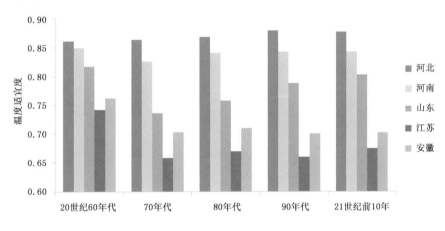

图 3.35　全生育期不同省份温度适宜度

黄淮海地区 1961—2010 年冬小麦全生育期温度适宜度表明,温度适宜度低于日照适宜度,明显高于降水适宜度,在 0.78 左右波动,最大波幅为 0.12,其中 1976 年(0.71)最低,其次为 1969 年(0.73),而 2004 年、2005 年和 2006 年均为 0.83,达到最高,2008 为 0.82,接近最高。而就长期变化趋势来看,冬小麦全生育期温度适宜度总体较为平稳,略呈缓慢增加的趋势,尤其 20 世纪 80 年代中期以来增加趋势较为明显(图 3.36)。

3.3.2　不同发育阶段水分适宜度演变趋势

从不同发育期阶段来看,不同年代降水适宜度变化规律表现出较好的一致性,播种出苗阶段降水适宜度总体较高,随后呈下降趋势,至停止生长阶段降至最低,后又逐渐增高,至乳熟阶段达到全生育期最高水平。

就全生育期降水适宜度而言,不同年代之间差异较小,基本在 0.43～0.48,其中 20 世纪 90 年代降水适宜度最低,2001—2010 年最高,总体呈减—增—减—增的趋势。

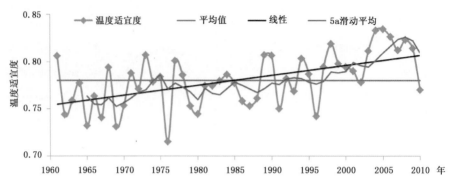

图 3.36　黄淮海地区冬小麦全生育期温度适宜度年际变化

从不同年代看,播种阶段 20 世纪 60 年代、90 年代降水适宜度(0.43)较低,70 年代(0.48)、80 年代(0.49)较高,2000 年以后(0.50)最高。出苗阶段降水适宜度表现为增加的趋势,70 年代(0.54)最高,90 年代(0.48)最低。分蘖生长至返青阶段,不同年代降水适宜度总体较低,大部分年代低于 0.4。拔节生长阶段降水适宜度明显增高,其中 60 年代(0.49)最高,90 年代(0.42)仍为最低。抽穗开花至乳熟阶段降水适宜度各年代总体较高,大部分年代为0.5 以上,水分条件总体较好(图 3.37)。

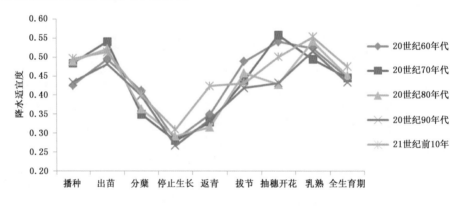

图 3.37　黄淮海地区冬小麦不同发育期降水适宜度

从全生育期不同省份不同年代降水适宜度来看,河北在所有的年代中平均降水适宜度最低,均小于 0.3,水分条件明显较差;其次为山东,平均值在 0.39～0.45;河南居中,为0.44～0.50;而江苏和安徽降水适宜度较高,均大于 0.53,水分条件总体较好。同一省份在不同年代之间降水适宜度差异较小,年代之间波动幅度不大(图 3.38)。

黄淮海地区 1961—2010 年冬小麦全生育期降水适宜度表明,降水适宜度明显低于光、温适宜度,在 0.45 左右波动,最大波幅为 0.23,其中 1961 年(0.32)最低,其次为 1978 年(0.33),而 1964 年(0.55)最高,1990 年(0.54)为次高。1988 年、1995 年、1996 年、2000 年和2001 年等年份发生大面积干旱,对应的降水度指数分别为 0.42、0.41、0.34、0.38、0.38,均小于平均值。而就长期变化趋势来看,冬小麦全生育期降水适宜度总体较为平稳,略呈缓慢增加的趋势,尤其 20 世纪 90 年代中期降至最低后,增加趋势较为明显(图 3.39)。

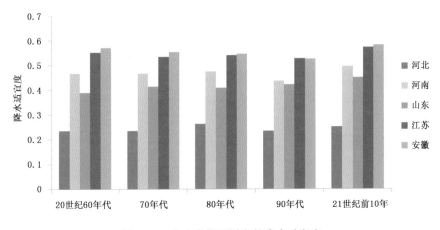

图 3.38　全生育期不同省份降水适宜度

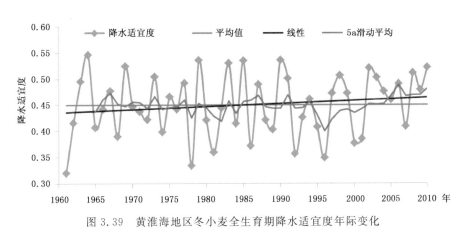

图 3.39　黄淮海地区冬小麦全生育期降水适宜度年际变化

3.3.3　不同发育阶段光照适宜度演变趋势

从不同发育期阶段来看,不同年代日照适宜度大部为 0.82～0.91,其中全生育期为 0.84～0.88;日照适宜度总体较高,各个生育阶段及年代之间差异较小,日照条件总体较好。但全生育期日照适宜度自 20 世纪 60 年代至 2000 年以来,总体呈下降趋势(图 3.40)。

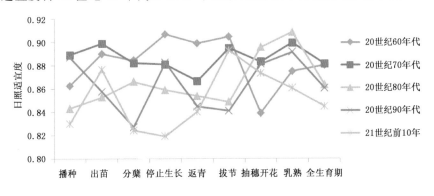

图 3.40　黄淮海地区冬小麦不同发育期日照适宜度

从整个生育阶段来看,各省不同年代平均日照适宜度均大于0.83,处于较高水平。河北在不同年代处于最高水平,其次是山东,河南、江苏、安徽日照适宜度接近,河北、江苏、安徽省自60年代开始至2000年以来,总体呈下降趋势,以河北下降趋势较为明显,由20世纪60年代的0.92下降至0.86。河南和山东两省略有波动,70年代较60年代略有上升,山东在70年代达到最高后逐渐下降;河南在80年代又有所下降,90年代再度上升,随后又下降,但变化幅度总体较小(图3.41)。

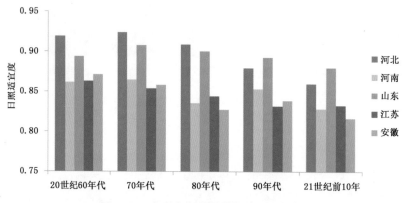

图3.41 全生育期不同省份日照适宜度

黄淮海地区1961—2010年冬小麦全生育期日照适宜度表明,日照适宜度在0.87左右波动,波动幅度较小,最大波幅为0.15。各年均在0.79以上,其中2003年(0.79)最低,其次为2002年(0.8),而1995年(0.94)最高。就长期变化趋势来看,冬小麦全生育期日照适宜度总体波动小,变幅小,略呈缓慢减少的趋势,尤其20世纪80年代以来,下降趋势较为明显(图3.42)。

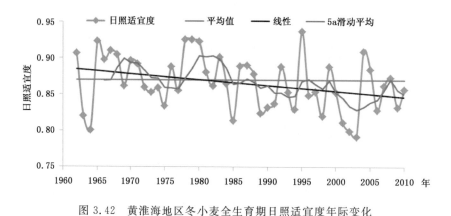

图3.42 黄淮海地区冬小麦全生育期日照适宜度年际变化

3.3.4 不同发育阶段气候适宜度演变趋势

从不同发育期阶段来看,不同年代光温水综合适宜度变化规律表现出较好的一致性,总体趋势表现为降—升—降—升的趋势,播种出苗阶段适宜度总体较高,为0.66～0.70,随后呈下降趋势,至分蘖生长阶段降至最低,各年代为0.49～0.54,后又逐渐增高,至停止生长阶段再次达到高峰,后又缓慢下降,至返青阶段降至低点,抽穗开花至乳熟生长阶段各年代总体增加,至乳熟阶段增为 0.71~0.74,达到全生育期最高(图 3.43)。

就全生育期综合适宜度而言,不同年代之间差异较小,总体在 0.65~0.68,其中 20 世纪 60 年代综合适宜指数(0.68)最高,70 年代最低(0.65),80 年代至 2001—2010 年较高,呈增加的趋势(图 3.43)。

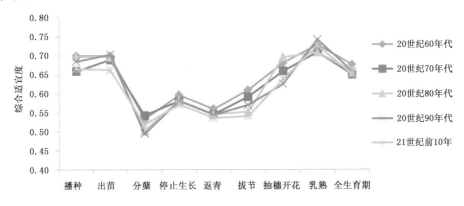

图 3.43   黄淮海地区冬小麦不同发育期光温水综合适宜度

从整个生育阶段来看,河南、山东、江苏、安徽 4 省不同年代光温水综合适宜度较为接近,大部分年代适宜度大于 0.65,其中 2000 年以来气候适宜度最高,均高于 0.68。河北省不同年代光温水综合适宜度为 0.56~0.6,总体处于较低水平,降水因子直接限制了综合适宜度的提高(图 3.44)。

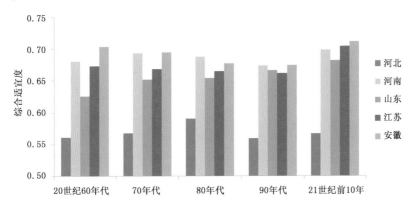

图 3.44   全生育期不同省份光温水综合适宜度

黄淮海地区 1961—2010 年冬小麦全生育期光温水综合适宜度表明,综合适宜度在 0.66 左右波动,波动幅度较小,最大波幅为 0.12。各年均在 0.59 以上,其中 1961 年和 1996 年最低,其次为 1978 年(0.61),而 2004 年、1979 年、2008 年和 1983 年均为 0.71,达到历史最高水平。就长期变化趋势来看,冬小麦全生育期光温水综合适宜度略呈缓慢增加的趋势。从 5 年滑动平均来看,20 世纪 90 年代前期以前总体比较平稳,90 年代中期降至最低,随后增加趋势较为明显(图 3.45)。

上述结果表明,黄淮海地区光温资源总体较好,能满足冬小麦正常生理需要,而降水一定程度上制约了冬小麦的生长发育。吕厚荃等(2011)的研究也表明,该地区冬小麦全生育期降

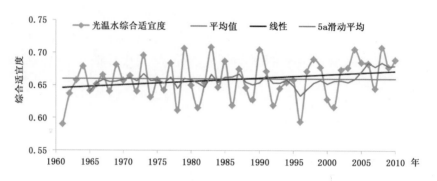

图3.45 黄淮海地区冬小麦全生育期光温水综合适宜度年际变化

水量往往偏少,冬小麦受干旱影响频发。总体来看,不同年代不同发育阶段降水、温度适宜指数有较好的一致性,日照适宜指数总体较高;全生育期不同年代温度适宜指数呈增加态势,日照适宜指数呈减少的趋势,而综合适宜指数呈缓慢增加态势。因此,近年来全球气候变化对黄淮海地区冬小麦气候适宜性的负面影响主要表现为日照适宜程度方面,一定程度上增加了该区域冬小麦生产的风险性。

3.4 冬小麦气候生产潜力特征

3.4.1 气候生产潜力计算方法

采用区域气候模式 RegCM3 输出的 1951—2100 逐日平均气温、降水、太阳辐射、湿度、风速等格点数据,计算冬小麦逐年气候生产潜力。计算公式如下(黄秉维,1985,谢云等,2003):

$$Yp = Yr \times (\ f(T) \times (\ f(W) \tag{3.6}$$

式中,Yp 为气候生产潜力;Yr 为光合生产潜力;$f(T)$ 为温度订正函数;$f(W)$ 为水分订正函数。气候生产潜力是在光合生产潜力的基础上进行温度和水分条件的订正得到。

$$Yr = \Sigma Q \varepsilon \alpha (1-\rho)(1-\gamma) \Phi (1-\omega)(1-X)^{-1} H^{-1} S$$

式中,Q 为单位时间单位面积上的总辐射,单位为 $(MJ/m^2)/d$;ε 为生理辐射系数,取 0.49;α 为作物群体对辐射的吸收率,取 0.465;ρ 为非光合器官无效吸收率,取 0.1;γ 为光饱和限制率,在自然条件下取 0;Φ 为量子效率,取 0.224;ω 为呼吸消耗率,取 0.3;X 为有机物中的含水率,冬小麦取 0.12;H 为干物质发热量,取 $17.8MJ/g$;S 为经济系数,冬小麦取 0.5。

冬小麦温度生产潜力订正函数计算公式(李克煌,1981)如下:

$$f(T) = \begin{cases} 0 & t \leqslant 3 \\ (t-3)/17 & 3 \leqslant t \leqslant 20 \\ 1 & t \geqslant 20 \end{cases} \tag{3.7}$$

水分订正函数 $f(w)$ 计算如下

$$f(w) = \begin{cases} (1-C)R/ET_0 & 0 < (1-C) < ET_0 \\ 1 & (1-C)R \geqslant ET_0 \end{cases} \tag{3.8}$$

式中,C 为从地表和渗入地下流出量占降水量的比例系数取 $C=0.2$;ET_0 为潜在蒸散,由 FAO(1998)推荐的彭曼-蒙蒂斯公式计算。

3.4.2　冬小麦生长季光合生产潜力时空演变趋势

黄淮海地区冬小麦光合生产潜力基本在 83000～93000 kg/hm² 的范围内,总体以 -25.27(kg/hm²)/10a 的速率下降(图 3.46),达到 0.05 的显著性。其中 20 世纪 50—80 年代呈下降趋势,且变幅较大;20 世纪 90 年代至 21 世纪 30 年代,变化相对平稳,趋势性不明显;21 世纪 40 年代之后呈下降趋势,且变幅明显增大,表明在此阶段光合生产潜力存在较大的不确定性。

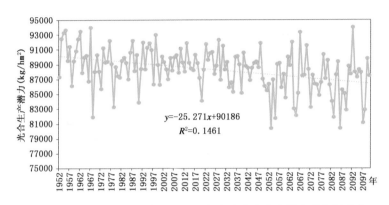

图 3.46　1951—2100 年黄淮海地区冬小麦光合生产潜力的年际变化

图 3.47 显示了黄淮海地区冬小麦光合生产潜力空间分布的年代际变化,呈现出中部地区大,北部和西南部以及山东半岛小的空间分布格局;随着年代推移,整个麦区光合生产潜力均在不断下降。1951—1980 年,麦区大部光合生产潜力在 90000 kg/hm² 以上,其中,苏皖北部、山东西部、河南东部、河北东南部达 92000～96000 kg/hm²。1981—2010 年,麦区光合生产潜力明显下降,麦区中部>90000 kg/hm² 的高值区明显缩小,仅有山东西部光合生产潜力维持在 92000～94000 kg/hm²。2011—2040 年,麦区中部>90000 kg/hm² 的高值区进一步缩小,高于 92000 kg/hm² 的区域基本消失。2041—2070 年,麦区大部光合生产潜力降至 90000 kg/hm² 以下,仅山东西部维持在 90000～92000 kg/hm²。2071—2100 年,麦区中部光合生产潜力降至 88000～90000 kg/hm²,山东东部、河南和河北大部以及京津地区为 82000～88000 kg/hm²,较 1951—1980 年下降了 2000～6000 kg/hm²。表明气候变化背景下,随着光资源的下降,冬小麦生长季的光合生产潜力也逐年下降。

3.4.3　冬小麦生长季光温生产潜力时空演变趋势

黄淮海地区冬小麦生长季光温生产潜力总体呈增加趋势,增加速率为 130.8(kg/hm²)/10a($P<0.001$)。其年际变化可大致分为三个阶段,第一阶段为 1951—1980 年,期间光温生产潜力为下降趋势,光温生产潜力一般在 35000～45000 kg/hm² 的范围内;第二阶段为 1981—2050 年,期间呈现出平稳增加趋势,光温生产潜力一般在 35000～50000 kg/hm² 的范围内;第三阶段 2051—2100 年,期间年际变化幅度明显增大,呈现出波动性增长趋势,虽然大部分年份光温生产潜力在 45000～60000 kg/hm² 的范围内,但在极端最低、最高年份分别达 35000 kg/hm² 和 65000 kg/hm²(图 3.48)。

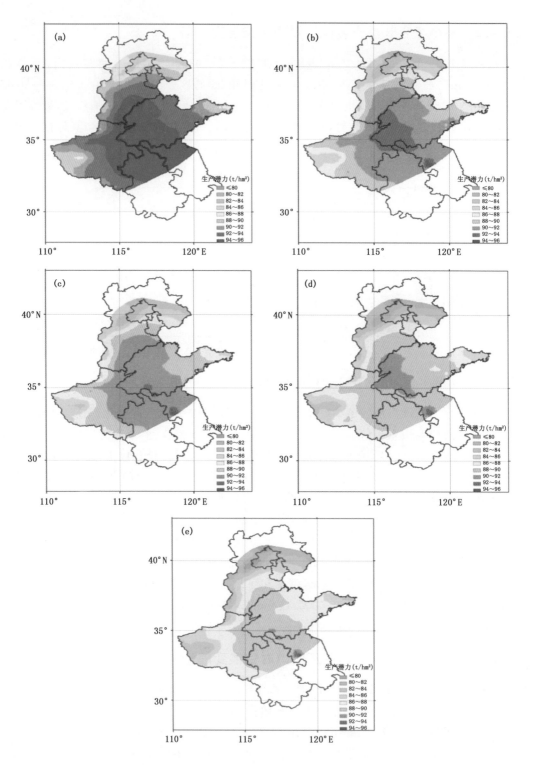

图 3.47　1951—2100 年黄淮海地区冬小麦光合生产潜力空间分布的年代际变化

(a.1951—1980 年；b.1981—2010 年；c.2011—2040 年；d.2041—2070 年；e.2071—2100 年)

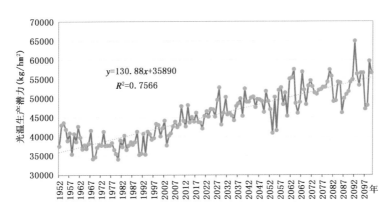

图 3.48　1951—2100 年黄淮海地区冬小麦光温生产潜力的年际变化

图 3.49 显示了黄淮海地区冬小麦光温生产潜力空间分布的年代际变化,总体呈现出南高北低的空间格局。1951—1980 年,麦区中南部光温生产潜力在 40000 kg/hm² 以上,其中安徽北部、河南东南部为 45000～50000 kg/hm²;麦区东部和北部为 30000～40000 kg/hm²。1981—2010 年,麦区光温生产潜力格局和量级与上一年代相近,仅 40000 kg/hm² 以上的区域向东、向北拓展。2011—2040 年,麦区光温生产潜力的空间分布格局与量级均有较大改变,40000 kg/hm² 以上的区域迅速扩展,麦区大部光温生产潜力达 45000 kg/hm² 以上,其中山东西南部、江苏东北部、安徽北部、河南大部达 50000～55000 kg/hm²。2041—2070 年,光温生产潜力较上一年代有明显增加,其中安徽北部、河南西南部增加至 55000～60000 kg/hm²。2071—2100 年,麦区大部光温生产潜力进一步增加,大部地区达 50000 kg/hm² 以上,其中安徽北部达 60000～65000 kg/hm²。上述结果表明随着气候变暖,黄淮海地区冬麦光温生产潜力在 2011 年之后有明显增加。

3.4.4　冬小麦生长季气候生产潜力时空演变趋势

黄淮海地区冬小麦生长季气候生产潜力在 1951—2100 年的 150 年间呈现出微弱的上升趋势,大多在 4000～8000 kg/hm² 的范围内变化,但总体规律性不强,阶段性较为明显(图 3.50)。1951—1976 年基本呈上升趋势,1977—2026 年为下降趋势,在 2027—2031 年有较大上升;2032—2048 年基本维持在平稳的低值阶段,冬小麦生长季气候生产潜力在 5000 kg/hm² 上下波动;2049—2100 年为上升趋势,但年际间波动幅度明显增大。表明黄淮海地区冬小麦生长季气候生产潜力受光温及水资源多种因素影响,稳定性相对较差。

图 3.51 显示了冬小麦生长季气候生产潜力的空间分布的年代际变化,呈现出自南向北逐渐递增的格局。1951—1980 年,河南中部和南部、苏皖北部、山东南部为 6000～10000 kg/hm²,河南北部、山东大部、河北东北部为 4000～5000 kg/hm²,河北大部为 3000～4000 kg/hm²。1981—2010 年,麦区南部气候生产潜力略有下降,北部略有上升,<4000 kg/hm² 的范围有所缩小。2011—2040 年,整个麦区气候生产潜力均有所下降,南部>8000 kg/hm² 的区域明显缩小,北部<4000 kg/hm² 的区域向东、向南明显扩大,范围超过 1951—1980 年。2041—2070 年,黄淮海麦区大部气候生产潜力有所上升,南部已恢复至 1951—1980 年的水平,北部<4000 kg/hm² 的范围明显缩小,仅包括河北南部和天津南部。2071—2100 年,黄淮海地区小麦生长季气候生产潜力仍持续上升,大部分地区较 2041—2070 年提高了 1000 kg/

hm² 左右,北部<4000 kg/hm² 区域已消失,南部>7000 kg/hm² 的区域有所北抬。上述结果表明,黄淮海地区冬小麦生长季气候生产潜力将逐渐上升。

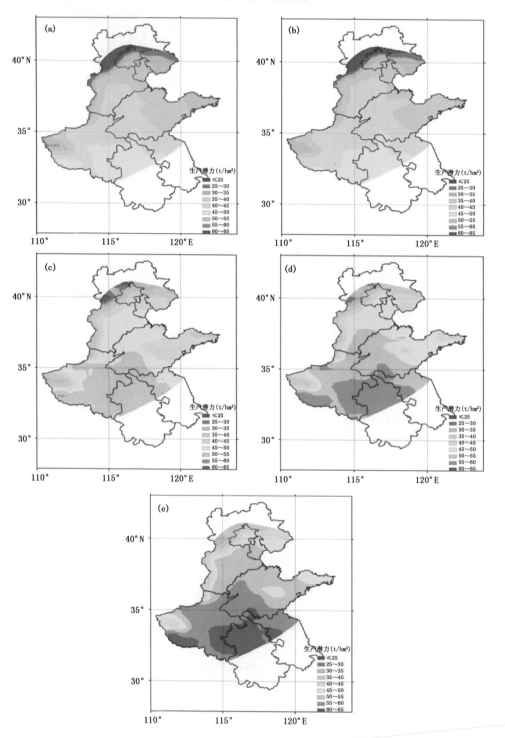

图 3.49　1951—2100 年黄淮海地区冬小麦光温生产潜力空间分布的年代际变化
(a.1951—1980 年;b.1981—2010 年;c.2011—2040;d.2041—2070 年;e.2071—2100 年)

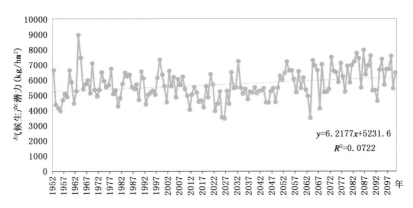

图 3.50　1951—2100 年黄淮海地区冬小麦气候生产潜力的年际变化

3.5　农业气候资源有效性评估

3.5.1　资源有效性评估模型

气候生产潜力是作物生长季各种农业气候资源组合后资源可利用性的一种表达形式,依据农业气候资源因子间的制约关系使单项资源的有效性下降,生产潜力递减的作用原理,通过建立不同层次生产潜力之间的关系,可评估限制性资源因子对其他资源有效性的制约程度。戴尔阜等人(2007)曾采用生产潜力中的产量损失量、资源满足率和资源组合利用率三个指标评价了东北地区旱作农业资源的利用效率,揭示了各种资源对农作物生产制约的定量关系。本书根据不同层次生产潜力间的产量损失,采用不同生产潜力之比表征某种农业气候资源在其他限制性资源因子制约下可利用程度,评价黄淮海冬小麦生长季的农业气候资源有效性。农业气候资源有效性的定量评价模型如下:

光照资源有效率计算公式:

$$Er_r = P_n / P_r \times 100\%$$　　　　　(3.9)

式中,Er_r 为光资源有效率;P_r 为光合生产潜力;P_n 为光温生产潜力。

热量资源有效率计算公式:

$$Er_t = P_c / P_n \times 100\%$$　　　　　(3.10)

式中,Er_t 为热量资源有效率;P_c 为气候生产潜力。

气候资源综合有效率计算公式:

$$Er_c = Er_r \times Er_t \times 100\%$$　　　　　(3.11)

式中,Er_c 气候资源综合有效率。

3.5.2　农业气候资源有效性空间分布

图 3.52 显示了以光温生产潜力占光合生产潜力的百分率为指标,对热量资源制约下光资源有效性的评价结果。由图可见,黄淮海地区冬小麦生长季的光资源的有效性在逐渐提高,一直维持南高北低的空间格局。1951—1980 年,黄淮海麦区南部即:河南大部、安徽北部、山东西南部光资源有效率达 45%～55%,除河南西部、山东半岛、河北北部以及北京大部有效率低

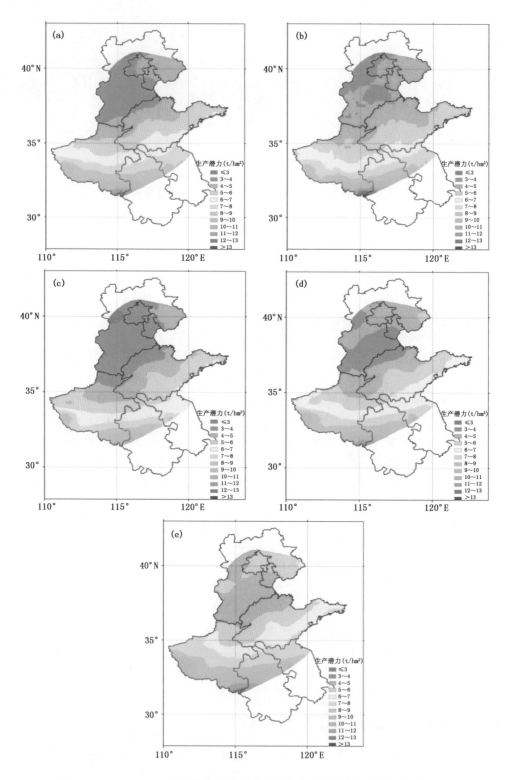

图 3.51　1951—2100 年黄淮海地区冬小麦气候生产潜力空间分布的年代际变化

（a. 1951—1980 年；b. 1981—2010 年；c. 2011—2040 年；d. 2041—2070 年；e. 2071—2100 年）

于 40% 外,其余地区有效率为 40%～45%。1981—2010 年,光资源有效率在 45% 以上的区域向北明显扩大,但麦区北缘的低值区变化不大。2011—2040 年,麦区光资源有效率有大幅提升,大部分地区有效率达 45% 以上,其中河南大部、山东西南部、安徽北部、江苏西北部达 55%～60%,山东中西部、河北东部以及天津达 50%～55%。2041—2070 年,麦区光资源有效率的空间格局与 2011—2040 年保持一致,但各个区域在量值上增加了 5～10 个百分点。2071—2100 年,黄淮海地区冬小麦生长季光资源有效率有较大幅度增加,河南大部、苏皖北部达 65%～70%,其余麦区大部达 50%～60%。上述结果表明随着气候变暖,黄淮海地区冬小麦生长季光资源有效率将有明显提高。

图 3.53 显示了以气候生产潜力占光温生产潜力的百分率为指标,对水分资源制约下热量资源有效性的评价结果。由图可见,黄淮海地区冬小麦生长季的热量资源的有效性的空间格局为中北部低,南部高,有效率总体变化较小,均低于 30%。1951—1980 年,河南南部、山东东南部、苏皖北部热量资源有效率为 15%～25%,河北东南部有效率不足 10%,其余地区有效率为 10%～15%。1981—2010 年,麦区大热量资源利用率的总体格局维持不变,但有效率在 10% 以下的区域有所缩小。2011—2040 年,麦区热量资源有效率明显下降,有效率低于 10% 的区域扩大至河北大部及京津地区、山东西北部、河南北部,苏皖北部有效性也降至 15% 以下。2041—2070 年,麦区热量资源有效率的空间分布与 2011—2040 年基本一致,但有效率低于 10% 的区域有所缩小。2071—2100 年,黄淮海地区冬小麦生长季热量资源有效率略有上升,有效率低于 10% 的区域进一步缩小,麦区大部有效率基本维持在 10%～15% 的范围内。上述结果表明,在不考虑灌溉的情况下,受水分资源的制约,气候变暖对黄淮海地区冬小麦生长季热量资源有效率无明显提升作用。

图 3.54 显示了以热量资源利用率和水分资源有效率乘积所表示的黄淮海地区气候资源综合有效率空间分布年代际变化,麦区南缘气候资源综合有效率总体变化不大,基本维持在 8%～12% 的范围内,麦区中北部的气候资源综合有效率一般在 6% 以下,但年代之间略有差异。其中,1951—1980 年,河北东南部和西北部综合有效率低于 4%;2011—2040 年,河北中西部气候资源综合有效率下降较为明显,均降至 3%～4%;2041—2070 年,气候资源综合利用率总体上升,尤其是河北中西部上升明显,>4% 的区域消失。2071—2100 年黄淮海地区气候资源综合有效率略有上升,南部高于 8% 的区域有所扩大,北部低于 6% 的区域明显缩小。表明黄淮海地区南部冬小麦生长季气候资源有效率较为稳定,中北部地区稳定性较差,尤其在 2011—2040 年,将有所下降。

3.5.3 农业气候资源有效性时间演变趋势

黄淮海地区冬小麦生长季光资源在热量的制约下有效率总体呈上升趋势,其上升速率为每 10 年 0.16 个百分点($P<0.001$)。但在 1951—1970 年有阶段性下降,光资源有效率在 40%～47% 的范围内;1971—1996 年光资源有效率相对较为平稳,维持在 40%～45%;1997—2100 年光资源有效率上升趋势明显,在 2010 前后上升至 50% 以上,在 2087—2100 年达到 60% 以上,与 1996 年之前相比,提高了近 20 个百分点(图 3.55)。上述结果表明,在气候变暖背景下,黄淮海地区冬小麦生长季光资源有效率将明显增加,尤其在 2010 年以后将得到较大幅度的提升。

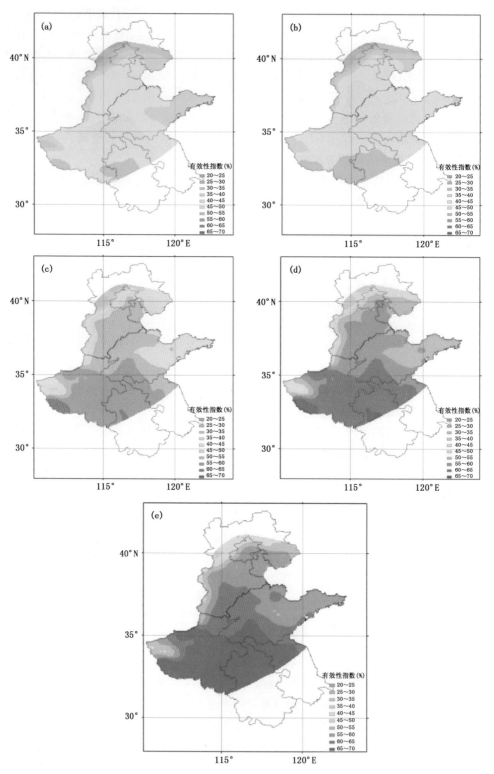

图 3.52　1951—2100 年黄淮海地区冬小麦生长季光资源有效率空间分布的年代际变化

（a.1951—1980 年；b.1981—2010 年；c.2011—2040 年；d.2041—2070 年；e.2071—2100 年）

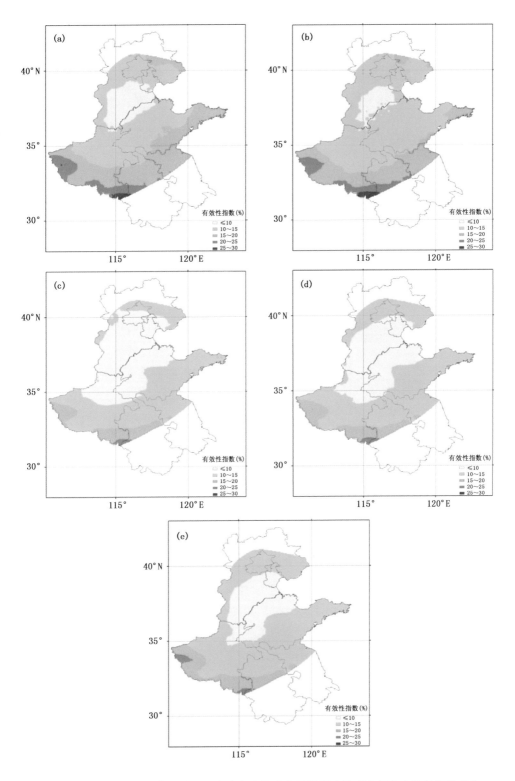

图 3.53　1951—2100 年黄淮海地区冬小麦生长季热量资源有效率空间分布的年代际变化

（a. 1951—1980 年；b. 1981—2010 年；c. 2011—2040 年；d. 2041—2070 年；e. 2071—2100 年）

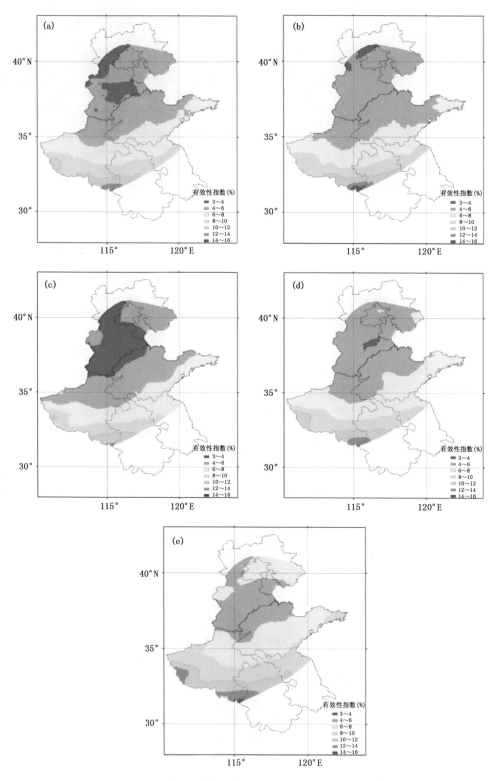

图 3.54　1951—2100 年黄淮海地区冬小麦生长季农业气候资源综合有效率空间分布的年代际变化
（a. 1951—1980 年；b. 1981—2010 年；c. 2011—2040 年；d. 2041—2070 年；e. 2071—2100 年）

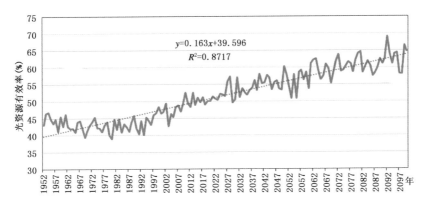

图 3.55　1951—2100 年黄淮海地区冬小麦生长季热量资源制约下光资源有效率年际变化

图 3.56 显示了黄淮海地区冬小麦生长季水分资源限制下热量资源有效率的年际变化,总体呈现出微弱的下降趋势。1951—1970 年热量资源有效率呈上升趋势,有效率基本在 10% 以上,最大达 24%。1971—2010 年为缓慢下降阶段,热量资源有效率在 10%~18%。2011 以后热量资源有效率明显下降,大部分年份有效率低于 15%,其中 2011—2051 年为低值阶段,热量资源有效率一般低于 12%;2052—2100 年期间热量资源有效率的波动幅度明显增大,这是由于冬小麦生长季降水变化增大所致。分析结果显示,黄淮海地区冬小麦生长季水资源制约下的热量资源有效率不足 25%,表明水分资源一直是制约冬小麦生长季气候资源利用的最大影响因子,并且伴随着气候变化对热量资源开发利用的抑制性逐渐增大。

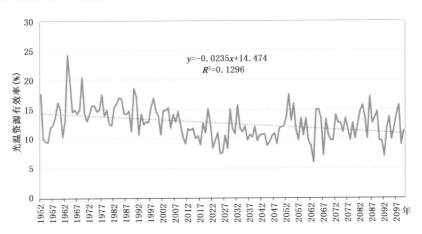

图 3.56　1951—2100 年黄淮海地区冬小麦生长季水分资源制约下热量资源有效率年际变化

图 3.57 显示了黄淮海地区冬小麦生长季气候资源综合有效率年际变化,呈现出微弱的增加趋势。1951—2009 年气候资源综合有效率基本在 4%~8% 内上下波动,这是由于这一阶段光照资源充足,热量资源相对较少,水分资源对热量资源满足程度相对较高所致;2010—2049年大部分年份气候资源综合有效率较低,一般低于 6.5%,这是由于此阶段,光照资源减少,热量资源明显增加,对光照资源的满足程度得到提高,而水分资源并未增加,使其对光热资源的满足程度有所下降。2050—2100 年气候资源综合有效率有所上升,变化幅度明显增大,这是由于光照和水分资源在此阶段存在很大的不稳定性所致。

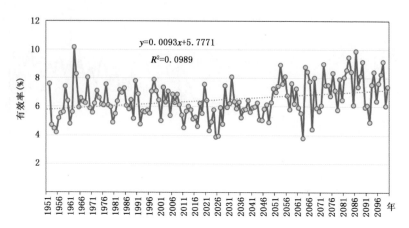

图 3.57　1951—2100 年黄淮海地区冬小麦生长季农业气候资源综合有效率年际变化

通过对光温水气候资源有效率分析可以看出,随着气候变暖,在不考虑水分资源的情况下,黄淮海地区冬小麦生长季光照资源的利用效率将得到较大幅度的提高,但受制于水分资源的约束,在不采取人工干预的情况下,该地区的气候资源有效率将不会得到明显改善。分析结果显示出黄淮海地区冬小麦生长季光热资源还存在着很大的挖掘空间,需要通过系列调控措施来提高农业气候资源的有效性。

参考文献

陈玉民,郭国双,王广兴,等.1995.中国主要作物需水量与灌溉.北京:水利电力出版社.

代立芹,李春强,魏瑞江,等.2011.河北省冬小麦气候适宜度及其时空变化特征分析.中国农业气象,**32**(3):399-406.

戴尔阜,王昊,吴绍洪.2007.东北温带旱作农业主要作物生产潜力及资源利用效率评价——以黑龙江海伦市为例.地理研究,**26**(3):461-468.

胡焕焕,刘丽平,李瑞奇,等.2008.播种期和密度对冬小麦品种河农 822 产量形成的影响.麦类作物学报,**28**(3):490-495.

黄秉维.1985.中国农业生产潜力—光合潜力.地理集刊,(17):17-22.

康西言,李春强,高建华,等.2010.河北省冬小麦生育期蒸降差的时空变化及其原因分析.中国农业气象,**31**(2):261-266.

李曼华,薛晓萍,李鸿怡.2012.基于气候适宜度指数的山东省冬小麦产量动态预报.中国农学通报,**28**(12):291-295.

李克煌.1981.河南作物生产潜力的估算和分析.农业气象,(3):6-11.

刘清春,千怀遂,任玉玉,等.2004.河南省棉花的温度适宜性及其变化趋势分析.资源科学,**26**(4):51-56.

刘伟昌,陈怀亮,余卫东,等.2008.基于气候适宜度指数的冬小麦动态产量预报技术研究.气象与环境科学,**31**(2):21-24.

吕厚荃,等.2011.中国主要农区重大农业气象灾害演变及其影响评估.北京:气象出版社,6-8,164-165.

马树庆.1994.吉林省农业气候研究.北京:气象出版社,33.

千怀遂,焦士兴,赵峰.2005.河南省冬小麦气候适宜性变化研究.生态学杂志,**24**(5):503-507.

任玉玉,千怀遂.2006.河南省棉花气候适宜度变化趋势分析.应用气象学报,**17**(1):87-92.

宋迎波,王建林,杨霏云.2006.粮食安全气象服务.北京:气象出版社,32-39.

王利民,刘佳,邓辉,等.2007.黄淮海地区旱情遥感监测实践.中国农业科技导报,**9**(4):73-78.

魏瑞江,姚树然,王云秀.2000.河北省主要农作物农业气象灾害灾损评估方法.中国农业气象,21(1):27-31.

魏瑞江,李春强,姚树然.2006.农作物气候适宜度实时判定系统.气象科技,34(2):229-232.

魏瑞江,张文宗,李二杰.2007.河北省冬小麦生育期气象条件定量评价模型.中国农业气象,28(4):367-370.

魏瑞江,张文宗,康西言,等.2007.河北省冬小麦气候适宜度动态模型的建立及应用.干旱地区农业研究,25(6):5-15.

魏瑞江,宋迎波,王鑫.2009.基于气候适宜度的玉米产量动态预报方法.应用气象学报,20(5):622-627.

谢云,王晓岚,林燕.2003.近 40 年中国东部地区夏秋粮作物农业气候生产潜力时空变化.资源科学,25(2):7-13.

杨晓琳,宋振伟,王宏,等.2012.黄淮海农作区冬小麦需水量时空变化特征及气候影响因素分析.中国生态农业学报,20(3):356-362.

杨瑞珍,肖碧林,陈印军.2010.黄淮海平原农业气候资源高效利用背景及主要农作技术.干旱区资源与环境,24(9):88-93.

姚树然,王鑫,李二杰.2009.河北省棉花气候适宜度及其时空变化趋势分析.干旱地区农业研究,27(5):24-29.

赵峰,千怀遂,焦士兴.2003.农作物气候适宜度模型研究:以河南省冬小麦为例.资源科学,25(6):77-82.

赵峰,千怀遂.2004.全球变暖影响下农作物气候适宜性研究进展.中国生态农业学报,12(2):134-137.

FAO.1998.Crop Evapotranspiration (guidelines for computing crop water requirements) FAO Irrigation and Drainage Paper,No.56.

Sun H Y,Zhang X Y,Chen S Y. 2007. Effects of harvest and sowing time on the performance of the rotation of winter wheat-summer maize in the North China Plain. *Ind Crops Prod*,**25**:239-247.

第 4 章

南方水稻气候资源有效性评估

目前我国水稻种植面积超过 $100×10^4 hm^2$ 的有黑龙江、江苏、浙江、安徽、江西、湖北、湖南、广东、广西、四川和云南 11 个省（区），11 个水稻主产省（区）的总播种面积为 $2397×10^4 hm^2$，占全国水稻总面积的 81.8%，除黑龙江以外，其余水稻主产省（区）都分布在南方地区（胡忠孝，2009；朱红根，2010）。在我国水稻生产中占有水稻综合优势指数若以全国为 100，则南方双季稻区为 148.7（陈印军等，1999）。1978 年以来，南方地区水稻播种面积占全国的比重呈波动性下降趋势，从 1978 年的 94.1% 下降到 2010 年的 82.1%，南方地区的稻谷产量呈微弱的增长趋势，占全国的比重呈明显的下降趋势，从 1978 年的 93.5% 下降到 2010 年的 80.5%，这其中除了受社会经济等因素之外，气候变化的影响是主要环境因素。

全球气候变化背景下，农业气候资源亦发生相应的变化，这一变化影响我国各区域作物生长季长短，影响气候资源有效性等，最终影响粮食作物产量。本章选择我国南方稻作区为研究区域，该区域为我国水稻主产区，主体种植模式为水稻与其他作物一年两熟或一年三熟，研究区域覆盖 99°～123°E、18°～34°N，依据刘巽浩等（1987）的分区方法，按照自然条件与社会经济条件的相对一致性，熟制、作物结构和作物种类的相对一致性，基本保持县级行政区完整性原则。首先，依据热量指标划分熟制类型；其次，根据水分条件、地貌特征、作物类型划分种植制度类型。在此基础上，选择我国南方以水稻种植为主的种植区为研究区域，根据水稻种植类型、结合研究区域的行政区划、地形、水旱条件等实际情况将南方稻作区划分为 16 个亚区，包括 9 个单季稻种植区和 7 个双季稻种植区。9 个单季稻种植区有：秦巴山区（S1）、川鄂湘黔低高原山地区（S2）、贵州高原区（S3）、云南高原区（S4）、滇黔高原山地区（S5）、盆西平原（S6）、盆东丘陵低山区（S7）、江淮平原（S8）、鄂豫皖丘陵平原区（S9）。7 个双季稻种植区有：长江中下游沿江区（D1）、两湖区域（D2）、浙闽区（D3）、南岭区（D4）、滇南区（D5）、华南低平原区（D6）、华南沿海西双版纳区（D7）。研究区域 16 个亚区的地理位置和平均海拔高度见表 4.1，研究区域内的气象站点及农业气象观测站点分布见图 4.1。本章中提到的单季稻种植区指 S1～S9区，双季稻种植区指 D1～D7 区。

研究区域内主体种植模式为水稻与其他作物一年两熟或一年三熟，本章以水稻为研究对象，分析水稻生长季内农业气候资源有效性变化，明确气候变化背景下该区域单双季稻种植区水稻生长季内气候资源有效性的分布特征及变化趋势，为水稻生产应对气候变化技术措施、水稻生产布局提供依据与参考。

表 4.1　研究区地理位置

单季稻种植区				双季稻种植区			
亚区	纬度范围(N)	经度范围(E)	平均海拔(m)	亚区	纬度范围(N)	经度范围(E)	平均海拔(m)
S1	30°45′~34°32′	103°27′~111°34′	1292.0	D1	26°16′~31°35′	109°19′~122°27′	220.3
S2	25°19′~31°28′	107°41′~111°39′	782.8	D2	24°59′~30°05′	110°52′~117°46′	181.6
S3	24°56′~29°10′	104°50′~109°04′	1063.0	D3	24°27′~29°45′	115°45′~121°55′	482.2
S4	23°21′~26°41′	98°35′~105°10′	1956.8	D4	23°11′~26°47′	104°31′~116°35′	477.2
S5	25°21′~32°15′	98°35′~105°10′	2325.1	D5	21°33′~24°44′	105°33′~119°5′	1437.9
S6	29°12′~32°20′	102°49′~105°16′	805.1	D6	22°28′~25°51′	98°07′~107°21′	217.5
S7	27°40′~32°42′	103°33′~109°45′	566.0	D7	18°11′~25°19′	97°33′~111°24′	711.2
S8	31°07′~34°06′	116°47′~121°51′	183.2				
S9	30°26′~32°42′	109°19′~122°27′	16.7				

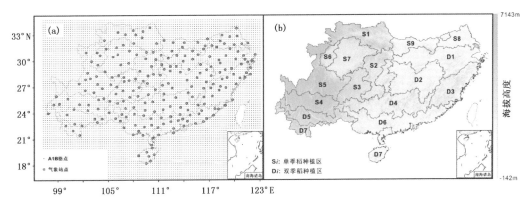

图 4.1　研究区域概况

（a. 研究区域位置、气象站点和未来气候情景数据网格点分布；b. 南方稻作区海拔及水稻种植区划）

4.1　南方稻区气候资源时空特征

4.1.1　水稻潜在生长季变化特征

作物不同生育阶段对热量条件的要求不同。为了研究南方稻区水稻生长季长度及熟制生长季内的热量有效性。根据有关文献的研究结果（Yoshida，1978；De Datta，1981；Yoshida，1981；韩湘玲等，1991；高亮之等，1992；马鹏里等，2010），确定南方稻区水稻不同生育阶段的三基点温度如表 4.2 所示。

为此，根据高亮之等(1983)的研究结果，将日平均气温稳定通过 10℃ 初日的 80% 保证率日期确定为水稻安全播种期；稳定通过 15℃ 终日的 80% 保证率的日期确定为水稻安全成熟期；并将水稻安全播种期到水稻安全成熟期的时段定义为水稻潜在生长季(Rice Potential Growing Season, PGS)，此期间的日数为水稻潜在生长季长度(The Length of Rice Potential Growing Season, PGSL)。利用偏差法计算水稻的稳定通过 10℃ 的初日和稳定通过 15℃ 的终日。

表 4.2　研究区域水稻不同生育阶段的三基点温度

生育阶段	三基点温度（℃）			
	最低温度（℃）	最高温度（℃）	适宜温度下限（℃）	适宜温度上限（℃）
播种—孕穗	10	35	25	30
孕穗—开花	22	35	30	33
开花—成熟	15	35	20	29

（1）水稻潜在生长季地理分布函数

南方地区由于地形错综复杂，气候带有明显的地域性，为进一步研究南方不同稻作区水稻生长季的分布特征，本章对南方 258 个气象站的海拔、经纬度及各时段 80％保证率的水稻生长季长度进行线性回归分析，得出 1951—1980 年，1981—2010 年两个时段水稻生长季的地理分布函数，见表 4.3；利用 ArcGIS10.0 对南方稻作区 DEM 数据进行处理，提取与未来气候数据相匹配的 0.25°×0.25°网格点的海拔数据，再对 2011—2040 年，2041—2070 年，2071—2100 年三个时段 80％保证率的水稻生长季长度与海拔、经纬度进行回归分析获得未来三个时段的水稻生长季地理分布函数，见表 4.3。

表 4.3　不同时期南方稻作区水稻潜在生长季地理分布函数

时段	水稻潜在生长季地理分布函数	R^2	P
I	$PGSL = 804.19 - 2.21\lambda - 10.16\varphi - 0.06h$	0.915	<0.001
II	$PGSL = 741.19 - 1.59\lambda - 10.33\varphi - 0.06h$	0.908	<0.001
III	$PGSL = 836.01 - 1.98\lambda - 11.9\varphi - 0.03h$	0.892	<0.001
IV	$PGSL = 805.18 - 1.48\lambda - 12.25\varphi - 0.03h$	0.906	<0.001
V	$PGSL = 813.37 - 1.54\lambda - 11.83\varphi - 0.03h$	0.910	<0.001

注：$PGSL$ 为水稻潜在生长季长度，单位为 d；λ 为站点经度；φ 为站点纬度；h 为站点海拔高度。I. 1951—1980 年；II. 1981—2010 年；III. 2011—2040 年；IV. 2041—2070 年；V. 2071—2100 年（以下相同）。

从表 4.3 可以看出，5 个时段的水稻潜在生长季地理分布回归模型，R^2 均接近 0.9，P 值均小于 0.001，说明该模型可用来预测各时段的 80％保证率的生长季天数；从表中函数得出 1951—2100 年期间，南方稻作区纬度北移 1°水稻潜在生长季缩短 10～12 d，经度向东移动 1°水稻潜在生长季长度缩短 1～2 d；海拔每升高 100 m，1951—1980 年和 1981—2010 年水稻潜在生长季缩短 6 d，2011—2040 年、2041—2070 年和 2071—2100 年，水稻潜在生长季缩短 3 d。

（2）水稻潜在生长季变化特征

利用 ArcGIS10.0 的栅格计算器，根据表 4.3 中 5 个时段水稻潜在生长季的地理分布函数，计算研究区域每个栅格（0.1°×0.1°）水稻潜在生长季长度（其中，用 0 去代替 $PGSL<0$ d 的数值，令用 365d 代替 $PGSL>365$ 的值），获得每个栅格（0.1°×0.1°）水稻潜在生长季长度空间分布情况（图 4.2 I、II、III、IV、V）。通过分析获得图 4.2 a、b、c、d、e 和表 4.4 的结果。

根据中国水稻研究所（1988 年）的我国主要稻作制水稻生长季指标，210 d 是划分单季稻与双季稻的水稻生长季长度指标，水稻潜在生长季长度 <210 d 的区域，可种植单季稻及麦两熟；<110 d 为不可种植水稻区。从图 4.2 可以看出，5 个时段水稻潜在生长季长度 <210 d（一熟二熟制）的面积呈明显缩小的趋势；>210 d（二熟三熟制）的面积呈显著增加的趋势。水

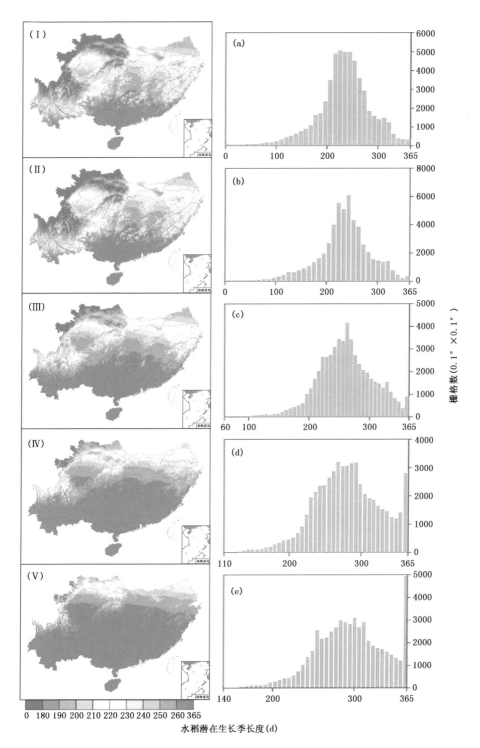

图 4.2　水稻潜在生长季长度分布特征

（Ⅰ，a：1951—1980 年；Ⅱ，b：1981—2010 年；Ⅲ，c：2011—2040 年；Ⅳ，d：2041—2070 年；Ⅴ，e：2071—2100 年）

稻潜在生长季长度在双季稻种植区纬向分布特征明显,随纬度的增加逐渐减小;在单稻种植区垂直分布特征较明显,随海拔的升高逐渐减小。

由图4.2和表4.4可以看出,各时段南方稻作区水稻潜在生长季的变化特征,具体结果如下:

1951—1980年(图4.2 I,a),南方稻作区水稻潜在生长季长度(PGSL)范围为0~365 d,PGSL<110 d为不可种植水稻区,主要分布在秦巴山区(S1)和川黔高原区(S5)海拔1200 m以上的地区,约占南方稻作区面积的3%;110 d<PGSL<210 d为一年一熟或一年二熟区,主要分布在秦巴山区(S1)、川鄂湘黔低高原区(S2)、贵州高原区(S3)、云南高原区(S4)、滇黔高原区(S5)、江淮平原区(S8)的东北部地区,以及鄂豫皖丘陵平原区(S9)、长江中下游沿江平原区(D1)、两湖平原区(D2)、浙闽区(D3)、南岭区(D4)、滇南区(D5)海拔约800 m以上的山区,约占南方稻作区面积的23.3%;PGSL>210 d为一年二熟或一年三熟区,该区主要分布在双季稻种植区,约占南方稻作区面积的74%。在单季稻种植区水稻潜在生长季长度平均为217 d,双季稻种植区水稻潜在生长季长度平均为278 d;滇黔高原区(S5)的水稻潜在生长季长度最低,为188 d,可种植一季稻或一年二熟;生长季长度最大的区为华南沿海西双版纳区(D7),平均可达347 d,根据南方地区水稻熟制生长季长度指标(高亮之等,1983;程式华等,2007),可以种植三季稻。

1981—2010年(图4.2 II,b),南方稻作区水稻潜在生长季长度的空间分布特征与1951—1980年基本一致。对比1951—1980年,PGSL<110 d的面积有略微的减少,减少的面积主要表现为海拔的升高,对南方稻作区水稻种植面积的贡献很小;一年一熟或一年二熟(110 d<PGSL<210 d)可分布面积比1951—1980年缩小1%,一年三熟(PGSL>210 d)的可分布面积增加了1%,说明南方稻作区可由单季稻改为双季稻的种植面积增加1%。对比1951—1980年,各种植亚区除贵州高原区(S3)、滇黔高原区(S5)、盆东丘陵区(S7)、华南沿海西双版纳区(D7)四个亚区水稻潜在生长季长度有缩短外,其余12个亚区均有不同程度的延长,其中双季稻种植区延长幅度大于单季稻种植区,单季稻种植区平均延长了3 d,双季稻种植区平均延长了5 d。

2011—2040年(图4.2 III,c),南方稻作区水稻潜在生长季长度范围在64~365 d。不可种植水稻区域(PGSL<110 d)主要分布于川黔高原区(S5)的西北角小金、金川、理县等地,面积仅为3848 km²,约占南方稻区的0.1%,PGSL<210 d的面积约占南方稻作区的10.9%,对比1951—1980年缩小15%,PGSL>210 d的面积增加了15%,覆盖89%的南方稻区面积;单季稻种植区(S1~S9)水稻潜在生长季长度平均238 d,比1951—1980年平均延长了21 d,双季稻种植区(D1~D7)平均延长了14 d,达292 d;研究区除秦巴山区(S1)平均水稻潜在生长季长度<210 d外,其余15个亚区的平均水稻潜在生长季长度均>210 d,可种植一年三熟。

2041—2070年(图4.2 IV,d),南方稻作区的水稻潜在生长季长度范围在113~365 d,整个南方稻区均可种植水稻。一年一熟或一年二熟区(PGSL<210 d)主要分布于秦巴山区(S1)、川黔高原区(S5)的西北部等地区,面积约占南方稻作区的5%,对比1951—1980年缩小了21%;可种植一年三熟的(PGSL>210 d)面积增加了21%,范围覆盖95%的南方稻区。对比1951—1980年,单季稻种植区水稻潜在生长季长度平均延长了38 d,双季稻种植区平均延长26 d。

2071—2100年(图4.2 V,e),南方稻作区水稻潜在生长季长度范围在143~365 d。一年一熟或一年二熟区(PGSL<210 d)主要分布于秦巴山区(S1)北部、川黔高原区(S5)的西北角小金、金川、理县等地区,面积约占南方稻作区的 4%;可种植一年三熟的(PGSL>210 d)面积增加了 22%,范围覆盖 96%的南方稻区。单季稻种植区(S1~S9)水稻潜在生长季长度平均延长了 52 d,双季稻种植区(D1~D7)平均延长了 39 d,其中云南高原区(S4)延长幅度最大达 118 d。

表 4.4　南方各稻作亚区 80%保证率水稻潜在生长季长度变化(单位:d)

亚区	1951—1980 年	1981—2010 年	2011—2040 年	2041—2070 年	2071—2100 年
	PGSL	Δ	Δ	Δ	Δ
S1	200	+5	−5	+8	+25
S2	232	0	−1	+15	+29
S3	214	−1	+27	+43	+58
S4	214	+8	+76	+101	+118
S5	188	−1	+45	+71	+76
S6	231	+3	+51	+63	+78
S7	242	−2	−3	+13	+29
S8	213	+9	+18	+36	+47
S9	221	+2	+12	+28	+41
平均	217	+3	+21	+38	+52
D1	230	+2	+17	+34	+48
D2	236	+1	+35	+52	+71
D3	248	+7	+20	+39	+54
D4	280	+7	+24	+46	+61
D5	270	+7	+41	+58	+73
D6	338	+8	+14	−2	0
D7	347	−3	−21	−8	−8
平均	278	+5	+14	+26	+39

注:Δ 为各个时段 PGSL 与 1951—1980 年的差值,以下相同。

综合上述分析得出,(1)南方稻作区水稻潜在生长季长度单、双季稻种植区的分布特征不同,单季稻种植区(S1~S9)随海拔的升高而减少,双季稻种植区(D1~D7)纬向分布特征较为明显;5 个时段双季稻种植区水稻潜在生长季长度均高于单季稻种植区;(2)气候变化背景下,水稻潜在生长季长度呈增加趋势,对比 1951—1980 年,研究区 1981—2010 年、2011—2040 年、2041—2070 年和 2071—2100 年的水稻潜在生长季长度平均约增加了 3 d、21 d、38 d、52 d。(3)一年一熟或一年二熟的面积呈明显的北缩趋势,一年三熟呈明显的增加趋势,并呈北进西扩的特征,对比 1951—1980 年,研究区 1981—2010 年、2011—2040 年、2041—2070 年、2071—2100 年 5 个时段可由一年一熟或一年二熟改为一年三熟的面积分别为研究区面积的 1%、15%、21%、22%。

4.1.2　南方稻区内热量资源

(1)水稻生长季热量资源评价方法

由于低温(Thakur et al,2010;Shimono et al,2007)与高温(Gooding et al,2003;Jagadish et al,2007)均对作物生长不利,为此,本章在前人研究的基础上将水稻生育期内低于上限温度、高于下限温度(Da Datta,1981;Yoshida,1978,1981;Gao et al,1992)热时的累积量称为

水稻生长季的可利用热量资源。参考 Lobell 等(2011)的研究,本章将作物生长的可利用热量资源标记为 DD,而将低于下限温度的热量资源累积定义为 CDD(Cool degree-days)、高于上限温度的热量资源累积定义为 HDD(Heat degree-days),这两部分热量对于作物的生长发育是无效,甚至是有害的。

参照 Zalom 等(1983)的度日理论,给出不同热量资源计算示意图(图 4.3)及计算方法(叶清等,2011):

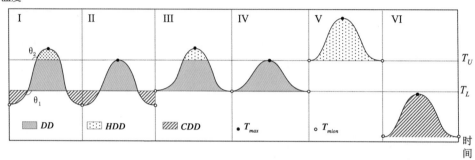

图 4.3　不同情形下热量资源的示意图

(T_U 为上限温度;T_L 为下限温度;T_{max} 为日最高气温;T_{min} 为日最低气温;DD 为生长度日;CDD 为低温度日;HDD 为高温度日)

不同情形下度日的计算公式:

I($T_{max} > T_U, T_L > T_{min}$):

$$DD = \frac{1}{\pi}\left\{(\alpha - T_L)(\theta_2 - \theta_1) + \beta[\cos(\theta_1) - \cos(\theta_2)] + (T_U - T_L)(\frac{\pi}{2} - \theta_2)\right\}$$

$$HDD = \frac{1}{\pi}\left\{(\alpha - T_U)\left(\frac{\pi}{2} - \theta_2\right) + \beta\cos(\theta_2)\right\}$$

$$CDD = \beta - DD - HDD \tag{4.1}$$

II($T_U \geqslant T_{max}, T_L > T_{min}$):

$$DD = \frac{1}{\pi}\left\{(\alpha - T_L)\left(\frac{\pi}{2} - \theta_1\right) + \beta\cos(\theta_1)\right\}$$

$$CDD = \beta - DD$$

$$HDD = 0 \tag{4.2}$$

III($T_{max} > T_U, T_{min} \geqslant T_L$):

$$DD = \frac{1}{\pi}\left\{(\alpha - T_L)\left(\theta_2 + \frac{\pi}{2}\right) + (T_U - T_L)\left(\frac{\pi}{2} - \theta_2\right) - \beta\cos(\theta_2)\right\}$$

$$HDD = \frac{1}{\pi}\left\{(\alpha - T_U)\left(\frac{\pi}{2} - \theta_2\right) + \beta\cos(\theta_2)\right\}$$

$$CDD = 0 \tag{4.3}$$

IV($T_{max} \leqslant T_U, T_L \leqslant T_{min}$):

$$DD = \alpha - T_L$$

$$HDD = 0$$

$$CDD = 0 \tag{4.4}$$

$\text{V}(T_U \leqslant T_{\min})$：

$$DD = 0$$
$$HDD = \alpha - T_U$$
$$CDD = 0 \tag{4.5}$$

$\text{VI}(T_L > T_{\max})$：

$$DD = 0$$
$$CDD = T_L - \alpha$$
$$HDD = 0 \tag{4.6}$$

式中，$\theta_1 = \arcsin[(T_L - \alpha)/\beta]$；$\theta_2 = \arcsin[(T_U - \alpha)/\beta]$；$\alpha = (T_{\max} + T_{\min})/2$；$\beta = (T_{\max} - T_{\min})/2$。

作物生长季内可利用热量为：

$$GDD = \sum_{i=1}^{n} DD_i \tag{4.7}$$

式中，GDD 为作物生长季内可利用热量资源，单位为℃・d；DD_i 为生长季内第 i 天可利用热量资源；n 为生长季天数。

根据水稻生态气象指标(韩湘玲等，1991)，把水稻生长季内高于10℃低于35℃的温度累积作为水稻生长发育可以利用的热量资源。

另外，前人研究表明温度在下限温度与最适温度之间作物的生长发育速率与日平均温度呈线性的正相关，而温度在最适温度与上限温度之间，两者则呈线性的负相关(Kiniry et al，1991)。说明了不同温度范围对作物生长的有效性是不一样的，为此，本章根据温度三基点原理，引用 ORYZA1(Bouman et al，2001)作物生育期内有效热量的计算方法对作物生育期内有效热量进行计算。由于作物的最适生长温度是一个温度范围，所以对 ORYZA1 中提到的方法进行了修改，其计算方法如(4.8)、(4.9)式：

$$HUH_i = \begin{cases} \dfrac{1}{24}\left[T_{ou} - \dfrac{(T_i - T_{ou})(T_{ou} - T_l)}{T_u - T_{ou}}\right] & T_{ou} < T_i < T_u \\[3mm] 0 & T_i \leqslant T_l, T_i \geqslant T_u \\[3mm] \dfrac{T_{ob} - T_l}{24} & T_{ob} \leqslant T_i \leqslant T_{ou} \\[3mm] \dfrac{(T_i - T_l)}{24} & T_l < T_i < T_{ob} \end{cases} \tag{4.8}$$

$$HUD = \sum_{i=1}^{24} HUH_i \tag{4.9}$$

式中，HUH_i 为每小时的有效热量，单位为(℃・d)/h；HUD 为一天中的有效热量，单位为(℃・d)/d；T_{ob} 为作物生长最适温度下限，单位为℃；T_{ou} 为作物生长最适温度上限，单位为℃；T_i 为一天中第 i 小时平均温度，单位为℃；T_l 为最低温度，单位为℃；T_u 为最高温度，单位为℃。

因此，作物全生育期有效热量为：

$$HU = \sum_{k=1}^{3} \sum_{j=1}^{n} \sum_{i=1}^{24} HUH_{ijk} \tag{4.10}$$

式中,HU 为作物生育期有效热量,单位为℃·d;HUH_{ijk} 为第 k 生育阶段第 j 天第 i 小时有效热量,单位为(℃·d)/h;n 为不同生育阶段天数,单位为 d。

(2)水稻生长季内可利用热量资源

1951—2100 年 5 个时段 80%保证率的可利用热量资源的空间分布特征见图 4.4。由图可以看出,1951—1980 年南方稻作区水稻生长季内可利用热量资源平均为 4609℃·d,呈东南高西北低的空间分布特征,其中高值区(>5500℃·d)主要分布于两湖平原区(D2 区)的江西境内和福建省南部地区、南岭区(D4)、华南低平原区(D6)及西双版纳部分地区,低值区(<3000℃·d)主要为云南高原(S4)和滇黔高原区(S5)。1981—2010 年研究区域水稻生长季内 $GDD_{10\sim35℃}$ 值平均为 4628℃·d,空间分布特征与 1951—1980 年相似。未来气候情景下,研究区域水稻生长季内 $GDD_{10\sim35℃}$ 有大幅增加,高值区有明显的北移特征。2011—2040 年研究区水稻生长季内 $GDD_{10\sim35℃}$ 为 4915℃·d,高值区(>5500℃·d)主要分布于两湖平原(D2)和盆西平原(S6)中三熟区,伴随高热量资源的是高蒸散量(Narongrit et al,2009),因此,2011—2040 年这两个区域依据热量条件合理进行熟制布局的同时,更要侧重水分管理;水稻生长季内 $GDD_{10\sim35℃}$ 低值区主要位于秦巴山区(S1)、滇黔高原区(S5)和江淮平原(S8)等一熟单季稻适宜种植区。2041—2070 年研究区域水稻生长季 $GDD_{10\sim35℃}$ 为 5425℃·d,高值区(>6000℃·d)主要位于两湖平原(D2)、盆东丘陵低山地区(S7)、鄂豫皖丘陵区(S9)和浙闽区(D3)的部分地区,低值区主要位于秦巴山区(S1);2071—2100 年研究区域水稻生长季可利用热量资源平均为 5797℃·d,较 1951—1980 年增加超过 1000℃·d,本时段水稻生长季高值区(>6000℃·d)的面积进一步扩展,覆盖了长江中下游平原、两湖平原、四川盆地中部地区、江淮平原以滇南地区和华南沿海西双版纳区。

比较研究时段水稻生长季内可利用热量资源时间演变趋势可以看出,1951—1980 年,研究区域水稻生长季内可利用热量资源每 10 年减少 16.9℃·d,约 66%的站点呈减少趋势,但不显著(减少趋势站点中仅约 6%的站点通过 $P<0.05$ 的显著性检验),减少趋势较为明显的区域位于江淮平原(S8)、鄂豫皖丘陵区(S9)及长江中下游平原(D1)、浙闽(D3)区的沿海区域。1981—2010 年,研究区域水稻生长季内可利用热量资源($GDD_{10\sim35℃}$)每 10 年增加 114.5℃·d,约 96.5%的站点呈增加趋势,呈增加趋势的站点中有 86%的站点通过 $P<0.05$ 的显著性检验,说明 1981—2010 年研究区水稻生长季内可利用热量资源呈显著增加趋势。未来气候情景下,研究区水稻生长季 $GDD_{10\sim35℃}$ 增加更加明显,2011—2040 年、2041—2070 年和 2071—2100 年 $GDD_{10\sim35℃}$ 平均气候倾向率分别为 177(℃·d)/10a、196(℃·d)/10a 和 63(℃·d)/10a,其中 2011—2040 年和 2041—2070 年 100%的站点呈极显著增加趋势($P<0.01$),2071—2100 年 100%的站点呈增加趋势,其中 90%的站点呈显著增加趋势($P<0.05$)。

比较各熟制的可利用热量资源结果如表 4.5 所示,1951—1980 年单季稻生长季可利用热量资源平均为 3308℃·d,较早或晚稻生育期的平均可利用热量资源高,本时段双季稻生长季以晚三熟的平均可利用热量资源最高,为 5810℃·d;其次为中三熟和早三熟,分别为 5377℃·d 和 5072℃·d;1981—2010 年,可利用热量资源由高到低依次为晚三熟>中三熟>早三熟>一熟单季。未来 A1B 气候情景下,水稻生长季的可利用热量资源增加,2011—2040 年、2041—2070 年和 2071—2100 年各熟制水稻生长季内可利用热量资源的次序分别为中三熟>晚三熟>早三熟>一熟单季、中三熟>晚三熟>早三熟>一熟单季、晚三熟>中三熟>早三熟>一熟单季。

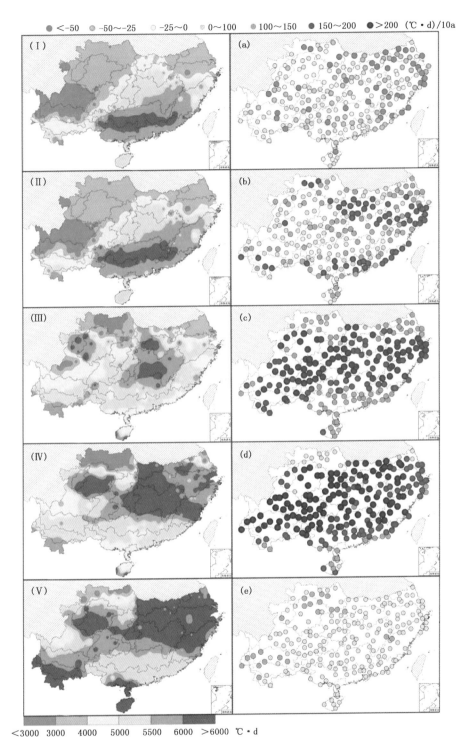

图 4.4　南方稻作区水稻生长季可利用热量资源及变化趋势分布
（Ⅰ,a:1951—1980 年；Ⅱ,b:1981—2010 年；Ⅲ,c:2011—2040 年；Ⅳ,d:2041—2070 年；Ⅴ,e:2071—2100 年）

表 4.5　南方稻作区水稻生长季可利用热量资源(℃·d)

熟制		1951—1980 年		1981—2010 年		2011—2040 年		2041—2070 年		2071—2100 年	
单季稻	中稻	3308		3105		2857		1855		1836	
早三熟	早稻	1976	5072	2034	4884	1765	5236	1376	4878	1227	4978
	晚稻	3045		2813		3449		3474		3706	
中三熟	早稻	2171	5377	2295	5407	1586	5402	1681	5852	1451	5919
	晚稻	3148		3083		3788		4114		4423	
晚三熟	早稻	2280	5810	2252	5763	1810	5367	2058	5657	2089	5925
	晚稻	3472		3462		3522		3558		3768	

(3)南方稻区有效热量资源

历史气候条件下,由于受水稻熟制理论生长季分布的影响,研究区域水稻生长季有效热量资源呈东南高西北低的分布特征(图 4.5 I,II)。1951—1980 年南方稻作区水稻生长季内有效热量资源平均为 1668℃·d,其中高值区(>2000℃·d)分布在南岭区(D4)、华南低平原区(D6)及西双版纳部分地区,低值区(<1000℃·d)分布在云南高原(S4)和滇黔高原区(S5)大部;1981—2010 年,研究区域水稻生长季内有效热量资源较 1951—1980 年有所增加,平均为 1676℃·d,高低值区域分布特征与 1951—1980 年相似,其中高值区的分布范围较 1951—1980 年有所扩大,覆盖 D4、D6 区和 D7 区的西双版纳。未来气候情景下,研究区域水稻生长季内有效热量资源呈明显的增加趋势,2011—2040 年、2041—2070 年和 2071—2100 年研究区水稻生长季内平均有效热量资源分别为 1702℃·d、1807℃·d、1830℃·d,低值区覆盖范围明显缩小,高值区北移至长江中下游、两湖平原区(见图 4.5 III,IV,V)。

研究时段水稻生长季有效热量资源时间变化趋势表现为,过去 60 年历史气候条件下(图 4.5 a,b),1951—1980 年研究区域水稻生长季内有效热量资源平均气候倾向率为 -4.2(℃·d)/10a,总体呈微弱的下降趋势,约 55%的站点呈下降趋势,但趋势不显著(仅 5%的站点通过 $P<0.05$ 的显著性检验);1981—2010 年,研究区域平均气候倾向率为 37.6(℃·d)/10a,总体呈显著的增加趋势,约 95%站点呈增加趋势,增加趋势站点中有 63%的站点呈显著增加趋势($P<0.05$),约 45%的站点呈显著增加趋势($P<0.01$),增加趋势较明显的区域位于长江中下游沿岸平原区(D1)和华南低平原区(D6)。未来 A1B 气候情景下,2011—2040 年呈明显的增加趋势,平均气候倾向率为 50(℃·d)/10a,99%的站点呈增加趋势,约 84%的站点通过 $P<0.05$ 的显著性检验、约 60%的站点通过 $P<0.01$ 的显著性检验,说明 2011—2040 年水稻生长季有效热量资源呈显著的增加趋势,增加趋势较明显的区域(>20(℃·d)/10a)主要分布于研究区域西南部的滇黔高原和云南高原、贵州高原等地区及两湖平原的南部地区;2041—2070 年增加趋势有所放缓,平均气候倾向率为 34(℃·d)/10a,其中有 51%的站点呈显著增加的趋势($P<0.05$)。2071—2100 年,增加趋势较 2041—2070 年有所放缓,平均气候倾向率为 10(℃·d)/10a,减少趋势的站点占研究区域的 26%,呈减少趋势的站点主要分布于两湖平原区、华南低平原区和华南沿海西双版纳区。

从不同熟制水平来看(表 4.6),由于气候变暖引起研究区域水稻播种期提前,熟制理论生长季缩短,导致气候变暖背景下不同熟制的水稻生长季平均有效热量资源均有所下降。由于不同时段各熟制分布面积不同,引起不同熟制的平均有效热量资源大小次序也不同;其中,

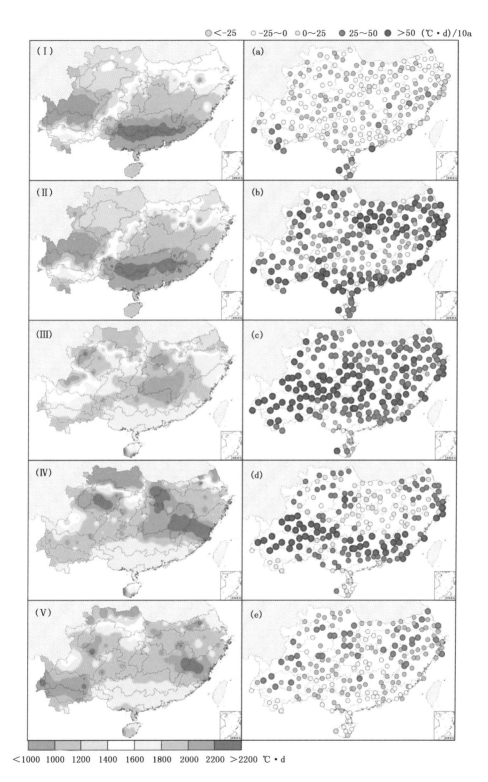

图 4.5　南方稻作区水稻生长季有效热量资源时空分布特征

(Ⅰ,a:1951—1980 年;Ⅱ,b:1981—2010 年;Ⅲ,c:2011—2040 年;Ⅳ,d:2041—2070 年;Ⅴ,e:2071—2100 年)

1951—1980 年、1981—2010 年,各熟制水稻生长季内有效热量以晚三熟＞中三熟＞早三熟＞单季稻。未来气候情景下,2011—2040 年、2071—2100 年,则为晚三熟＞中三熟＞早三熟＞单季稻;2041—2070 年,有效热量资源由高到低的顺序为中三熟＞晚三熟＞早三熟＞单季稻;导致这种排序的原因主要是 2011—2040 年、2041—2070 年和 2071—2100 年各熟制分布面积的所占比例不一致。

表 4.6　南方稻作区水稻生长季有效热量资源(℃·d)

熟制		1951—1980 年		1981—2010 年		2011—2040 年		2041—2070 年		2071—2100 年	
单季稻	中稻	1260		1177		1109		489		485	
早三熟	早稻	695	1747	711	1719	582	1760	411	1530	343	1464
	晚稻	1032		988		1161		1102		1098	
中三熟	早稻	782	1873	831	1898	525	1837	561	1949	455	1799
	晚稻	1069		1046		1288		1365		1322	
晚三熟	早稻	801	2115	782	2093	605	1845	696	1907	691	1897
	晚稻	1297		1282		1219		1188		1179	
平均		1668		1676		1702		1807		1830	

4.1.3　南方稻区降水资源

(1)水稻生长季内有效降水计算方法

本书直接采用美国农业部土壤保持局推荐的方法计算有效降水量:当一天总降水量超过 8.3 mm 时,有效降水量等于土壤的饱和含水量加上持水能力;当一天的总降水量小于 8.3 mm 时,有效降水量等于总降水量减去渗漏部分的水量。

$$P_e = \begin{cases} P(4.17 - 0.2P)/4.17 & P < 8.3 \\ 4.17 + 0.1P & P \geqslant 8.3 \end{cases} \quad (4.11)$$

式中,P_e 为日有效降水,单位为 mm/d;P 为日总降水量,单位为 mm/d;这里的 4.17,0.1 和 0.2 为经验参数。本书直接引用美国农业部土壤保持局推荐的方法计算有效降水量,主要出于以下两个方面的考虑:(1)Dastane 对众多的计算有效降水的方法进行评价,认为这个方法是所有计算方法中较为简易的方法(Dastane,1978);(2)该方法得到了许多学者的广泛应用(Cuenca,1989;Jensen et al,1990;Patwardhan et al,1990;Smith,1992;Petra et al,2002;李勇等,2011)。

(2)水稻生长季内有效降水特征

历史气候条件下研究区域水稻生长季内有效降水总量低于未来气候情景下的有效降水量(图 4.6)。1951—1980 年南方稻作区水稻生长季内有效降水量平均为 252 mm,呈由东南向西北减少的空间分布特征,高值区(＞300 mm)主要位于浙闽丘陵山地区(D3)、南岭丘陵山地区(D4)、和滇南高原区(D5)、华南低平原区(D6)和华南沿海西双版纳区(D7),低值区(＜200 mm)的区域主要位于秦巴山区(S1)、盆东丘陵山区(S7)和长江中下游沿江平原区(D1)的大部(图 4.6I);1981—2010 年,研究区域水稻生长季内平均有效降水量为 246 mm,较 1951—1980 年减少 6 mm,其空间分布特征与 1951—1980 年相似(图 4.6II)。未来气候情景下,研究区域水稻生长季内平均有效降水量有所增加。其中 2011—2040 年的平均有效降水量最大,为 388 mm,呈南高北低的分布特征,其中>450 mm 的区域主要分布于云南高原区(S4)和南岭丘陵山地区(D4)、滇南地区(D5)和华南低平原区(D6)的大部地区,本时段有效降水较少的地区(<250 mm)主要位于秦巴山区(S1)、江淮平原(S8)和鄂豫皖丘陵山区(S9)(图 4.6III);2041—2070 年、2071—2100 年研究区域平均有效降水量分别为 382 mm、380 mm,两个时段的水稻生长季有效降水量的空间分布与 2011—2040 年基本相似,水稻生长季有效降水量高值区(>450 mm)分布范围有所缩小,主要分布于南岭(D4)区(图 4.6IV,V)。

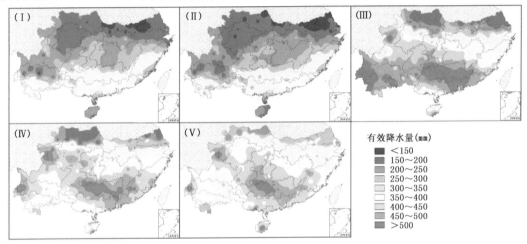

图 4.6　南方稻作区水稻生长季有效降水量时空分布特征

(I, 1951—1980 年;II, 1981—2010 年;III, 2011—2040 年;IV, 2041—2070 年;V, 2071—2100 年)

从熟制水平来看(图 4.7),历史气候条件下不同熟制水稻生长季内有效降水量平均低于未来气候情景下;各时段熟制间有效降水量 1951—1980 年、1981—2010 年、2011—2040 年和2041—2070 年均以晚三熟水稻生长季有效降水量为最高,其后依次为中三熟、早三熟、单季稻;2071—2100 年,早三熟水稻生长季有效降水量高于中三熟有效降水量。而从有效降水量的时间分配来看,历史气候条件下,早三熟、中三熟的早稻生育期有效降水量高出晚稻生育期有效降水量平均 20 mm,晚三熟则晚稻生育期有效降水量高于早稻平均 56 mm;未来气候情景均以晚稻生育期有效降水量高于早稻生育期,平均高出 60 mm。

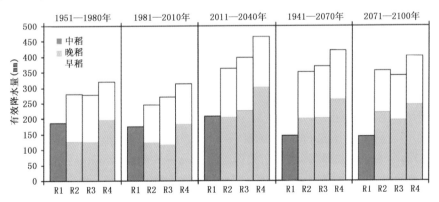

图 4.7　南方稻作区水稻生长季不同稻作制有效降水量

(R1 为单季稻;R2 为早三熟;R3 为中三熟;R4 为晚三熟)

（3）南方稻区水稻需水量特征

本书利用 FAO 推荐的计算作物需水量的公式，计算水稻从移栽至成熟的需水量，双季稻从早稻移栽至晚稻成熟之间的需水量。图 4.8 反映了南方稻作区 1951—2010 年 5 个时段 80％保证率水稻生长季内需水量的空间分布及演变特征。

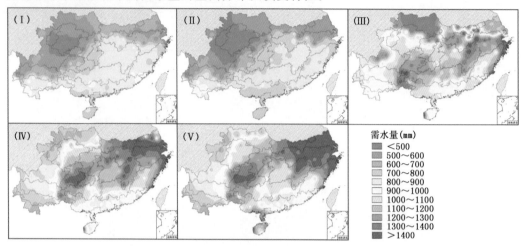

图 4.8　南方稻作区水稻生长季内作物需水量的分布特征
(I, 1951—1980 年；II, 1981—2010 年；III, 2011—2040 年；IV, 2041—2070 年；V, 2071—2100 年)

从图 4.8 I、II 可以看出，历史气候条件下南方稻作区水稻生长季内需水量呈东南向西北减少的空间分布特征；1951—1980 年研究区域水稻生长季平均需水量约为 720 mm，需水量较低(<500 mm)的区域主要位于四川盆地的南半部，水稻生长季对水分资源需求较高(>800 mm)的区域主要位于双季稻种植区；1981—2010 年研究区域水稻生长季平均需水量约为 700 mm，本时段作物需水量较低(<500 mm)的区域较 1951—1980 年分布更广，覆盖了盆西平原区(S6)和盆东丘陵山区(S7)，水稻生长季内对水分要求较高(>800 mm)的区域较 1951—1980 年有所缩小，其中缩小的区域主要位于长江中下游、两湖平原区和华南低平原区。未来气候情景下(图 4.8 III，IV，V)，由于作物生长季内热量资源的大幅增加，造成作物的需水量明显升高；其中，2011—2040 年，研究区域水稻生长季内平均需水量为 1,027 mm，需水量较低的区域主要位于单季稻种植区(平均为 500 mm)，需水量超过 1,200 mm 的区域主要分布于中晚三熟适宜分布区，主要包括长江中下游沿江平原区(D1)、两湖平原区(D2)、贵州高原区(S3)和云南广西贵州三省交接处；2041—2070 年和 2071—2100 年，研究区域水稻生长季需水量进一步增加，分别为 1107 mm 和 1150 mm，此两时段 80％保证率水稻生长季内需水量的空间分布特征相似，高值区分布于长江中下游平原区(D1)、两湖平原(D2)北部、江淮平原区(S8)和鄂豫皖丘陵山区(S9)。

比较不同熟制需水量结果(图 4.9)，由图可以看出，历史气候条件下，1951—1980 年、1981—2010 年的单季稻生长季需水量明显比双季稻少，平均约少 290 mm；不同熟制的双季稻生长季中需水量相差不大；晚稻生育期内的需水量高于早稻 140 mm；未来气候情景下，由于水稻生长季内的热量资源增加，不同熟制的水稻生长季平均需水量明显高于历史气候条件；2011—2040 年，水稻生长季内作物需水量为早三熟>中三熟>晚三熟>单季稻，2041—2070 年和 2071—2100 年则以中三熟的需水量为最高，其后依次为早三熟、晚三熟和单季稻。

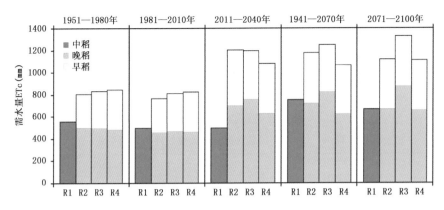

图 4.9　南方稻作区水稻生长季不同稻作制需水量

(R1 为单季稻；R2 为早三熟；R3 为中三熟；R4 为晚三熟)

4.1.4　南方稻区的光照资源特征

(1)光照资源的评价方法

在缺少太阳辐射观测资料的研究中,一般的做法就是采用 Angstrom 方程(公式 4.12)(Angstrom,1924)对太阳辐射观测站的太阳总辐射和日照时数观测数据进行分区拟合,获取 Angstrom 方程系数 a,b。本书直接利用朱旭东等(2010)的研究结果(表 4.7),利用南方稻作区 258 个气象站的日照时数观测数据计算太阳总辐射,计算公式如(4.12 所示):

$$\frac{Q}{Q'} = a + b\frac{n}{N} \tag{4.12}$$

式中,Q 为太阳总辐射,单位为 $(MJ/m^2)/d$；Q' 为天文辐射,单位为 $(MJ/m^2)/d$；n 为实际日照时数,单位为 h；N 为可照时数,单位为 h；a,b 为经验系数。

天文辐射参考左大康等(1963)的计算方法,即:

$$Q' = \frac{1}{\pi} \cdot G_{SC} \cdot E_{OB} \cdot (\cos\varphi \cdot \cos\delta \cdot \sin\omega + \omega \cdot \sin\varphi \cdot \sin\delta) \tag{4.13}$$

$$E_{OB} = 1.0011 + 0.034221\cos\left(\frac{2\pi(doy-1)}{365}\right) + 0.00128\sin\left(\frac{2\pi(doy-1)}{365}\right) +$$

$$0.000719\cos\left(\frac{4\pi(doy-1)}{365}\right) + 0.000077\sin\left(\frac{4\pi(doy-1)}{365}\right) \tag{4.14}$$

式中,G_{SC} 为太阳常数,取 118.108 $(MJ/m^2)/d$ ；E_{OB} 为地球轨道偏心率校正因子；φ 为纬度；ω 为时角；δ 为太阳赤纬；doy 为日序。

可照时数(N),时角(ω),太阳赤纬(δ)均参考 Allen 等(1998)的方法,即:

$$N = \frac{24}{\pi}\omega \tag{4.15}$$

$$\omega = \arccos(-\tan\varphi \cdot \tan\delta) \tag{4.16}$$

$$\delta = 0.409\sin\left(\frac{2\pi}{365} \cdot doy - 1.39\right) \tag{4.17}$$

其次,根据何洪林等(2004)的研究,发现光合有效系数与晴空指数($\frac{Q}{Q'}$)之间有如式 (4.18)的相关关系。本书直接利用朱旭东(2010)的研究结果(表 4.7),把 c、d 系数代入式

(4.18),从而获取南方稻作区光合有效系数 η,并用太阳总辐射乘以光合有效系数来计算南方稻作区光合有效辐射量(公式 4.19)。

$$\eta = c + d\frac{Q}{Q'} \tag{4.18}$$

$$Q_{PAR} = Q \cdot \eta \tag{4.19}$$

式中,η 为光合有效系数;Q_{PAR} 为光合有效辐射;c、d 为经验系数。

表 4.7　中国不同地区光合有效辐射计算经验系数

参数	西北	内蒙古	东北	华北	华中	华南	西南	青藏
a	0.2590	0.1780	0.1928	0.1904	0.1519	0.1614	0.2019	0.2230
b	0.4779	0.5765	0.5373	0.5103	0.5739	0.5399	0.5354	0.5763
c	0.3610	0.3891	0.3549	0.3767	0.3712	0.3826	0.3742	0.3963
d	−0.0414	−0.0325	−0.0491	−0.0381	−0.0412	−0.0497	−0.0367	−0.0478

　　本书所涉及的是南方稻作区,对比我国自然地理区划(赵济等,1999)和我国耕作制度区划(刘巽浩等,1987)的结果,本节将 S1、S2、S3、S6、S7、S8、S9、D1、D2、D3、D4 区采用华中的经验系数,S4、S5、D5 区使用西南的经验系数,D6、D7 区采用华南的经验系数。

　　另外,不同作物光截获不同,作物实际利用的光照资源除了受作物生长季长度、晴空指数的影响外,还受作物的光截获能力影响。水稻不同生育阶段的光截获能力见表 4.8。本书利用 4.20 式计算作物生长季或某熟制代表模式可能接受的光合有效辐射量。

$$Q_{CPAR} = \sum_{j=1}^{m}\sum_{i=1}^{n}(Q_{PARi} \cdot I_i)_j \tag{4.20}$$

式中,Q_{CPAR} 为作物生长季内光合有效辐射受光量,单位为 MJ/m²;Q_{PARi} 为第 i 个生育阶段光合有效辐射量,单位为 MJ/m²;n 为生育阶段数;m 为作物季数;I_i 为第 i 个生育阶段的光截获率,单位为%。

表 4.8　水稻冠层光截获率

作物	生育阶段	光截获率
水稻[a]	移栽→孕穗	0.42
	孕穗→开花	0.75
	开花→成熟	0.84

a,水稻的不同生育阶段平均光截获率参考汤亮等(2012)的中密度、中氮水平的水稻光截获率。

　　(2)南方稻区光合有效辐射时空特征

　　从图 4.10 可以看出,南方稻作区 1951—2100 年 5 个时段 80%保证率光合有效辐射空间分布特征基本相似,低值区主要为四川盆地区,高值区为云南高原(S4)、滇黔高原山地区(S5)、滇南区(D5)及西双版纳地区,该分布特征与研究区的地形特征有直接关系,四川盆地海拔低、云层厚对太阳总辐射吸收较强,而云贵高原海拔高、云层稀薄,太阳辐射相对较高;另外,山地、丘陵地区由于地形的动力和热力作用,易形成云、雨对太阳辐射有较大的削弱作用,有效辐射量较低;江淮平原地势平坦削弱作用较小,而华南沿海低平原地区纬度低、天空辐射较强,这些地区的光合有效辐射值相对较高。

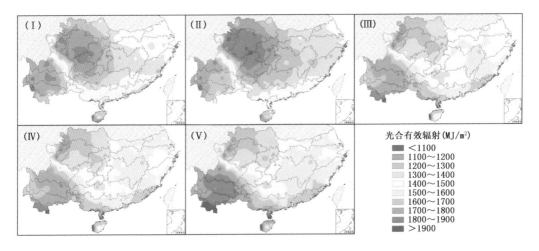

图 4.10　南方稻作区光合有效辐射空间分布特征

(I，1951—1980 年；II，1981—2010 年；III，2011—2040 年；IV，2041—2070 年；V，2071—2100 年)

比较研究区域光合有效辐射时间演变特征可以看出，南方稻作区年平均光合有效辐射量以 1981—2010 年最低，为 1348 MJ/m²，研究区域中低值区为四川盆地(S6、S7 区)年平均仅为 1,036 MJ/m²，高值区为云贵高原(S4、S5、D5 区)、华南沿海西双版纳区(D7 区)年平均为 1618 MJ/m²；1951—1980 年研究区域年平均值略高于 1981—2010 年，为 1409 MJ/m²；未来 A1B 气候情景下，南方稻作区光合有效辐射有所增加，其中 2011—2040 年、2041—2070 年和 2071—2100 年的年平均光合有效辐射分别为 1635 MJ/m²、1642 MJ/m² 和 1662 MJ/m²，江淮平原(S8、S9 区)、长江中下游两湖平原(D1、D2 区)等水稻主产区的光合有效辐射年平均较 1951—1980 年分别增加了 248 MJ/m²、259 MJ/m²、268 MJ/m² 和 158 MJ/m²、178 MJ/m²、167 MJ/m²，年光合辐射量的增加为南方稻作区单位面积水稻产量提升提供了能量基础。

比较研究区域年平均光合有效辐射量的研究时段内的气候倾向率可以看出，1951—1980 年 30 年间研究区域光合有效辐射量总体呈下降趋势，66% 的站点呈下降趋势，下降趋势站点中有 27% 的站点通过 $P<0.05$ 的显著性检验，研究区域光合有效辐射每 10 年降低 10.8 MJ/m²；1981—2010 年 30 年间光合有效辐射呈微弱的上升趋势，研究区域 53% 的站点呈增加趋势，在趋势增加的站点中有 30% 站点呈显著增加趋势($P<0.05$)，光合有效辐射增加的站点主要分布在秦巴山区(S1)和华南沿海西双版纳区(D7)，而 47% 减少趋势站点中有 40% 的站点通过 $P<0.05$ 的显著性检验，从平均状况而言，研究区域光合有效辐射每 10 年增加 1.79 MJ/m²；未来 A1B 气候情景下，研究区域光合有效辐射在 2011—2040 年和 2041—2070 年均呈增加趋势，其气候倾向率分别为 15.1 (MJ/m²)/10a 和 28.2 (MJ/m²)/10a，2071—2100 年呈微弱的减少趋势，气候倾向率为 −1.1 (MJ/m²)/10a。

(3)水稻生长季作物受光量分布特征

水稻生长季作物受光量的大小，与当地的光合有效辐射量、熟制、水稻生长季长短及水稻受光率等因素有关。熟制的分布决定不同地区水稻生长季的受光时间，水稻生长季的长短影响作物受光总的时间。由于水稻不同生育阶段，其生物学特征不同，水稻受光率也不同(Lobell et al,2003；汤亮等，2012)，作物的受光量不同。为此，本节综合上述影响因子，分生育阶段计算 1951—2100 年南方稻作区不同稻作制的光合有效辐射受光量，并比较研究研究区域 5

个时段 80%保证率的光合有效辐射受光量空间分布特征,研究结果如图 4.11 所示。

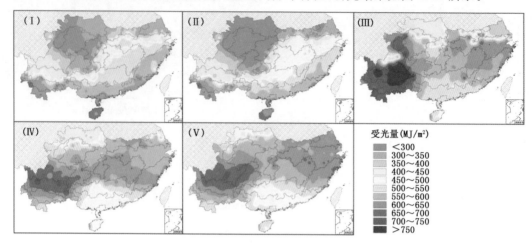

图 4.11　南方稻作区光合有效辐射受光量空间分布特征

(I, 1951—1980 年;II, 1981—2010 年;III, 2011—2040 年;IV, 2041—2070 年;V, 2071—2100 年)

图 4.11 为研究区域 1951—2100 年 5 个时段主要稻作制适宜分布情况下,水稻生长季内受光量的空间分布特征。从图中可以看出,1951—1980 年和 1981—2010 年的光合有效辐射受光量的空间分布特征与年均光合有效辐射相似,水稻生长季内光合有辐射受光量范围为 220～760 MJ/m²,低值区仍然为四川盆地(S6、S7),高值区主要为滇南地区(D5)、华南沿海西双版纳区(D7);未来 A1B 气候情景下的 2011—2040 年、2041—2070 年和 2071—2100 年的光合有效辐射受光量高于第 I、1981—2010 年,2011—2040 年最高,但是由于平均气温的升高,水稻生育期缩短,造成华南低平原区(D6 区)和华南沿海西双版纳区(D7 区)的水稻生长季内光合有效辐射总量较前两个时段有所下降,呈南北低东西高的分布特征。

4.2　南方稻区气候资源适宜度评价

4.2.1　气候适宜度评价方法

气候变化影响水稻的种植分布及气候资源,从而影响到水稻生长和生育期,将水稻生育期作为评价单元,根据已有研究(王修兰等,2003;张建军等,2012;冶明珠等,2012;景毅刚等,2013)选择适宜度评价模型,计算各生育期内不同气候资源的适宜度,计算模型如下。

(1)温度适宜度模型

$$S_{(T)i} = \frac{(T-T_1)(T_2-T)^B}{(T_0-T_i)(T_2-T_0)^B} \tag{4.21}$$

$$B = \frac{(T_2-T_0)}{(T_0-T_1)} \tag{4.22}$$

从生育期阶段的尺度对水稻适宜度进行评价分析,将各省内所有站点的生育期数据的平均值作为该省的水稻生育期数据。式中:$S_{(T)i}$ 为水稻第 i 个生育期的温度适宜度;T 为该生育期内的平均温度,单位为℃;T_1、T_2 和 T_0 分别为作物该生育期内生长发育的下限温度、上限

温度和最适温度,单位为℃;水稻各生育期阶段及模型中各参数值参考表 4.9(赖纯佳等,
2009;俞芬等,2008)。

表 4.9　水稻各生育期的临界温度(℃)和 b 值

早稻	出苗期	返青期	分蘖期	拔节孕穗期	抽穗开花期	成熟期
T_1	12	15	17	17	20	15
T_0	25	26	28	28	30	26
T_2	40	35	38	38	35	35
b	4.15	4.15	4.95	5.11	5.15	5.04
晚稻	出苗期	返青期	分蘖期	拔节孕穗期	抽穗开花期	成熟期
T_1	12	15	17	17	20	15
T_0	25	26	28	28	30	26
T_2	40	35	38	38	35	35
b	5.14	5.14	5.04	4.83	4.5	4.1
单季稻	幼苗期	分蘖期	拔节孕穗期	抽穗开花期	成熟期	
T_1	10	12	15	18	13	
T_0	21	25	27.8	26.3	23	
T_2	40	35	40	35	35	
b	5.15	5.04	4.83	4.5	4.1	

(2)降水适宜度模型

$$S_{(R)i} = \begin{cases} \dfrac{P}{ET_c} & \dfrac{P}{ET_c} < 1 \\ 1 & 1 < \dfrac{P}{ET_c} < 2 \\ \dfrac{2ET_c}{P} & \dfrac{P}{ET_c} \geqslant 2 \end{cases} \tag{4.23}$$

式中,$S_{(R)i}$第 i 个生育期的降水适宜度;P 为生育期降水量,单位为 mm;ET_c 为生育期需水量,
单位为 mm,计算方法参考 Allen 等(1998)。

利用 FAO 推荐的作物系数(K_c)与参考作物蒸散量(ET_o,mm/d)计算得到作物需水量
(ET_c,mm/d),计算过程如下:

$$ET_c = ET_0 \cdot K_c \tag{4.24}$$

式中,各生育期内的需水系数 K_c 根据插值方法得到,K_c 与 ET_0 的计算方法如下:

$$K_c = K_{c(Tab)} + [0.04(U_2 - 2) - 0.004(RH_{min} - 45)(\frac{h}{3})^{0.3} \tag{4.25}$$

式中,$K_{c(Tab)}$ 为前生育期作物需水系数,可在 FAO 提供的数据中获得;U_2 为 2 m 高处的平均
风速;RH_{min} 为平均最小相对湿度;h 为生育期内的作物平均生长高度。

$$ET_0 = \frac{0.408\Delta(R_n - G) + \gamma \dfrac{900}{T + 273} U_2 \cdot (e_a - e_d)}{\Delta + \gamma(1 + 0.34U_2)} \tag{4.26}$$

式中,ET_0 为参考作物蒸散量,单位为 mm/d;R_n 为到达作物表面的净辐射,单位为 MJ/m² ·
d;G 为土壤热通量密度,单位为 MJ/m² · d,($G_d \approx 0$);T 为作物冠层 2 m 高处的空气温度,
单位为℃;U_2 为 2 m 高处的风速,单位为 m/s;e_d 为饱和水汽压,单位为 kPa;e_a 为实际水汽压,

单位为 kPa；Δ 为饱和水汽压与温度关系曲线斜率，单位为 kPa/℃；γ 为干湿常数，单位为 kPa/℃；其中 R_n、G、Δ、U_2 可通过气象台站观测资料计算求得。

其中各个要素的计算式为：

$$\Delta = \frac{2503.058 \times \exp\left(\frac{17.27T}{T+237.3}\right)}{(T+237.3)^2} \tag{4.27}$$

$$R_n = 0.77R_s - (4.903 \times 10^{-9})\left(\frac{T_{max}^4 + T_{min}^4}{2}\right)(0.34 - 0.14\sqrt{e_a})\left(0.1 + 0.9\frac{n}{N}\right) \tag{4.28}$$

$$e_d = 0.003054 \times RH \times \left[\exp\left(\frac{17.27T_{max}}{T_{max}+237.3}\right) + \exp\left(\frac{17.27T_{min}}{T_{min}+237.3}\right)\right] \tag{4.29}$$

$$e_a = 0.3054 \times \left[\exp\left(\frac{17.27T_{max}}{T_{max}+237.3}\right) + \exp\left(\frac{17.27T_{min}}{T_{min}+237.3}\right)\right] \tag{4.30}$$

$$\gamma = 0.665 \times 10^{-3} \times 101.325 \times \left(\frac{293 - 0.0065z}{293}\right)^{5.26} \tag{4.31}$$

$$U_2 = 0.748U_{10} \tag{4.32}$$

式中，T 为日平均温度，单位为℃；T_{max} 为日最高温度，单位为℃；T_{min} 为日最低温度，单位为℃；n 为实际日照时数，单位为 h；N 为可照时数，单位为 h；z 为台站的海拔高度，单位为 m；U_{10} 为 10 m 高处的平均风速。

（3）光照适宜度模型

$$S_{(S)i} = \begin{cases} e^{-[(S-S_0)/b]^2} & S < S_0 \\ 1 & S \geqslant S_0 \end{cases} \tag{4.33}$$

式中，$S_{(S)i}$ 为水稻第 i 个生育期的光照适宜度；S 为各生育期内实际日照时数，单位为 h；S_0 为各生育期内日照百分比为 70% 的日照时数，单位为 h；b 为常数，取值参考表 4.9。

各生育期对水稻的气候适宜度影响程度不同，利用水稻产量数据确定权重值。将水稻产量分解为趋势产量、气象产量和随机产量误差。趋势产量反映耕作技术的改进、市场因素等造成的缓慢变化，气象产量则反映每年气象条件不同造成的波动。

利用线性回归的方法对实际产量资料序列进行处理，得到趋势产量，将实际产量与趋势产量的差值确定为作物的气象产量，对气象产量与各生育期平均温度、降水量、光照时数分别进行相关分析，得到各生育期气候资源适宜度对温度适宜度、降水适宜度、光照适宜度的权重。

（4）总气候适宜度计算方法

将温度适宜度、降水适宜度和光照适宜度的几何平均值确定为水稻总气候适宜度。

$$S = \sqrt[3]{S_{(T)} \cdot S_{(R)} \cdot S_{(S)}} \tag{4.34}$$

式中，S 为水稻生育期内的总气候适宜度；$S_{(T)}$、$S_{(R)}$ 和 $S_{(S)}$ 分别为水稻生育期内的温度适宜度、降水适宜度和光照适宜度。

4.2.2　南方水稻光照适宜度

（1）早稻光照适宜度

图 4.12 是 1951—2100 年 5 个时段早稻平均生育期内光照适宜度空间分布与变化趋势。

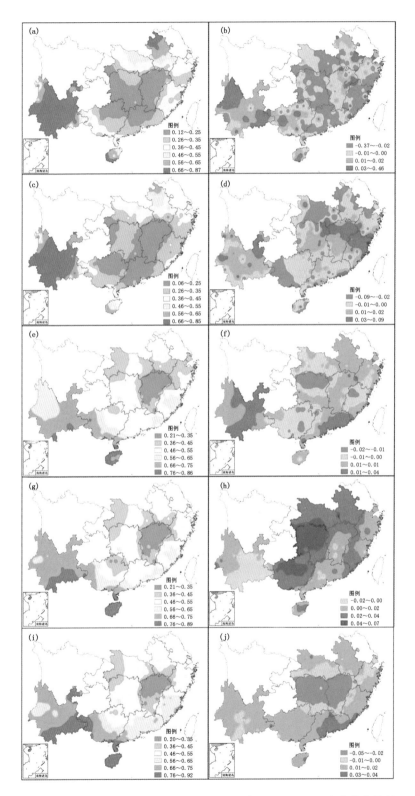

图 4.12　1951—2100 年 5 个时段早稻光照适宜度空间分布(a,c,e,g,i)和变化趋势特征(b,d,f,h,j)

(a,b:1951—1980 年;c,d:1981—2010 年;e,f: 2011—2040 年;g,h:2041—2070 年;i,j:2071—2100 年)

从图 4.12 可以看出,双季稻种植区早稻的光照适宜度较高的区域主要位于云南、广西等地区,而长江中下游由于早稻营养生长期间易受到连阴雨天气的影响,其早稻生长季内的光照适宜度较低。

1981—2010 年的早稻生育期平均光照适宜度为 0.38,较 1951—1980 年的 0.41 有所下降,其中光照适宜度<0.35 的面积明显有所增加(图 4.12a,c)。但从变化趋势来看,历史气候时期,1951—1980 年早稻光照适宜度总体上呈明显下降的趋势,平均每 10 年下降 0.01;1981—2010 年区域平均变化趋势不明显,呈增加趋势的面积较前一时段有所扩大,主要位于云南、江西、湖南和福建等省。

未来气候情景下,2011—2040 年、2041—2070 年、2071—2100 年三个时段的早稻生育期光照适宜度空间分布特征基本一致,其高值区(>0.65)主要位于云南省、低值区(<0.5)主要位于长江中下游地区,其中以江西省最为突出。但三个时段的变化趋势则不一样,其中2011—2040 年的变化趋势不明显,呈增加趋势(安徽、江西、广东、海南和云南等省)与呈降低趋势(湖北、湖南、广西和福建等省区)区域面积基本相同;2041—2070 年呈明显的增加趋势,其中以湖南和广西两省区较突出;2071—2100 年总体呈微弱的增加趋势,其中两湖平原(湖北南部、湖南和江西大部)呈显著的下降趋势,其他地区呈增加趋势。

(2)晚稻光照适宜度

图 4.13 为 1951—2100 年 5 个时段晚稻光照适宜度空间分布和变化趋势特征。从图中可以看出,晚稻生育期内平均光照适宜度与早稻的呈相反的空间分布特征。晚稻光照适宜度高值区位于长江中下游,低值区位于云南、广西等省(区)。

分时段来看,历史气候背景下的晚稻生育期平均光照适宜度(图 4.13a,c),1951—1980 年的平均则为 0.58,长江中下游大部分区域的光照适宜度为 0.55~0.89;而 1981—2010 年平均为 0.50,长江中下游大部分区域的光照适宜度为 0.45~0.85。晚稻生育期平均光照适宜度明显有所降低,其中社会经济的快速发展造成的大气污染是引起这个变化的一个主要因子。另外,从变化趋势来看,两个时段的均呈明显的降低趋势,其中 1951—1980 年平均每 10 年降低0.007,1981—2010 年则每 10 年降低 0.01。

未来气候情景下,晚稻光照适宜度>0.50,2011—2040 年平均为 0.77,2041—2071 年为0.79,2071—2100 年则为 0.80,均呈中部高周边低的空间分布趋势,高值区位于江西、湖南等两湖平原地区,低值区位于云南、湖北、安徽等地。从变化趋势来看,未来气候情景下,晚稻光光照适宜度 2011—2040 年的变化趋势不明显,2041—2070 年则呈显著的增加趋势,2071—2100 年则呈明显的下降趋势。

(3)单季稻光照适宜度

图 4.14 为 1951—2100 年 5 个时段单季稻光照适宜度空间分布和变化趋势特征。从图中可以看出,单季稻生育期内平均光照适宜度的空间分布特征明显不同于早、晚稻。其高值区位于长江中下游、云南,低值区位于贵州、四川和重庆等地。

历史气候背景下,1951—1980 年单季稻生育期平均光照适宜度为 0.53,长江中下游地区、云南大部分区域的光照适宜度为 0.55~0.82;而 1981—2010 年平均为 0.44,长江中下游地区、去南大部分区域的光照适宜度为 0.45~0.75。后一时段较前一时段单季稻生育期平均光照适宜度也呈现了明显的降低。另外,从变化趋势来看,两个时段的均呈降低趋势,其中1951—1980 年为每 10 年降低 0.008,1981—2010 年则每 10 年降低 0.03。可以看出,社会经济

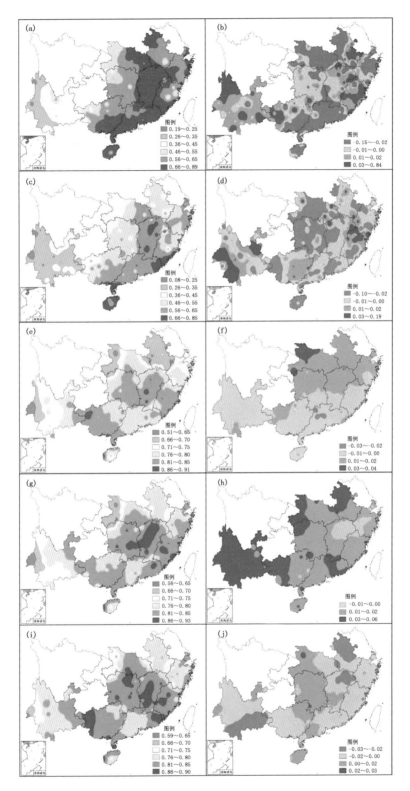

图 4.13　1951—2100 年 5 个时段晚稻光照适宜度空间分布(a,c,e,g,i)和变化趋势特征(b,d,f,h,j)

(a,b:1951—1980 年；c,d:1981—2010 年；e,f:2011—2040 年；g,h:2041—2070 年；i,j:2071—2100 年)

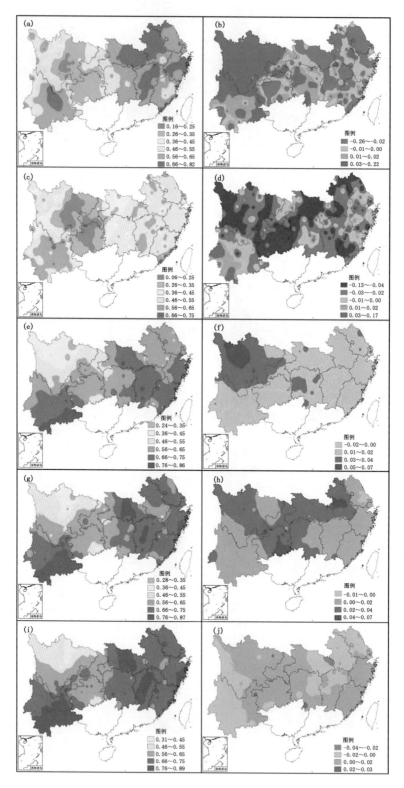

图 4.14 1951—2100 年 5 个时段单季稻光照适宜度空间分布(a,c,e,d,i)和变化趋势特征(b,d,f,h,j)

(a,b:1951—1980 年;c,d:1981—2010 年;e,f:2011—2040 年;g,h:2041—2070 年;i,j:2071—2100 年)

的发展造成的大气污染促进了光照适宜度的降低趋势。

从图中可以看出,未来气候情景下,单稻光照适宜度高于历史气候背景下,2011—2040 年平均为 0.60,2041—2071 年为 0.64,2071—2100 年则为 0.67,均呈中部低两侧高的分布特点,高值区位于长江中下游地区和云南省,低值区位于贵州、四川和重庆等地。从变化趋势来看,未来气候情景下,单季稻光照适宜度 2011—2040 和 2041—2070 年均呈显著的增加趋势,2071—2100 年则呈微弱的下降趋势。

综上所述,水稻的光照适宜度以晚稻的光照适宜度为最高,其次为单季稻,早稻的光照适宜度为最低。

4.2.3　南方水稻温度适宜度

(1)早稻温度适宜度

图 4.15 为 1951—2100 年 5 个时段早稻温度适宜度空间分布和变化趋势特征。根据 5 个时段的早稻温度适宜度空间分布特征(图 4.15a,c,e,g,i),温度适宜度>0.70 的分布面积呈增加趋势,<0.5 的分布面积呈明显的减少趋势。我们发现,随着气候变暖早稻温度适宜度呈增加趋势,5 个时段的早稻温度适宜度区域平均分别为 0.51、0.53、0.63、0.72、0.78。

从变化趋势来看,历史气候背景下,1951—1980 年早稻适宜度变化不明显,但呈增加趋势的区域面积比呈降低趋势的面积大,其中增加较显著的区域位于长江中下游地区和云南省,而湖北西部、广西、广东和福建大部地区呈下降趋势。1981—2010 年,呈显著的增加趋势,平均每 10 年增加 0.02,其中以长江中下游和云南南部最为突出,平均每 10 年增加 0.03 以上。未来气候情下,早稻温度适宜度呈显著的增加趋势,2011—2040 年为平均每 10 年增加 0.04,2041—2070 年则为每 10 年增加 0.02,21 世纪末 30 年则每 10 年增加 0.005。说明近 150 年里早稻温度适宜度以未来 30 年(2011—2040 年)的增速为最快。

(2)晚稻温度适宜度

图 4.16 为 1951—2100 年 5 个时段晚稻温度适宜度空间分布和变化趋势特征。从图中可以看出,晚稻与早稻的温度适宜度空间分布特征相一致。但晚稻的温度适宜度明显要高于早稻,主要原因是南方早稻的平均生育期为 4～7 月,而晚稻的平均生育期为 6～10 月,后者的生育期平均温度要高于前者的生育期平均温度,是造成晚稻的生育期温度适宜度高于早稻的主要原因。同样我们发现,气候变暖造成了晚稻温度适宜度的增加,5 个时段的晚稻温度适宜度区域平均分别为 0.79、0.80、0.87、0.86、0.84。

但是,5 个时段晚稻温度适宜度的变化趋势特征不一致。历史气候背景下,1951—1980 年除湖南南部和江西中部、云南东部、广西和广东大部地区以外,其他地区呈增加趋势,每 10 年增加 0.01 以上,但总体上变化趋势不明显;1981—2010 年则呈明显的增加趋势,晚稻温度适宜度平均增加 0.01。未来气候情景下,未来 30 年(2011—2040 年)晚稻温度适宜度仍呈增加趋势,但增速明显趋缓,平均每 10 年增加 0.008;但是到本世纪中叶,2041—2070 年晚稻温度适宜度则呈微弱的下降趋势,每 10 年降低 0.006;到 21 世纪末,2071—2100 年晚稻适宜则明显的下降趋势,每 10 年降低 0.01。从变化趋势来看,晚稻温度适宜度呈先增后减的趋势,在 21 世纪中叶是晚稻温度适宜度由增至减的转折点。

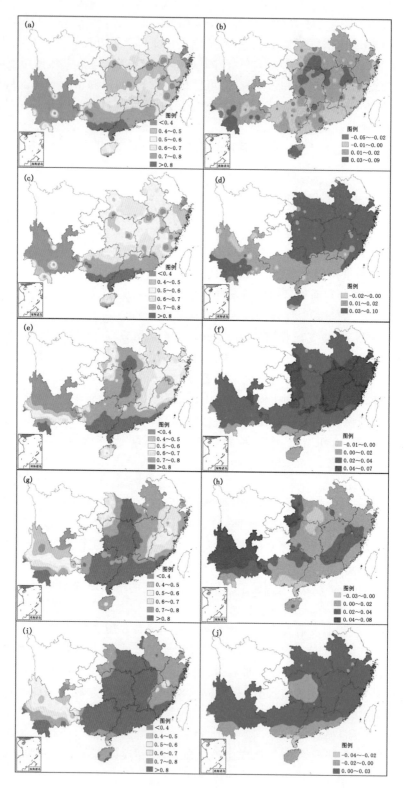

图 4.15 1951—2100 年 5 个时段早稻温度适宜度空间分布(a,c,e,g,i)和变化趋势特征(b,d,f,h,j)
(a,b:1951—1980 年;c,d:1981—2010 年;e,f:2011—2040 年;g,h:2041—2070 年;i,j:2071—2100 年.

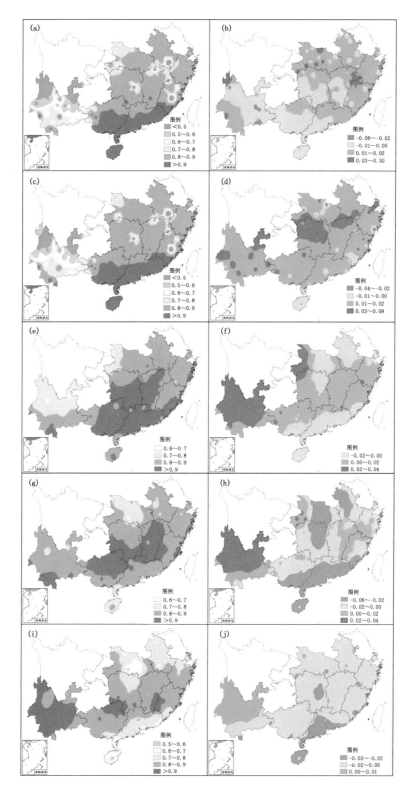

图 4.16　1951—2100 年 5 个时段晚稻温度适宜度空间分布(a,c,e,g,i)和变化趋势特征(b,d,f,h,j)

(a,b:1951—1980 年;c,d:1981—2010 年;e,f:2011—2040 年;g,h:2041—2070 年;i,j:2071—2100 年)

（3）单季稻温度适宜度

图 4.17 为 1951—2100 年 5 个时段单季稻温度适宜度空间分布和变化趋势特征。从图中可以看出（图 4.17a，c，e，g，i），单季稻温度适宜度的空间分布特征由东高西低向中、西部低东、南部高的特征发展。随着气候变暖水稻高温灾害的发生概率将增加，降低了单季稻的温度适宜度。通过 ArcGIS 的空间统计工具发现，5 个时段单季稻温度适宜度分别为 0.82、0.83、0.86、0.81、0.76。与晚稻温度适宜度一样，单季稻温度适宜度区域平均值在 2011—2040 年末出现转折。

从变化趋势来看，历史气候背景下，1951—2010 年两个时段的单季稻温度适宜度的变化趋势不明显，1951—1980 年呈微弱的增加趋势，主要位于长江中下游与云南大部地区；而 1981—2010 年呈微弱的减少趋势，除云南省和四川省西北部以外，其他区域均呈下降趋势。未来气候情景下，未来 30 年（2011—2040 年），单季稻温度适宜度每 10 年下降 0.003；到 21 世纪中叶，2041—2070 年每 10 年下降为 0.02；到 21 世纪末，2071—2100 年则每 10 年降低 0.01。说明随着气温的升高，单季稻温度适宜度均呈下降趋势。气候变暖，高温事件增加是引起未来气候情景下单季稻温度适宜度下降的主要原因。

另外，我们发现，5 个时段里两湖平原区是单季稻温度适宜度下降较明显的区域，所以在未来 30 年里湖南与江西两地在安排单季稻时要注重对高温、干旱等气象灾害的防御。

4.2.4 南方水稻降水适宜度

（1）早稻降水适宜度

图 4.18 为南方地区 5 个时段早稻降水适宜度空间分布与时间变化趋势特征图。从图中可以看出，早稻降水适宜度呈东高西低的空间分布特征。降水适宜度高值区（0＞0.36）主要位于长江中下游地区，低值区（＜0.30）主要分布于云南、广东两省。5 个时段南方早稻降水适宜度分别为 0.29、0.30、0.42、0.41、0.39。说明未来气候情景下的早稻生育期降水适宜度总体上会比历史气候背景下有所增加。同时，从降水适宜度的空间分布特征，我们可以看出，未来气候情景下，两湖平原（洞庭湖与鄱阳湖平原）地区是早稻最适宜分布地区。另外，云南省冬春季节干旱严重和广东省早稻生育期内多台风、洪涝灾害等是造成云南、广东两省早稻降水适宜性低的主要原因。

从变化趋势来看，南方地区 5 个时段的早稻降水适宜度的变化趋势，1951—1980 年总体呈增加趋势，每 10 年增加 0.01，呈增加趋势的区域主要位于长江中下游地区、两广（广西、广东）地区；1981—2010 年则明显呈降低趋势，每 10 年降低 0.01，除浙江省大部、湖南和云南等省小部分地区呈增加趋势外，其他地区均呈下降趋势。未来气候情景下均呈下降趋势，其中 2011—2040 年的降幅最快，每 10 年下降 0.02，2041—2070 年、2071—2100 年两时段则每 10 年分别降低 0.01 和 0.003。

（2）晚稻降水适宜度

图 4.19 为南方地区 5 个时段晚稻降水适宜度空间分布与时间变化趋势特征图。从图中可以看出，5 个时段南方晚稻降水适宜度分别为 0.33、0.34、0.41、0.38、0.36。晚稻降水适宜度空间分布与早稻的呈相反的分布特征，呈东低西高的空间分布特征。降水适宜度高值区（＞0.41）主要位于云南、广西和广东等地区，低值区（＜0.30）主要分布于长江中下游地区。这一分布特征刚好与南方降雨量分别特征一致，晚稻生育后期是长江中下游的伏旱季节，降水量

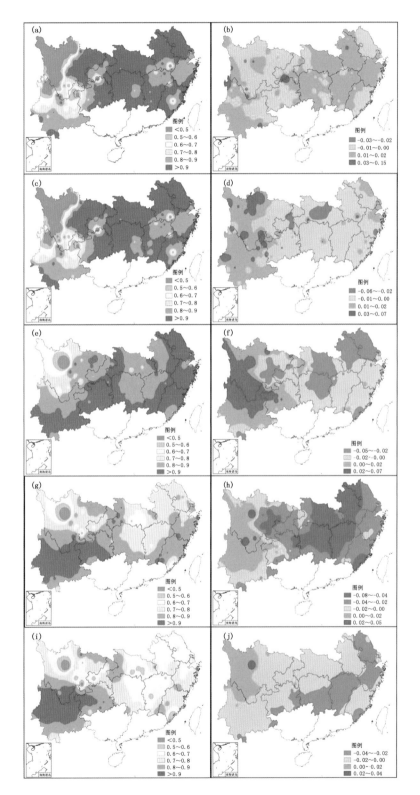

图 4.17 1951—2100 年 5 个时段单季稻温度适宜度空间分布（a,c,e,f,i）和变化趋势特征（b,d,f,h,j）

（a,b:1951—1980 年；c,d:1981—2010 年；e,f:2011—2040 年；g,h:2041—2070 年；i,j:2071—2100 年）

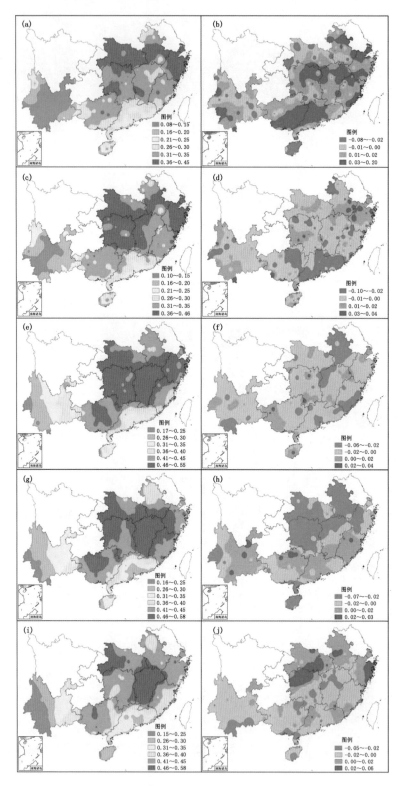

图 4.18　1951—2100 年 5 个时段早稻降水适宜度空间分布(a,c,e,f,i)和变化趋势特征(b,d,f,h,j)

(a,b:1951—1980 年;c,d:1981—2010 年;e,f:2011—2040 年;g,h:2041—2070 年;i,j:2071—2100 年)

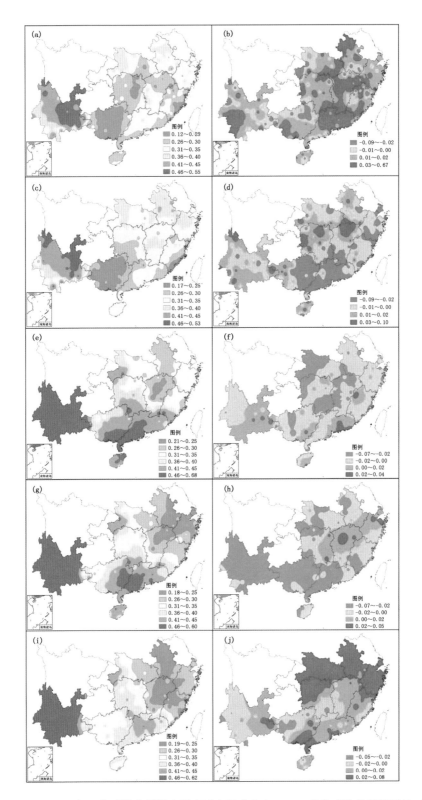

图 4.19　1951—2100 年 5 个时段晚稻降水适宜度空间分布(a,c,e,g,i)和变化趋势特征(b,d,f,h,j)

(a,b:1951—1980 年;c,d:1981—2010 年;e,f:2011—2040 年;g,h:2041—2070 年;i,j:2071—2100 年)

偏少是造成晚稻生育期长江中下游地区降水适宜度低的主要原因。同时,从降水适宜度的空间分布特征,我们可以看出,未来气候情景下,云南、两广地区是晚稻最适宜分布地区。

从变化趋势来看,南方地区5个时段的晚稻降水适宜度的变化趋势空间分布特征与早稻的基本相似,呈先增加后降低的趋势。1951—1980年总体呈增加趋势,但增速较小,每10年增加0.01;1981—2010年则明显呈降低趋势,降速为每10年降低0.01,下降趋势较明显的地区位于两广地区,达每10年降低0.02～0.09。未来气候情景下,2011—2040年的降幅为每10年下降0.01,2041—2070年降低速度最快,达每10年下降0.02;到21世纪末(2071—2100年)则呈增加趋势,每10年增加0.01,增速最快(>0.02)的地区位于湖北、安徽、浙江和湖南北部地区。

(3)单季稻降水适宜度

图4.20为南方地区5个时段单季稻降水适宜度空间分布与时间变化趋势特征图。从图中可以看出,5个时段南方单季稻降水适宜度空间由历史气候背景下的中部高两侧低发展为未来气候情景下的东高西低的分布特征。历史气候背景下,单季稻降水适宜度高值区(>0.45)主要分布于四川、贵州和湖北等省,低值区(<0.36)主要位于云南省大部、湖南、江西和浙江等省部分地区。未来气候情景下,单季稻降水适宜度高值区(>0.5)主要位于四川、贵州省和云南省北部地区,低值区(<0.4)主要分布于长江中下游地区。通过ArcGIS空间统计结果得出5个时段南方单季稻降水适宜度分别为0.41、0.42、0.50、0.48、0.46,发现未来气候情景下的单季稻降水适宜度要比历史气候背景下的高,其中,未来30年(2011—2040年)的单季稻降水适宜度为最高。同时,从降水适宜度的角度考虑,未来气候情景下,四川南部、贵州和湖北等省是单季稻最适宜分布地区。

从变化趋势来看,南方地区5个时段的单季稻降水适宜度的变化趋势空间分布特征不明显。1951—1980年总体呈增加趋势,但增速较小,每10年增加0.01;1981—2010年趋势不明显,呈微弱的增加趋势,增加趋势较明显的地区位于四川省西北部、云南省大部和长江中下游大部地区,增速达每10年增加0.02～0.09,其中下降趋势较明显的地区位于贵州省南部、安徽和江苏省北部,达每10年降低0.02～0.15。未来气候情景下,2011—2040年和2041—2070年两个段均呈下降趋势,降速每10年分别为0.01和0.008;到21世纪末2071—2100年则呈增加趋势,每10年增加0.009。

4.2.5　南方水稻气候适宜性评价

(1)早稻气候适宜度

图4.21为1951—2100年5个时段早稻生育期气候适宜度空间分布及时间演变分布特征。从图中可以看出,气候变暖早稻生育期气候适宜度呈增加趋势。历史气候背景下1951—2010年的两个时段,南方地区早稻气候适宜度均为0.38,气候适宜度>0.45的区域主要分布于安徽、湖北、广西和海南等省(区),气候适宜度<0.35的地区主要位于云南省大部、江西省中北部地区和湖南省中部及广东省小部分地区。未来气候情景下,2011—2100年的3个时段,早稻气候适宜度分别为0.53、0.55和0.57,明显高于历史气候背景下的早稻气候适宜度。其中,早稻气候适宜度<0.45的区域主要位于云南省北部和江西省中北部地区;早稻气候适宜度>0.55的区域主要分布于湖南、广西和广东等大部地区。所以,根据气候适宜性综合评价,未来30年早稻的适宜分布区域主要位于湖南、广西和广东等地区,其中最适宜的区域位于

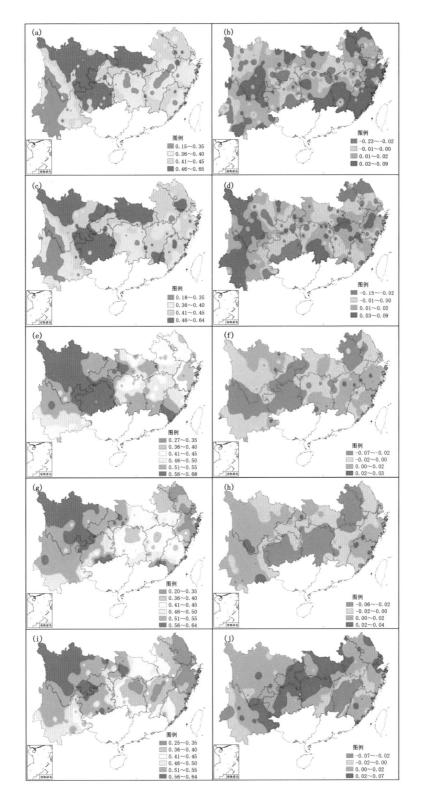

图 4.20　1951—2100 年 5 个时段单季稻降水适宜度空间分布(a,c,e,g,i)和变化趋势特征(b,d,f,h,j)

(a,b:1951—1980 年;c,d:1981—2010 年;e,f:2011—2040 年;g,h:2041—2070 年;i,j:2071—2100 年)

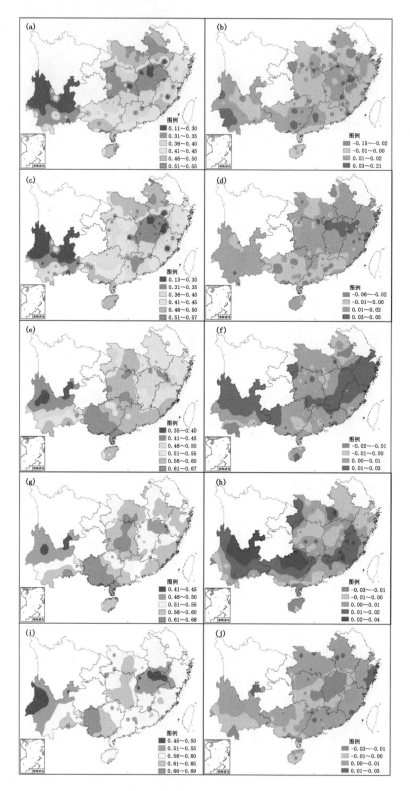

图 4.21 1951—2100 年 5 个时段早稻气候适宜度空间分布(a,c,e,f,i)和变化趋势特征(b,d,f,h,j)

(a,b:1951—1980 年;c,d:1981—2010 年;e,f:2011—2040 年;g,h:2041—2070 年;i,j:2071—2100 年)

广西西南部地区。

从变化趋势来看,5 个时段早稻的气候适宜度变化趋势空间分布特征不明显。历史气候背景下,1951—1980 年早稻气候适宜度总体呈微弱的下降趋势,除广西、云南和江西大部、安徽、广东和浙江小部呈微弱的增加趋势之外,其他地区均呈下降趋势;1981—2010 年总体上呈增加趋势,仅广西和广东两广地区和湖北省小部呈下降趋势。未来气候情景下,南方早稻气候适宜度均呈增加趋势,增速均为每 10 年增加 0.01。

(2)晚稻气候适宜度

图 4.22 为 1951—2100 年 5 个时段晚稻生育期气候适宜度空间分布及时间演变分布特征。

从图中可以看出,晚稻生育期气候适宜度比早稻生育期气候适宜度高。5 个时段南方地区晚稻气候适宜度由东高西低转向为西南高东北低的分布特征。历史气候背景下,晚稻气候适宜度呈东高西低的空间分布特征,其中高值区(>0.55)主要分布于湖北、安徽、浙江、江西和广东等省(区),低值区(<0.50)主要位于云南省及广西、湖南等省(区)小部分地区。1951—2010 年两个时段,晚稻的气候适宜度分别为 0.54 和 0.52。未来气候情景下,2011—2100 年3 个时段,晚稻气候适宜度呈西南高东北低的空间分布特征,气候适宜度>0.65 的区域主要位于湖南、江西和福建省的南部、云南和两广地区,而气候适宜度<0.55 的区域主要分布于湖南、江西和福建省的北部地区、湖北、安徽和浙江三省。所以,根据气候适宜性综合评价,未来30 年晚稻的适宜分布区域主要位于湖南、江西和福建省的南部、云南和两广等地区,其中最适宜的区域位于两广南部和云南省大部。

从变化趋势来看,5 个时段晚稻的气候适宜度变化趋势,总体呈微弱增加→降低→降低→显著降低→显著增加的变化趋势。历史气候背景下,1951—1980 年晚稻气候适宜度总体呈微弱的增加趋势,除长江中下游大部地区和云南省部分地区呈微弱的增加趋势之外,其他地区均呈下降趋势;1981—2010 年总体上呈降低趋势,仅鄱阳湖平原地区和云南省部分地区呈增加趋势。未来气候情景下,2011—2070 年两个时段南方晚稻气候适宜度均呈降低趋势,降速每10 年分别为 0.01 和 0.02;2071—2100 年则呈显著的增加趋势,增速为每 10 年增加 0.15。

(3)单季稻气候适宜度

图 4.23 为 1951—2100 年 5 个时段单季稻生育期气候适宜度空间分布及时间演变分布特征。

从图中可以看出,单季稻气候适宜度的空间分布特征不明显。通过 ArcGIS 空间统计得出 5 个时段南方地区单季稻气候适宜度分别为 0.55、0.52、0.65、0.64、0.63,说明未来气候情景下单季稻气候适宜度是增加的。历史气候背景下,1951—2010 年两个时段,单季稻的气候适宜度东高西低的分布特征,其中高值值区(>0.60)主要位于长江中下游地区,低值区(<0.50)主要位于川黔高原。未来气候情景下,2011—2100 年 3 个时段,单季稻气候适宜度明显高于历史气候背景下的单季稻气候适宜度,气候适宜度>0.70 的区域主要位于云贵地区。所以,根据气候适宜性综合评价,未来 30 年单季稻的适宜分布区域主要位于云南、贵州、江西、福建和湖南等省,其中最适宜的区域位于云南和贵州省大部、江西和福建省南部地区。

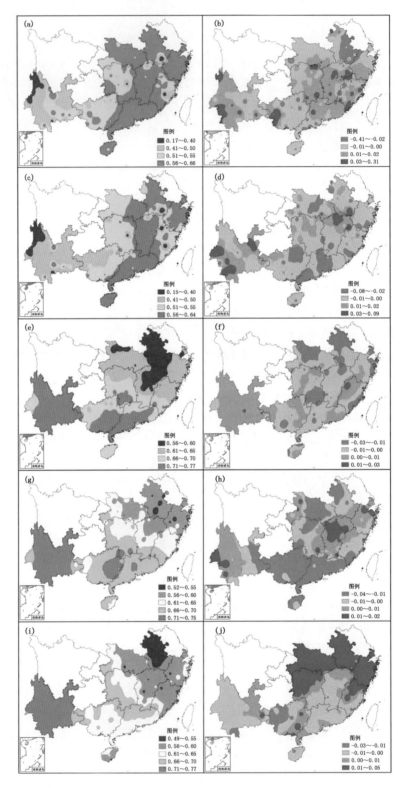

图 4.22　1951—2100 年 5 个时段晚稻气候适宜度空间分布(a,c,e,g,i)和变化趋势特征(b,d,f,h,j)

(a,b:1951—1980 年;a,d:1981—2010 年;e,f:2011—2040 年;g,h:2041—2070 年;i,j:2071—2100 年)

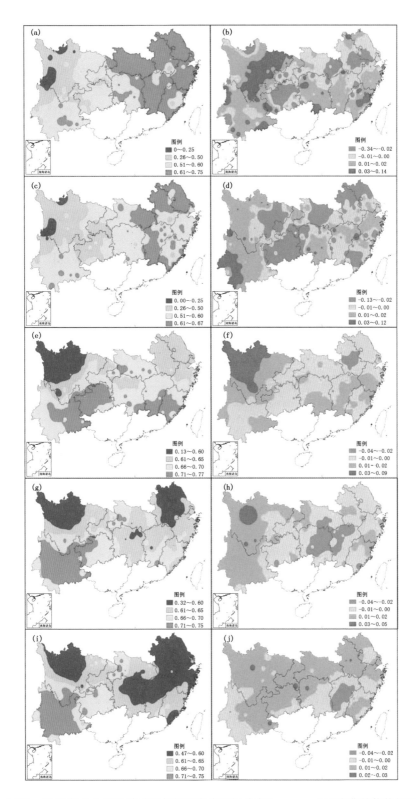

图 4.23　1951—2100 年 5 个时段单季稻气候适宜度空间分布(a,c,e,g,i)和变化趋势特征(b,d,f,h,j)

(a,b:1951—1980 年;c,d:1981—2010 年;e,f:2011—2040 年;g,h:2041—2070 年;i,j:2071—2100 年)

从变化趋势来看,5个时段晚稻的气候适宜度变化趋势,总体呈微弱增加→降低→微弱增加→微弱增加→增加的变化趋势。历史气候背景下,1951—1980年早稻气候适宜度总体呈微弱的增加趋势,增加趋势明显的区域主要位于四川省南部;1981—2010年总体上呈降低趋势,降低趋势显著的区域位于贵州省、四川省东南部、湖北省中部、安徽与江苏省北部地区。未来气候情景下,2011—2100年3个时段南方单季稻气候适宜度均呈增加趋势;其中,21世纪末的增加趋势更为明显,仅江西省、云南和湖南省大部、福建、浙江和江苏省小部分地区呈微弱的降低趋势。

综上所述,从气候适宜度综合评价角度出发,历史气候背景下,早稻的适宜区位于湖北、安徽、广西和海南四省,不适宜区位于云南、江西和湖南三省;晚稻的适宜区位于湖北、安徽、江西、浙江、广东等省,不适宜区位于云南、广西部分地区;单季稻适宜区位于湖北、安徽、江苏、江西等省和浙江、福建部分地区,不适宜区位于四川北部地区。未来30年,早稻的适宜分布区域主要位于湖南、广西和广东等地区,其中最适宜的区域位于广西西南部地区;晚稻的适宜分布区域主要位于湖南、江西和福建省的南部、云南和两广等地区,其中最适宜的区域位于两广南部和云南省大部;单季稻的适宜分布区域主要位于云南、贵州、江西、福建和湖南等省,其中最适宜的区域位于云南和贵州省大部、江西和福建省南部地区。为此,未来30年双季稻适宜种植区主要位于两湖平原与两广地区。

4.3 南方水稻气候资源有效性评价

4.3.1 南方水稻气候资源有效性评价方法

(1)评价指标选择原则

气候资源有效性指某区域提供给作物生长发育所需气候资源的可用程度,反映农业气候资源供应的水平。主要包括两方面的内容,一方面是指环境能提供某作物某项生命活动所需的某种气候资源的总量,这个总量可以根据不同的作物进行定义。如水稻生长发育所需的热量资源,水稻是喜温作物,根据前人的研究,一般使用>10℃的积温来衡量某时段环境可提供的水稻可利用的热量资源。所以,这个>10℃的积温是水稻可以利用的热量资源。但是实际上由于水稻在不同生育阶段受到不同热量条件的限制,水稻一生实际利用的热量资源并不是所有>10℃的热量资源,换言之,并不是所有>10℃的热量资源为水稻生长发育所利用。为此,另一方面就是作物实际利用了的气候资源总量,这个量因作物、品种、甚至是农业生产技术的不同而不同,如>0℃热量资源可以为小麦所利用,但不一定能被水稻利用。后者占前者的百分比就是某作物对某种气候资源的可利用程度,即气候资源有效性。

对气候有效性的评价指标的选择,作者认为,应该遵从以下几个方面的原则:科学性原则,气候资源有效性评价的结果应能正确反映气候资源的可用程度,为此,每个指标所反映的问题必须是科学的、客观而有效的。同时,指标选取兼顾系统性、以保证综合评价的全面性和可信度。针对性原则,评价气候资源的指标非常多,因此,在评价指标选择时除了要考虑指标的通用性之外,必须要考虑不同评价对象的特殊性。因为不同作物、作物的不同生育阶段,对气候资源所需量的阈值不一样,少则不宜,多则有害。故此,对气候资源有效性的评估指标的选择必须针对某个作物,选择可利用气候资源量的指标,而且须针对作物的不同生育阶段选择不同的阈值作为评价指标,如水稻实际可利用热量资源评价时,应结合水稻各生长阶段的上下限温度指标;降水有效性应结合水稻各生育阶段对水分亏缺的敏感程度去评价,以水分敏感系数为权重去评价水稻生长季内的降水有效性。可比性原则,必须明确评估指标体系中每个指标的含义和适用范围,以确保评价结果能够进行时间上和空间上的比较;同时,为更好研究气候资源有效性的时空变化趋势,在进行气候资源有效性的评价时,评价指标应尽量选择相对指标。可操作性原则,评价指标选择时还需考虑可操作性原则,即指标所需数据易于收集;指标的计算公式科学合理,能正确反映气候资源的现状;同时要求指标数据资料可量化,而非定性指标;最后评价指标的计算方法须容易掌握和操作。

(2)气候资源有效性指标体系构建

基于上述气候资源有效性指标选择原则,并参考前人的研究结果,本书选择如表 4.10 的指标体系。

表 4.10　气候资源有效性指标及说明

一级指标	二级指标	符号表达式	指标含义
光照资源有效性	有效辐射总量	Q_{PAR}	可供作物光合作用利用的太阳辐射
	有效辐射受光量	Q_{CPAR}	作物冠层可吸收的太阳辐射量
	光照资源可利用率	U_R	受光量占总有效辐射的比值,反应某作物或某熟制对有效辐射量的可能利用率
热量资源有效性	可利用热量资源	$GDD_{10\sim35℃}$	水稻生长季内,能为水稻生长发育所利用的热量累积
	实际利用热量资源	HUD	水稻各生育阶段高于下限温度、低于上限温度的时温乘以温度有效系数所获得的有效热量的累积
	热量资源有效性	U_T	水稻生长季内有效热量占可利用热量资源的百分比
降水资源有效性	有效降水	Pe	能为作物所利用的那部分降水资源
	作物生长季需水量	ETc	维持作物生长发育所必须的水分需求
	降水有效性	U_w	作物生长季内有效降水占作物需水量的比例

(3)气候资源有效性评估模型

根据上述原则,本书选择气候资源有效性评估指标如表 4.10。气候资源之间并不是互相独立的,比如热量资源与光照资源有一定的正相关关系、而降水资源则与光照资源有一定的负相关关系。其次,气候资源对作物的生长发育的影响作用也不是独立的。为此,本书参考国内学者对气候资源适宜性评估的主要方法几何平均法构建气候资源有效性评估模型(见式 4.35)。

$$U_C = \sqrt[3]{U_T \cdot U_R \cdot U_w} \tag{4.35}$$

式中,U_C 为气候资源有效性,单位为%;U_T 为热量资源有效性,单位为%;U_R 为光照资源有效性,单位为%;U_w 为降水资源有效性,单位为%。

4.3.2　光照资源有效性

如表 4.10 所示,本书利用光照资源有效性指标评价光照资源有效性。光照资源有效性指作物在生长季内对光合有效辐射的受光量占总光合有效辐射的比值,其值大小受作物生长季的长短、作物不同生育阶段对光合有效辐射的受光率等因素的影响。图 4.24 为 1951—2100

年 5 个时段南方稻作区主要稻作制的光照资源有效性 80％保证率值及气候倾向率的空间分布特征。表 4.11 为研究区域 1951—2100 年 5 个时段主要稻作制的光照资源有效性的平均值。

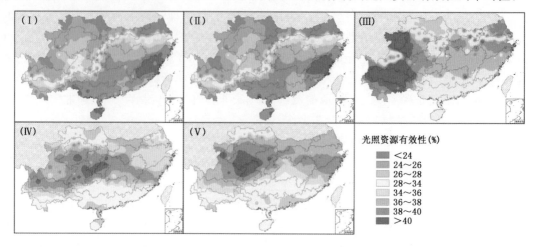

图 4.24 南方稻作区光照资源有效性的空间分布特征

(I, 1951—1980 年；II, 1981—2010 年；III, 2011—2040 年；IV, 2041—2070 年；V, 2071—2100 年)

表 4.11 和图 4.24 反映了 1951—2100 年 5 个时段南方稻作区不同熟制可能适宜分布情况下的水稻生长季内光照资源有效性的空间分布特征。从图中可以看出,5 个时段单季稻适宜种植区光照资源有效性低于双季稻适宜分布区,1951—1980 年和 1981—2010 年的高值区(>38％)为浙闽区(D3)、南岭区(D4)和华南低平原地区(D6)等中晚三熟适宜分布区,低值区(<24％)主要为秦巴山区(S1)、江淮平原区(S8)和滇黔高原区(S5);2011—2040 年光照资源有效性高值区(>38％)范围北移,覆盖长江中下游平原、云贵高原及四川盆地部分地区等早三熟、中三熟适宜分布区(表 4.11),低值区主要为江淮平原(S8)和滇黔高原(S5)等单季稻适宜分布区;2041—2070 年和 2071—2100 年,平均温度的升高,使得晚三熟理论生长季进一步缩短,对光照资源的利用率下降,为此,这两个时段的光照资源有效性的低值区主要为单季稻适宜分布区与南岭(D4)、华南低平原区(D6)和华南沿海西双版纳区(D7)等晚三熟适宜分布区。

表 4.11 南方稻作区主要稻作制的光照资源有效性(％)

稻作模式	1951—1980 年	1981—2010 年	2011—2040 年	2041—2070 年	2071—2100 年
一熟单季	25.8	24.8	24.4	25.9	26.4
早三熟	34.0	31.3	39.2	36.4	36.8
中三熟	36.4	36.4	38.9	35.8	37.1
晚三熟	39.2	38.7	33.9	33.7	33.6

比较各时段不同熟制平均光照资源可利用率即有效性,如表 4.11 所示。在 1951—1980 年中光照资源可利用率依次为晚三熟>中三熟>早三熟>一熟单季,分析其原因,主要是受不同熟制水稻理论生长季长度不同的影响,1951—1980 年晚三熟的理论生长季最长,其次是中三熟和早三熟,单季稻理论生长季最短,因此,水稻生长季内所获得的光合有效辐射受光量呈相同特征;气候变化背景下随温度的升高,1981—2010 年研究区域各熟制水稻理论生长季缩短,造成水稻生长季内所获得的光合有效辐射量有所减少,加上不同熟制水稻理论生长季内光

合有效辐射量下降等因素的综合作用,导致 1981—2010 年各熟制的光照资源有效性下降;未来 A1B 气候情景下,2011—2040 年和 2041—2070 年不同熟制的光照资源有效性为早三熟>中三熟>晚三熟>一熟单季,2071—2100 年,则为中三熟>早三熟>晚三熟>一熟单季。

4.3.3 热量资源有效性

图 4.25 为南方稻作区 1951—2100 年 5 个时段水稻生长季内热量资源有效性的时空分布特征。气候变暖背景下南方稻作区水稻生长季内热量资源有效性呈下降的趋势,历史气候条件下的热量资源有效性明显大于未来 A1B 气候情景下的热量资源有效性。1951—1980 年,研究区域水稻生长季内平均热量资源有效性为 36%,呈南北高东西低的分布特征;高值区(>37%)主要分布于秦巴山区(S1)、盆西平原区(S6)、江淮区(S8)、盆东区(S7)和长江下游沿岸平原区大部,低值区(<34%)主要分布于两湖平原及浙闽区。1981—2010 年,研究区域平均热量资源有效性为 35.8%,分布特征与 1951—1980 年基本相似,低值区(<34%)的分布范围有所扩大,主要覆盖两湖平原(D2)、浙闽区(D3)、滇南山地区(D5)、云南高原区(S4)及长江中下游沿江平原区的南部区域。未来气候情景下,水稻生长季内热量资源有效性的分布发生了明显的变化。2011—2040 年,水稻生长内平均热量资源有效性为 34%,呈北高南低的分布特征,高值区(>37%)主要位于秦巴山区(S1)和江淮平原南部地区(S8),低值区(<32%)分布较分散,主要分布于两湖平原的西北部湖南和湖北境内、华南低平原区的西部广西境内地区;2041—2070 年,水稻生长季内的热量有效性进一步减小,研究区域平均约为 32%,呈南高北低的分布特征,高值区(>35%)主要位于云南高原区(S4)和滇黔高原(S5)的东部区域,低值区(<28%)主要位于秦巴山区和江淮平原江苏境内区域;2071—2100 年,研究区域水稻生长季平均热量资源有效性最低,平均约为 30%,呈南北低,中部高的分布特征,高值区(>35%)主要位于云南高原区(S4 区),低值区(<28%)覆盖范围较 2041—2070 年有所扩大,主要位于秦巴山区、江淮平原江苏境内区域及华南沿海西双版纳区。

从变化趋势来看,研究区域 5 个时段的水稻生长季内热量资源有效性总体呈下降趋势。其中,1951—1980 年,全区呈微弱的增加趋势(58%的站点呈增加趋势,但不显著),平均气候倾向率为 0.01%/10a,增加较为明显的区域位于秦巴山区(S1 区)、江淮平原南部(S8 区)、鄂豫皖丘陵山区(S9 区)(图 25a);1981—2010 年,研究区域总体呈下降趋势,57%站点呈减少趋势,平均气候倾向率为 -0.03%/10a,其中减少趋势站点中约有 22%的站点呈显著下降趋势,主要位于浙闽区(图 25b)。未来气候情景下,热量资源有效性的下降趋势更加明显。2011—2040 年水稻生长季内热量资源有效性特征见图 4.25c,研究区域超过 76%的站点呈减少趋势,减少趋势站点中约 29%的站点通过 $P<0.05$ 的显著性检验,主要位于长江中下游沿江平原(D1)、浙闽区(D2)、华南沿海区(D7)、盆东丘陵山地区(S7)以及江淮平原区(S8)、鄂豫皖丘陵山地区(S9)区,云南高原(S4)和滇黔高原(S5)区则呈显著增加趋势(平均气候倾向率为 0.6%/10a,$P<0.05$)。2041—2070 年的下降趋势最为明显,研究区域平均气候倾向率为 -0.47%/10a,约 85%的站点呈减少趋势,其中约占研究区域 46%的站点呈显著的下降趋势($P<0.05$),22%的站点呈极显著下降趋势($P<0.01$),主要位于长江中游平原地区、盆东丘陵山区、浙闽区,如图 4.25d 所示。2071—2100 年,研究区域水稻生长季内热量有效性的平均气候倾向率为 -0.15%/10a,总体呈下降趋势,约 75%的站点呈下降趋势,见图 4.25e,但显著性不明显,仅 2%的站点通过 $P<0.05$ 的显著性检验。

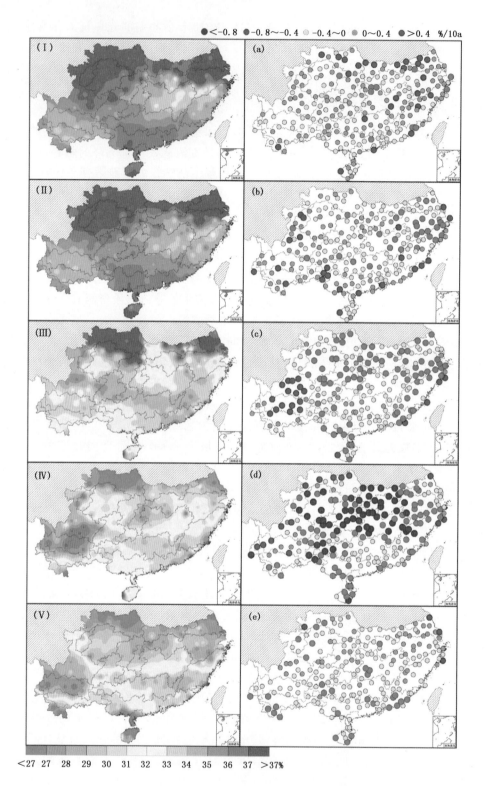

图 4.25　南方稻作区水稻生长季热量资源有效性时空分布特征

(Ⅰ,a:1951—1980 年;Ⅱ,b:1981—2010 年;Ⅲ,c:2011—2040 年;Ⅳ,d:2041—2070 年;Ⅴ,e:2071—2100 年)

表 4.12　南方稻作区主要稻作制的热量资源有效性(%)

熟制	1951—1980 年	1981—2010 年	2011—2040 年	2041—2070 年	2071—2100 年
单季稻	37.3	37.2	38.1	25.7	25.4
早二熟	33.9	34.7	32.7	30.4	27.9
中三熟	34.3	34.5	32.9	32.1	29.6
晚三熟	36.2	36.1	33.4	32.6	31.5

从熟制水平来看(表 4.12),历史气候条件下单季稻的热量资源利用效率最高,其次为晚三熟,中三熟和早三熟的热量资源利用效率相差不大;未来气候情景下,2011—2040 年以单季稻的热量资源可利用效率最高,其次为晚三熟、中三熟,早三熟最低;2041—2070 年、2071—2100 年则为晚三熟>中三熟>早三熟>单季稻。

4.3.4　降水资源有效性

图 4.26 为南方稻作区 1951—2100 年 5 个时段水稻生长季内降水资源有效性的时空分布特征。

从图中可以看出,研究区域历史气候条件下的水稻生长季内降水资源有效性(图 4.26 I,II)呈东北低西南高的空间分布特征。1951—1980 年水稻生长季内平均降水资源有效性为 28%,降水资源有效性较高的区域(>32%)主要位于滇黔高原区(S5)和华南低平原区(D6),降水资源有效性<20%的区域主要位于江淮平原(S8)区、长江下游沿岸平原上海和浙江等省市部分地区、福建省的南部地区及滇南区(D5)的小部分地区;1981—2010 年水稻生长季内降水资源有效性较 1951—1980 年有所升高,全区平均为 30%,降水有效性>32%的区域有较大的扩展,覆盖了贵州高原区(S3)、滇黔高原区(S5)、浙闽区(D3)、华南低平原区(D6)以及四川盆地(S6,S7)的南半部、南岭山区(D4)的大部地区。未来 A1B 气候情景下,研究区域降水资源有效性有明显的降低,2011—2040 年、2041—2070 年和 2071—2100 年分别比 1951—1980 年降低了 1%、3%和 4%。

从变化趋势来看:历史气候条件下(图 4.26a,b)水稻生长季降水资源有效性呈下降趋势;1951—1980 年,全区平均气候倾向率为 $-0.34\%/10a$,研究区域 58%的站点呈减少趋势,但全区减少趋势不显著,仅 4%的站点呈显著下降趋势($P<0.05$);1981—2010 年,研究区域水稻生长季内降水资源有效性平均气候倾向率为 $-1.92\%/10a$,研究区域降水资源有效性呈较明的下降趋势,73%的站点气候倾向率呈减少趋势,8%的站点呈显著减少趋势($P<0.05$),主要分布于长江中下游平原区(D1)和盆东丘陵山地区(S7)。未来气候情景下,研究区域水稻生长季降水有效性 2011—2040 年和 2041—2070 年呈较明显的减少趋势,其中,2011—2040 年全区降水资源有效性平均气候倾向率为 $-0.60\%/10a$,约 63%的站点呈下降趋势,其中 8%的站点通过 $a=0.05$ 的显著性检验,这部分站点主要分布于贵州高原区(S3)、云南高原区(S4)和滇黔高原区(S5);2041—2070 年,全区平均气候倾向率为 $-1.4\%/10a$,85%站点呈减少趋势,其中,15%的站点呈显著的减少趋势($P<0.05$),主要位于南岭山区(D4)、滇南区(D5)、贵州高原区(S3)和鄂豫皖丘陵山区(S9);2071—2100 年,全区平均气候倾向率为 $0.23\%/10a$,呈微弱的增加趋势,57%站点呈增加趋势。

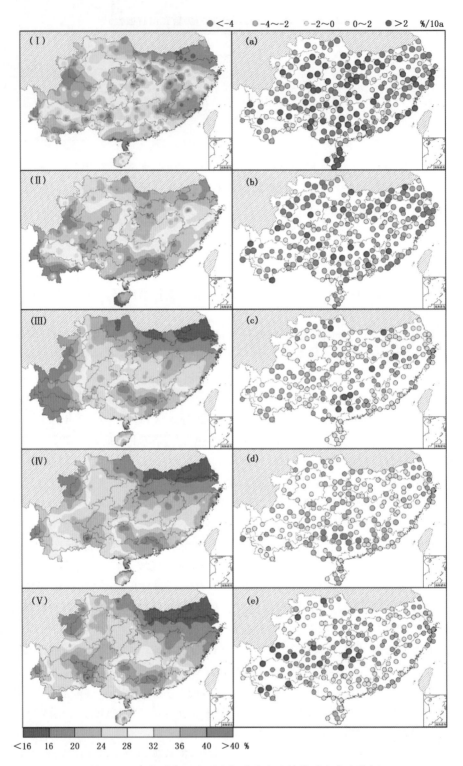

图 4.26　南方稻作区水稻生长季降水有效性时空分布特征

(I,a:1951—1980 年;II,b:1981—2010 年;III,c:2011—2040 年;IV,d:2041—2070 年;V,e:2071—2100 年)

表 4.13　南方稻作区主要稻作制降水有效性(%)

熟制		1951—1980 年		1981—2010 年		2011—2040 年		2041—2070 年		2071—2100 年	
单季稻	中稻	27.5		29.6		20.2		19.5		23.2	
早三熟	早稻	39.4	33.9	31.4	28.0	22.9	22.7	23.5	23.3	22.4	22.7
	晚稻	18.5		17.5		19.2		18.6		19.4	
中三熟	早稻	35.5	22.8	36.7	29.8	28.2	25.5	23.7	21.4	20.9	18.7
	晚稻	19.6		17.4		19.5		14.8		13.9	
晚三熟	早稻	26.9	29.4	29.3	33.7	25.5	32.3	22.0	28.2	22.2	26.4
	晚稻	30.8		29.6		33.3		29.0		24.7	

从熟制水平来看(表 4.13),不同时段、不同熟制的降水有效性不一样。历史气候条件下各熟制对降水资源的利用率要高于未来 A1B 气候情景。1951—1980 年,以早三熟生长季内降水资源有效性最高,其次为晚三熟、单季稻,中三熟降水资源有效性最低;1981—2010 年则为晚三熟>中三熟>单季稻>早三熟;2011—2040 年为晚三熟>中三熟>早三熟>单季稻;2041—2070 年则为晚三熟>早三熟>中三熟>单季稻,2071—2100 年的大小次序为晚三熟>单季稻>早三熟>中三熟。历史气候条件下,以早稻生育期的降水资源有效性最高,其次为中稻,晚稻生育期平均降水资源有效性最低;未来气候情景下,则为早稻>晚稻>中稻。

4.3.5　气候资源有效性演变特征

历史气候条件下,南方稻作区水稻生长季内气候资源有效性范围为 18%~43%(图 4.27 I、II);其中,研究区域 1951—1980 年平均气候资源有效性为 31.6%±2.95%,即研究区域约 32% 的气候资源能为水稻生长季可利用,本时段的高值区主要位于华南低平原区(D6)、长江中下游平原区(D1)南部地区和浙闽区(D3)的北部浙江省和福建省交界处,气候资源有效性低于 26% 的区域主要分布于研究区域北部的秦巴山区(S1)、江淮平原(S8)和鄂豫皖丘陵山地区(S9);1981—2010 年的气候资源有效性较 1951—1980 年有所增加,为 32.6%±3.40%,气候资源有效性超过 34% 的地区主要分布于双季稻种植区,主要包括浙闽区(D3)、滇南高原区(D5)、华南低平原区(D6)和西双版纳区。未来气候情景下,南方稻作区水稻生长季内气候资源有效性范围为 19%~45%(图 4.27 III,IV,V);其中,2011—2040 年的气候资源有效性为 32.2%±4.05%,空间变异性比其他几个时段大,但高值区的分布范围有所扩展,基本覆盖了西南地区 2/3;2041—2070 年、2071—2100 年的气候资源有效性空间分布特征基本相似,呈东西高南北低的分布特征,其气候资源有效性分别为 30.8%±3.4% 和 30.2%±3.0%。

研究时段内南方稻作区气候资源有效性时间演变特征表现为:历史气候条件下,1951—1980 年呈微弱的下降趋势(-0.04%/10a),约 56% 的站点呈减少趋势,3% 的站点呈显著下降趋势(P<0.05);1981—2010 年的下降趋势比 1951—1980 年明显,研究区域水稻生长季内气候资源有效性气候倾向率平均约为 -0.62%/10a,超过 77% 的站点呈减少趋势,其中减少趋势站点中约有 15% 的站点通过 $a=0.05$ 的显著性检验,主要位于秦巴山区(S1)、四川盆地区(S6、S7)和长江中下游沿江平原区(D1)。未来气候情景下,2011—2040 年研究区域气候资源有效性总体呈减少趋势,气候倾向率平均为 -0.35%/10a,约占研究区域 67% 的站点呈减少趋势,其中约有 15% 的站点呈显著下降趋势(P<0.05),主要位于川鄂湘黔低山高原区(S2)、

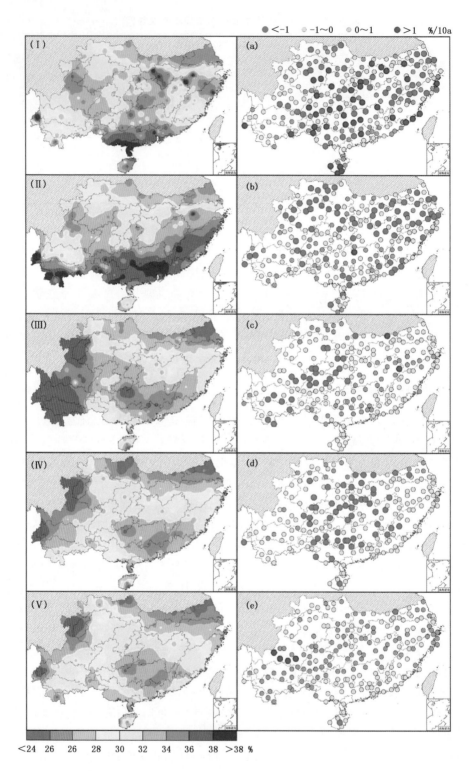

图 4.27　南方稻作区 5 个时段气候资源有效性时空特征

(Ⅰ,a:1951—1980 年;Ⅱ,b:1981—2010 年;Ⅲ,c:2011—2040 年;Ⅳ,d:2041—2070 年;Ⅴ,e:2071—2100 年)

贵州高原区(S3);2041—2070 年,研究区域气候资源有效性气候倾向率平均为−0.69%/10a,减少趋势较明显,约超过 82% 的站点呈下降趋势,其中约有 30% 的站点呈显著下降趋势(P<0.05),主要分布于南岭山区(D4)、滇南区(D5)、湘黔低山高原区(S2)、贵州高原区(S3)、鄂豫皖丘陵山地区(S9);从图 5.12 e 可以看出,2071—2100 年,南方稻作区水稻生长季内气候资源有效性呈南北减少中间增加趋势的条带状分布特征,研究区域总体呈微弱的增加趋势(约57% 的站点呈增加趋势),气候倾向率平均为 0.02%/10a。

表 4.14　南方稻作区主要稻作制气候资源有效性(%)

熟制	1951—1980 年	1981—2010 年	2011—2040 年	2041—2070 年	2071—2100 年
单季稻	30.0	30.2	26.7	23.8	25.3
早三熟	34.1	31.7	30.8	29.6	28.9
中三熟	30.6	34.0	32.3	29.3	27.4
晚三熟	34.3	35.9	33.4	31.5	30.5

比较不同稻作制气候资源有效性如表 4.14 所示,研究区域双季稻生长季气候资源有效性高于单季稻;历史气候条件下,1951—1980 年研究区域水稻生长季内气候资源有效性以晚三熟为最高,其后依次为早三熟、中三熟、单季稻;1981—2010 年则为晚三熟>中三熟>早三熟>单季稻。未来气候情景下,2011—2040 年各熟制水稻生长季内气候资源有效性的大小次序为晚三熟>中三熟>早三熟>单季稻,2041—2070 年和 2071—2100 年为晚熟>早三熟>中三熟>单季稻。

4.4　南方水稻生产潜力变化

4.4.1　水稻生产潜力计算方法

实际情况下,作物的产量形成是由气候、土壤、农业生产技术等自然与技术因素综合作用的结果。目前,学术界所提出的作物气候生产潜力指的是土壤肥力、农业生产技术充分保证的情况下,作物利用光照、温度、降水等条件所形成的理论最高产量。本节采用逐级订正的方法进行计算,即利用光合生产潜力乘以温度订正系数和降水订正系数,如式(4.36)所示。

$$\begin{aligned} Y &= Y_P \cdot f(T) \cdot f(W) \\ &= Y_T \cdot f(W) \end{aligned} \tag{4.36}$$

式中,Y 为气候生产潜力,单位为 kg/hm^2;Y_p 为光合生产潜力,单位为 kg/hm^2;Y_T 为光温生产潜力,单位为 kg/hm^2;$f(T)$ 为温度订正系数;$f(W)$ 为降水订正系数。

其中,光合生产潜力的计算(侯光良等,1985),如式(4.37)所示,

$$Y_P = \frac{K \cdot s \cdot \Omega \cdot \varepsilon \cdot \varphi \cdot (1-\alpha)(1-\beta)(1-\rho)(1-\gamma)(1-\omega) \cdot f(L)}{q \cdot (1-\eta)(1-\delta)} \sum_{i=1}^{n} Q_i \tag{4.37}$$

式中,Y_p 为光合生产潜力,单位为 kg/hm^2;$\sum_{i=1}^{n} Q_i$ 为作物生长季内太阳总辐射,单位为 MJ/m^2,计算方法如式(4.37)所示;其他参数及其意义、取值如表 4.15 所示。

表 4.15　水稻光合生产潜力模型参数及取值

参数	取值	意义
K	10000	面积转换系数
s	0.45	作物经济系数
Ω	0.90	作物光合固定 CO_2 的能力
ε	0.49	光合有效辐射占总辐射比例
φ	0.224	光量子转化效率
α	0.06	作物群体反射率
β	0.08	作物群体透射率
ρ	0.10	非光合器官光合辐射截获率
γ	0.05	超过光合饱和点的太阳光比例
ω	0.30	作物呼吸消耗率
q	17.80	单位干物质含热量（MJ/kg）
η	0.14	籽粒含水率
δ	0.08	灰分含量
$f(L)$	0.56	叶面积动态变化订正系数

　　由于作物不同生育期的三基点温度不一样，温度对不同生育期作物生长的效用也不一样，为此，本书分不同生育阶段对温度进行如式（4.38）的订正：

$$f(T) = \begin{cases} 0 & T \leqslant T_b, T \geqslant T_u \\ \dfrac{T - T_b}{T_{ob} - T_b} & T_b < T < T_{ob} \\ 1 & T_{ob} \leqslant T \leqslant T_{ou} \\ \dfrac{T_u - T}{T_u - T_{ou}} & T_{ou} < T < T_u \end{cases} \tag{4.38}$$

式中，$f(T)$ 为温度订正系数；T 为日平均温度，单位为℃；T_b 为作物生长季或某生育期的下限温度，单位为℃；T_u 为作物生长季或某生育期的上限温度，单位为℃；T_{ob} 为作物生长季或某生育期的最适下限温度，单位为℃；T_{ou} 为作物生长季或某生育期的最适上限温度，单位为℃。其中，水稻不同生育阶段的三基点温度的取值如表 4.16 所示。

表 4.16　研究区域水稻不同生育阶段的三基点温度

作物	生育阶段	三基点温度（℃）			
		最低温度（T_b）	最高温度（T_u）	适宜温度下限（T_{ob}）	适宜温度上限（T_{ou}）
水稻	播种—孕穗	10	35	25	30
	孕穗—开花	22	35	30	33
	开花—成熟	15	35	20	29

　　降水订正系数的计算如式（4.39）所示：

$$f(W) = \begin{cases} \dfrac{P}{ET_c} & \dfrac{P}{ET_c} < 1 \\ 1 & 1 < \dfrac{P}{ET_c} < 2 \\ \dfrac{2ET_c}{P} & \dfrac{P}{ET_c} \geq 2 \end{cases} \tag{4.39}$$

式中，$f(W)$ 为降水订正系数，P 为作物生长季或生育期降水量，单位为 mm；ET_c 为作物生长季或生育期需水量，单位为 mm。

4.4.2 水稻光合生产潜力时空分布特征

光合生产潜力是指作物生长季内除光照资源以外其他均充分保证的条件下，作物充分利用光照资源所获得的产量。本节对南方稻作区不同时段水稻生长季内 80% 保证率的光合生产潜力的时空分布特征进行了分析，并对南方稻作区不同熟制的水稻光合生产潜力进行了统计分析，获得图 4.28 和表 4.17 的结果。

从图 4.28 中可以看出，南方稻作区未来气候情景下的光合生产潜力明显高于历史气候的光合生产潜力，1951—1980 年、1981—2010 年水稻生育期内的光合生产潜力呈东南高西北低的分布特征，低值区（<20000 kg/hm²）为四川盆地（S6 和 S7 区）光照资源较为缺乏的地区，高值区（>38000 kg/hm²）则为 D5 区（滇南高原区）、西双版纳和华南低平原区（D6）的东北沿海地区；2011—2040 年、2041—2070 年，光合生产潜力空间分布基本相似，高值区呈带状分布于 22°～28°N；2071—2100 年，南方稻作区的光合生产潜力高值区已漂移至 S5 区（滇黔高原山区）和 D3 区（浙闽区）。

比较研究区域 5 个时段光合生产潜力的变化趋势，1951—1980 年，研究区域西部光合生产潜力总体呈增加趋势，主要位于秦巴山区（S1）、云南高原区（S4）、滇黔高原区（S5）和盆西平原区（S6），研究区域 78% 的站点呈增加趋势，其中增加较明显的区域位于滇黔高原区（S5）；研究区域东部总体呈减少趋势，减少趋势较明显区域为江淮平原区（S8）、鄂豫皖丘陵山地区（S9）、长江中下游沿岸平原区（D1）和华南低平原区（D6）的东北沿海区域；1981—2010 年，研究区域的水稻光合生产潜力总体呈下降趋势。2011—2040 年，研究区域水稻光合生产潜力的变化趋势与 1951—1980 年基本相似，呈西部增加、东部减少的空间分布特征；2041—2070 年研究区域水稻光合生产潜力总体呈增加趋势，而 2071—2100 年研究区域水稻光合生产潜力则总体呈减少趋势，仅两湖平原区（D2）、浙闽区（D3）、南岭区（D4）和华南低平原区（D6）呈增加趋势。

表 4.17 南方稻作区不同稻作制水稻光合生产潜力（kg/hm²）

熟制		1951—1980 年	1981—2010 年	2011—2040 年	2041—2070 年	2071—2100 年
单季稻	中稻	22424	19905	25118	25425	25595
早三熟	早稻	12458	12247	14116	14449	14511
	晚稻	20112	18119	21724	21987	20308
中三熟	早稻	13294	13580	13642	13105	13113
	晚稻	19244	18475	23208	23159	22829
晚三熟	早稻	15184	14870	14978	14767	14762
	晚稻	18719	17760	18529	18274	18499

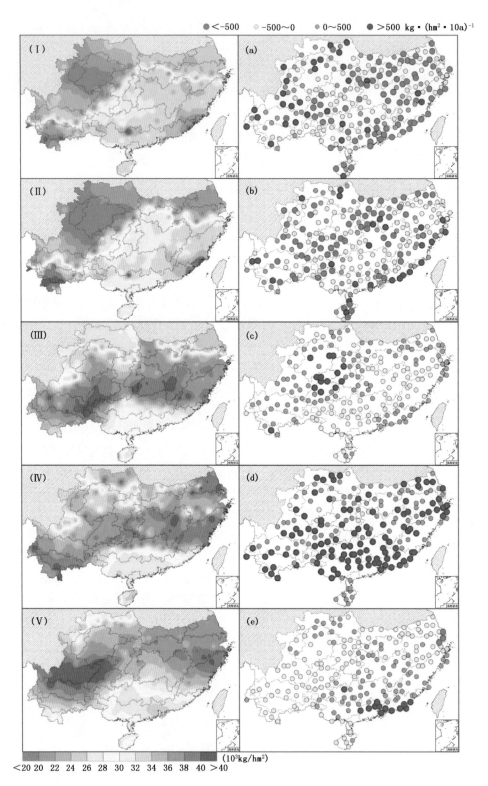

图 4.28　南方稻作区水稻光合生产潜力时空分布特征

（I,a:1951—1980 年;II,b:1981—2010 年;III,c:2011—2040 年;IV,d:2041—2070 年;V,e:2071—2100 年）

对比不同熟制光合生产潜力(表 4.17)得出,研究区域 5 个时段双季稻适宜分布区的水稻光合生产潜力高于单季稻适宜分布区的水稻光合生产潜力,分别为 32%、37%、29%、28%和 26%,相当于 10580 kg/hm²、11779 kg/hm²、10281 kg/hm²、9822 kg/hm² 和 9079 kg/hm²;1951—1980 年,研究区域水稻生长季内光合生产潜力的大小次序为晚三熟>早三熟>中三熟>单季稻;1981—2010 年为晚三熟>中三熟>早三熟>单季稻;2011—2040 年、2071—2100 年,中三熟>早三熟>晚三熟>单季稻;2041—2070 年,早三熟>中三熟>晚三熟>单季稻;而从单一作物来讲,5 个时段水稻生育期内中稻的光合生产潜力分别高于早稻为 39%、32%、43%、45% 和 45%,相当于 8779 kg/hm²、6339 kg/hm²、10873 kg/hm²、11318 kg/hm² 和 11466 kg/hm²;分别高于晚稻为 14%、9%、16%、17% 和 20%,相当于 3066 kg/hm²、1787 kg/hm²、3964 kg/hm²、4285 kg/hm² 和 5050 kg/hm²。

4.4.3　水稻光温生产潜力时空分布特征

南方稻作区水稻生长季光温生产潜力的时空分布特征与光合生产潜力的分布特征基本相似;1951—1980 年、1981—2010 年,研究区域水稻生长季内光温生产潜力呈东高西低的分布特征,这种分布特征主要是由于单季稻种植区水稻生长季长度明显低于双季稻种植区而造成的;由于光照和温度的综合影响,使得这两个时段光温生产潜力的低值区与高值区的分布呈现与光合生产潜力不同的特征:低值区(<14000 kg/hm²)为 S5(滇黔高原山区)区,高值区(>28000 kg/hm²)为两湖平原区(D2)、浙闽区(D3)和南岭区(D4)(图 4.29 I,II)。

未来 A1B 气候情景下,2011—2040 年、2041—2070 年和 2071—2100 年水稻生长季内的光温生产潜力明显高于 1951—1980 年和 1981—2010 年,高、低值区的分布特征不同,2011—2040 年光温生产潜力呈南北低中部高的分布特征,低值区(<18000 kg/hm²)主要分布于川西高原东部,高值区(>28000 kg/hm²)主要为两湖平原区(D2);2041—2070 年的高值区分布较零散,主要分布于赣闽区域、滇南高原区和江淮平原,低值区主要为华南低平原区(D6);2071—2100 年水稻生长季光温生产潜力呈东西高中部低的分布特征,高值区主要为云南高原(S4)、滇黔高原(S5)和长江中下游沿岸平原区(D1)与浙闽区(D4)的交接区赣浙闽区(图 4.29 III,IV,V)。

比较研究区域水稻生长季内光温生产潜力的变化趋势得出,研究区域 1951—1980 年光温生产潜力的变化趋势总体呈减少趋势(64%的站点呈减少趋势),其中江淮平原(S8 区)和长江中下游沿岸区(D1)的减少趋势较为明显;1981—2010 年研究区域水稻生长季内光温生产潜力呈略微的增加趋势(52%的站点呈增加趋势),增加趋势明显的区域主要位于秦巴山区(S1)、云南高原区(S4)、滇黔高原区(S5)和浙闽区(D3);2011—2040 年,研究区域水稻生长季内光温生产潜力呈微弱的增加趋势(54%的站点呈增加趋势);2041—2070 年,研究区域水稻生长季内光温生产潜力的总体变化趋势不明朗,呈增加趋势与呈减少趋势的站点各占一半,其中,以云南高原(S4)减少趋势最为明显,华南低平原区(D6)增加趋势较为明显;2071—2100 年研究区域水稻生长季内光温生产潜力总体呈减少趋势,超过 80%的站点呈减少趋势,以华南沿海西双版纳区(D7)最为明显,光温生产潜力区域平均每 10 年减少 750 kg/hm²。

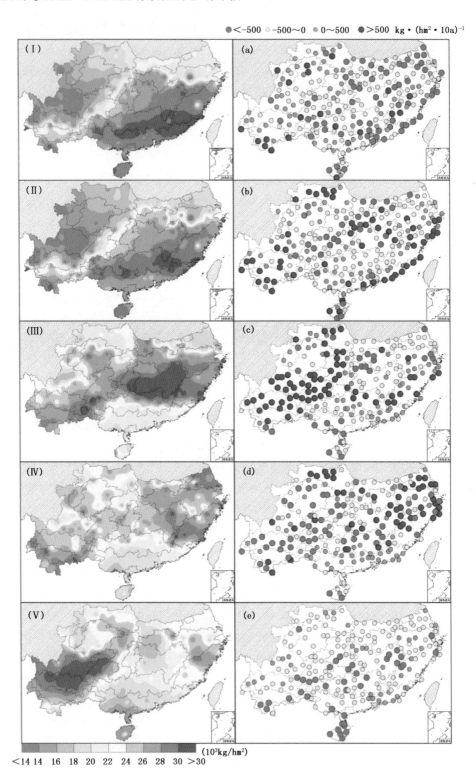

图 4.29　南方稻作区水稻光温生产潜力时空分布特征

(Ⅰ,a:1951—1980 年;Ⅱ,b:1981—2010 年;Ⅲ,c:2011—2040 年;Ⅳ,d:2041—2070 年;Ⅴ,e:2071—2100 年)

表 4.18 南方稻作区不同稻作制水稻光温生产潜力 (kg/hm²)

熟制		1951—1980 年	1981—2010 年	2011—2040 年	2041—2070 年	2071—2100 年
单季稻	中稻	17665	15629	19099	19325	19989
早三熟	早稻	9806	9911	9075	9387	10089
	晚稻	16417	14071	17311	14972	14458
中三熟	早稻	10660	11112	8192	7905	8391
	晚稻	16716	15637	18769	17002	14560
晚三熟	早稻	11064	10699	8889	9009	8897
	晚稻	18242	17168	15813	14203	12580

对比研究区域主要熟制的光温生产潜力(表 4.18)得出,研究区域 5 个时段双季稻的平均光温生产潜力高于单季稻,5 个时段依次高出 36%、40%、27%、20% 和 13%,相当于 9970 kg/hm²、10570 kg/hm²、6917 kg/hm²、4834 kg/hm² 和 3003 kg/hm²;三熟制水稻生长季内光温生产潜力,1951—1980 年和 1981—2010 年为晚三熟>中三熟>早三熟,2011—2040 年和 2041—2070 年为中三熟>早三熟>晚三熟,2071—2100 年为早三熟>中三熟>晚三熟;而从单一作物来讲,5 个时段水稻生育期内中稻的光温生产潜力平均分别优于早稻 41%、32%、54%、55% 和 54%,相当于 7155 kg/hm²、5055 kg/hm²、10338 kg/hm²、10558 kg/hm² 和 10863 kg/hm²;分别优于晚稻 540 kg/hm²、4 kg/hm²、1801 kg/hm²、3933 kg/hm² 和 6123 kg/hm²,相当于分别高出晚稻 3%、0%、9%、20% 和 31%。

为进一步研究气候变化对南方稻作物光温生产潜力的影响,根据南方稻作区不同稻作制分布情况,利用 ArcGIS10.0 的空间分析工具,以 2005 年我国土地利用类型为标准,提取 5 个时段不同稻作制适宜分布区内的水田面积,假设所有水田面积都种植水稻,分析了 5 个时段水稻可能种植面积及光温生产潜力的变化(表 4.19)。

表 4.19 气候变化对南方稻作区光温生产潜力的影响

气候数据	时段	年平均温度变化	可能种植面积变化				光温生产潜力变化
			单季	早三	中三	晚三	
站点数据	1951—1980 年						
	1981—2010 年	+0.4	−11%	+3%	+8%	+20%	−2.5%
A1B 未来情景数据	2011—2040 年	+1.6	−55%	−26%	+56%	+108%	+40%
	2041—2070 年	+3.0	−88%	−62%	+84%	+201%	+39%
	2071—2100 年	+4.4	−98%	−90%	+49%	+327%	+34%

本节以 1951—1980 年为基准时段,发现 1981—2010 年南方稻作区年平均气温上升了 0.42℃,而水稻生长季平均气温只上升了 0.08℃,光温生产潜力减少 2.5%,在不改变水稻品种及熟制搭配的情况下,气候变暖对水稻光温生产潜力影响为负效应;未来 A1B 气候情景下 2011—2040 年研究区域平均气温较 1951—1980 年上升 1.61℃,气候变暖引起的中三熟、晚三熟的面积大幅增加而导致的总的光温潜力增加的效应大于由于生育期缩短而造成光温潜力下降的效应,使得研究区域总的光温生产潜力大幅增加,较 1951—1980 年增加 40%;随着温度的进一步增加,2041—2070 年 30 年平均气温比 1951—1980 年上升 3.06℃,研究区域三熟制

面积进一步增加,气候变暖引起的生育期缩短造成的光温生产潜力下降效应大于面积增加带来的正效应,使得本时段研究区域光温生产潜力呈微弱的下降趋势,2071—2100 年下降趋势更为明显。

4.4.4 水稻气候生产潜力时空分布特征

气候生产潜力是指光、温和降水共同作用下形成的作物理论产量。本节通过对南方稻作区气候生产潜力的时空分布特征分析,获取南方稻作区潜在高产区和低产区的分布情况。图4.30 是 1951—2010 年南方稻作区水稻生长季内气候生产潜力的时空分布特征图。

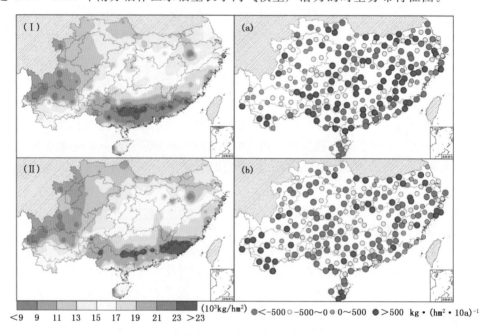

图 4.30　1951—2010 年南方稻作区水稻气候生产潜力时空分布特征

(I,a:1951—1980 年;II,b:1981—2010 年)

1951—2010 年南方稻作区气候生产潜力与光温生产潜力的空间分布基本相似,双季稻种植区高于单季稻种植区,两个时段高值区分布于华南低平原区(D6),低值区主要位于云南高原区(S4)与滇黔高原区(S5);与 1951—1980 年相比,1981—2010 年的水稻气候生产潜力平均比 1951—1980 年低,低值区(<11000 kg/hm²)分布面积有所扩大,高值区(>21000 kg/hm²)的分布面积较 1951—1980 年有所缩小。

研究时段内气候生产潜力变化趋势为:1951—1980 年南方稻作区水稻气候生产潜力总体呈微弱的增加趋势,54%的站点呈增加趋势,增加较明显的区域为鄂豫皖丘陵平原区(S9)、两湖平原区(D2)、浙闽区(D3)和云南西双版纳;1981—2010 年研究区域水稻气候生产潜力总体呈微弱的下降趋势,57%的站点呈下降趋势,下降趋势较为明显区域有贵州高原区(S3)、盆东丘陵低山区(S7)、南岭区(D4)和华南低平原区(D6)。

从表 4.20 可以看出,1951—2010 年南方稻作区两个时段双季稻平均气候生产潜力比单季稻分别高出 26%和 30%,相当于 4258 kg/hm²、4855 kg/hm²;中稻的气候生产潜力高于早、晚稻,1951—1980 年、1981—2010 年中稻的气候生产潜力分别高于早稻 45%和 39%,相当于

5585 kg/hm²、4375 kg/hm²,高于晚稻分别为 20％和 18％,相当于 2457 kg/hm²、2012kg/hm²;三熟制水稻生长季内气候生产潜力,1951—1980 年以晚三熟最高,其次为早三熟,中三熟最低,1981—2010 年,以晚三熟最高,其次为中三熟,早三熟最低。

表 4.20　1951—2010 年南方稻作区不同稻作制水稻气候生产潜力(kg/hm²)

熟制		1951—1980 年	1981—2010 年
单季稻	中稻	12300	11242
早三熟	早稻	7017	6940
	晚稻	8645	8303
中三熟	早稻	7205	7766
	晚稻	8419	7925
晚三熟	早稻	5923	5894
	晚稻	12466	11462

4.5　气候资源有效性对水稻气候生产潜力的可能影响

4.5.1　有效热量与水稻光温生产潜力

光温生产潜力是光合生产潜力乘以温度订正系数而获得的,即在其他环境条件均满足作物生长发育需求,仅受温度、光照条件限制的作物理论最高产量。水稻生长季内高于水稻生长发育下限温度,低于上限温度的热量累积称为有效热量,其值越高,水稻光温生产潜力越大。图 4.31 反映有效热量与光温生产潜力之间的关系。

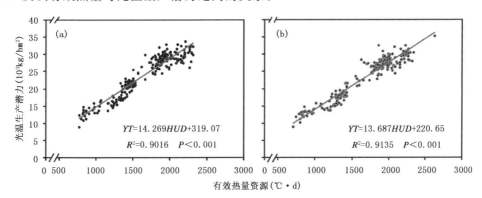

图 4.31　1951—2010 年南方稻作区有效热量资源(HUD)与光温生产潜力(YT)的关系
(a.1951—1980 年;b.1981—2010 年)

从图 4.31 可以看出,1951—2010 年两个时段水稻理论生长季内有效热量(HUD)与光温生产潜力(YT)有明显的线性关系,决定系数(R^2)达 0.9 以上,可以很好地解释有效热量资源对光温生产潜力的贡献;有效热量越高,光温生产潜力越大。其中,1951—1980 年有效热量每增加1℃·d,水稻光温生产潜力增加 14.3 kg/hm²,1981—2010 年有效热量每增加 1℃·d,水稻光温生产潜力增加 13.7 kg/hm²。南方稻作区有效热量的高值区也恰是光温生产潜力的高值区。

4.5.2　气候资源有效性与水稻气候生产潜力

将南方稻作区 1951—2010 年两个时段气候资源有效性与气候生产潜力进行线性回归分析,发现气候资源有效性与气候生产潜力之间具有很好的线性关系。1951—1980 年,每增加 1‰的气候资源有效性,气候生产潜力增加 291 kg/hm²(图 4.32a);1981—2010 年气候资源有效性与气候生产潜力的线性关系更加明显(图 4.32b),气候资源有效性每增加 1%,气候生产潜力增加 529 kg/hm²,说明与 1951—1980 年相比,1981—2010 年间气候生产潜力对气候资源有效性的反应更加的敏感。总之,气候资源有效性越高,气候生产潜力亦越高。

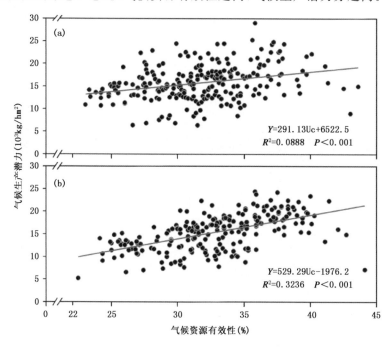

图 4.32　1951—2010 年两个时段南方稻作区气候资源有效性(U_C)与气候生产潜力(Y)的关系
(a.1951—1980 年;b.1981—2010 年)

4.5.3　气候资源有效性与产量潜力降低率

从理论上来讲,气候资源有效性越高,作物产量潜力受到气候资源的限制作用越低。为了进一步探讨研究区域气候资源有效性对水稻产量潜力的影响,本节分别对热量资源有效性与温度限制产量潜力降低率、降水资源有效性与降水限制产量潜力降低率进行了回归分析,结果如图 4.33 和图 4.34 所示。

从图 4.33 可以看出,热量有效性越高,温度限制产量潜力降低率越低,即温度对产量潜力的限制作用越弱。两个时段的回归显著水平 P 均小于 0.01,说明有统计学意义;且 R^2 均大于 0.3,说明热量资源有效性可以解释温度限制产量潜力降低率减少的 30% 以上的原因。从图中可以看出,1951—1980 年温度有效性升高 1%,产量潜力降低率下降约 0.6%(图 4.33a);1981—2010 年则下降约 0.7%(图 4.33b);说明 1951—1980 年温度有效性对产量潜力降低率的贡献小于 1981—2010 年。

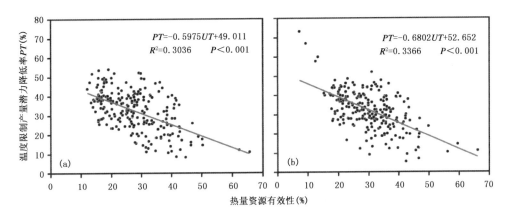

图 4.33　热量有效性(UT)与温度限制水稻产量潜力降低率(PT)之间的关系
(a.1951—1980 年；b.1981—2010 年)

另外，降水有效性与降水限制产量潜力降低率之间的回归关系和热量有效性与温度限制产量潜力降低率基本相似，降水资源有效性越高，降水限制产量潜力降低率越低。从图中可以看出，1951—1980 年降水资源有效性增加 1%，降水限制产量潜力降低率约降低 1.5%（图 4.34a）；1981—2010 年则降低约 2.1%（图 4.34b）。说明 1981—2010 年比 1951—1980 年，产量潜力降低率对降水有效性的反映更加敏感。

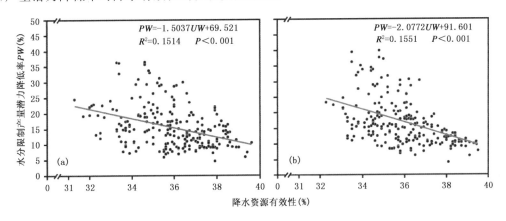

图 4.34　降水资源有效性(UW)与降水限制水稻产量潜力降低率(PW)之间的关系
(a.1951—1980 年；b.1981—2010 年)

对比图 4.33 和图 4.34 发现，热量资源有效性对产量潜力的降低率的贡献低于降水资源有效性，但降水资源有效性与产量潜力降低率的回归关系比热量资源有效性与产量潜力降低率的回归关系弱，仅能解释 15% 左右的原因。

参考文献

陈印军，尹昌斌.1999.对南方双季稻主产区"玉米替代"的反思.中国农村经济，(2)：20-25.

程式华，李建.2007.现代中国水稻.北京：金盾出版社.

高亮之，李林，郭鹏.1983.中国水稻生长季与稻作制度的气候生态研究.中国农业气象，**4**(1)：50-55.

高亮之，李林.1992.水稻气象生态学.北京：中国农业出版社.

韩湘玲,曲曼丽.1991.作物生态学.北京:气象出版社.

何洪林,刘纪远,于贵瑞.2004.中国陆地区域太阳辐射要素空间化研究.北京:中国科学院地理科学与资源研究所.

侯光良,刘允芬.1985.我国气候生产潜力及其分区.资源科学,7(3):52-59.

胡忠孝.2009.中国水稻生产形势分析.杂交水稻,24(6):1-7.

景毅刚,高茂盛,范建忠,等.2013.陕西关中冬小麦气候适宜度分析.西北农业学报,22(8):27-32.

赖纯佳,千怀遂,段海来,等.2009.淮河流域双季稻气候适宜度及其变化趋势.生态学杂志,28(11):2339-2346.

李勇,杨晓光,叶清,等.2011.1961—2007年长江中下游水稻需水量的变化特征.农业工程学报,27(9):175-183.

刘巽浩,韩湘玲.1987.中国耕作制度区划.北京:北京农业大学出版社.

马鹏里,蒲金涌,赵春雨,等.2010.光温因子对大田冬小麦累积生物量的影响.应用生态学报,21(5):1270-1276.

汤亮,朱相成,曹梦莹,等.2012.水稻冠层光截获、光能利用与产量的关系.应用生态学报,23(5):1269-1276.

王修兰,徐师华,崔读昌.2003.CO_2浓度倍增及气候变暖对农业生产影响的诊断与评估.中国生态农业学报,11(4):52-53.

冶明珠,郭建平,袁彬,等.2012.气候变化背景下东北地区热量资源及玉米温度适宜度.应用生态学报,23(10):2786-2794.

叶清,杨晓光,李勇,等.2011.气候变化背景下中国农业气候资源变化 VIII.江西省双季稻各生育期热量条件变化特征.应用生态学报,22(8):2021-2030.

俞芬,千怀遂,段海来.2008.淮河流域水稻的气候适宜度及其变化趋势分析.地理科学,28(4):537-542.

张建军,陈晓艺,马晓群.2012.安徽油菜气候适宜度评价指标的建立与应用.中国农学通报,28(13):155-158.

赵济,陈传康.1999.中国地理.北京:高等教育出版社.

朱红根.2010.气候变化对中国南方水稻影响的经济分析及其适应策略.南京农业大学,博士论文.

朱旭东,何洪林,刘敏,等.2010.近50年中国光合有效辐射的时空变化特征.地理学报,65(3):270-280.

左大康,王懿贤,陈建绥.1963.中国地面太阳总辐射的空间分布特征.气象学报,32(1):78-95.

Allen R G, Pereira L S, Raes D, et al. 1998. Crop evapotranspiration guidelines for computing crop water requirements-Irrigation and Drainage Paper 56. Rome: Food and Agriculture Organization of the United Station.

Angstrom A. 1924. Solar and terrestrial radiation. *Quarterly Journal of the Royal Meteorological Society*, **50**:121-125.

Bouman B A M, Kropff M J, Tuong T P, et al. 2001. ORYZA2000: modeling lowland rice. Los Baños (Philippines): International Rice Research Institute, and Wageningen: Wageningen University and Research Centre.

Cuenca R H. 1989. Irrigation System Design-An Engineering Approach. Prentice Hall, Enlewood Cliffs, New Jersey.

Dastane N G. 1978. Effective rainfall in irrigated agriculture. FAO Irrigation and Drainage Paper No. 25. Food and Agriculture Organization of the United Nations, Rome.

De Datta S K. 1981. Principles and Practices of Rice Production. Int Rice Res Inst, Manila, Philippines.

Gao L Z, Jin Z Q, Huang Y, et al. 1992. Rice clock model: a computer model to simulate rice development. *Agricultural and Forest Meteorology*, **60**(1/2):1-16.

Gooding M J, Ellis R H, Shewry P R, et al. 2003. Effects of restricted water availability and increased temperature on the grain filling, drying and quality of winter wheat. *Journal of Cereal Science*, **37**:295-309.

Jagadish S V K, Craufurd P Q, Wheeler T R. 2007. High temperature stress and spikelet fertility in rice (Oryza sativa L.). *Journal of Experimental Botany*, **58**:1627-1635.

Jensen M E, Burman R D, Allen R G (Eds.). 1990. Evapotranspiration and Irrigation Water Reguirements. Committee on Irrigation Water Requirements of the Irrigation and Drainage Division of ASCE(Am. Soc. Civil Engrs.). ASCE Manual No. 70, New York, NY. P. 332.

Kiniry J R, Bonhomme R. 1991. Predicting maize phenology. Ch 11 in Hodges, T. (Ed.) Predicting Crop Phenology. The Chemical Rubber Company Press, Boca Raton, Florida.

Lobell D B, Asner G P, Ortiz-Monasterio J I, *et al*. 2003. Remote sensing of regional crop production in the ya-qui valley, Mexico: Estimates and uncertainties. *Agriculture Ecosystems and Environment*, **94**:205-220.

Lobell D B, Bänziger M, Magorokosho C, *et al*. 2011. Nonlinear heat effects on African maize as evidenced by historical yield trials. *Nature climate change*, **1**:42-45.

Narongrit C, Chankao K. 2009. Development and validation of rice evapotranspiration model based on Terra/MODIS remotely sensed data. *Journal of Food*, *Agriculture & Environment*, **7**(3&4):684-689.

Patwardhan A S, Nieber J L, Johns E L. 1990. Effective Rainfall Estimation Methods. *Journal of Irrigation and Drainage Engineering*, **116**(2):182-193.

Petra D, Stefan S. 2002. Global modeling of irrigation water requirements. *Water Resources Research*, **38**:1-8.

Shimono H, Okada M, Kanda E, *et al*. 2007. Low temperature-induced sterility in rice: Evidence for the effects of temperature before panicle initiation. *Field Crops Research*, **101**:221-231.

Smith M. 1992. CROPWAT-A computer program for irrigation planning and management — Irrigation and Drainage Paper. 46. Rome: Food and Agriculture Organization of the United.

Thakur P, Kumar S, Malik J A, *et al*. 2010. Cold stress effects on reproductive development in grain crops: An overview. *Environmental and Experimental Botany*, **67**:429-443.

Yoshida S. 1981. Fundamentals of rice crop science. Int Rice Res Inst, Manila, Philippines.

Yoshida S. 1978. Tropical climate and its influence on rice. Res Pap Ser No 20, Int Rice Res Inst, Manila, Philippines.

Zalom F G, Goodell P B, Wilson L T, *et al*. 1983. Degree-days: the calculation and use of heat units in pest management. University of California, Division of Agriculture and Natural Resources, Leaflet 21373.

第 5 章

黄淮海地区夏玉米气候资源有效性评估

　　黄淮海地区地处我国最大的冬小麦与夏玉米连作带,是玉米的第二大产区,播种面积占全国玉米播种总面积的 30.8% 左右(佟屏亚,1992)。该区域四季分明、雨热同期,属半湿润暖温气候带灌溉集约农作区;降水主要集中在夏季,其中 7 月和 8 月降水量占全年降水总量的 70%～80%;夏玉米主要生长阶段处于炎热多雨季节,农业气候资源较为丰富。在气候变化的背景下,夏玉米生长季的气候特征也有所改变,对夏玉米生长发育的适宜性、品种布局产生一定影响,通过分析夏玉米生长季的气候资源变化特征、玉米不同生长发育阶段的气候适宜度变化、生长季气候生产潜力演变,评估气候变化对该地区夏玉米生长季农业气候资源有效性的影响,可为冬小麦和夏玉米的连作周期调整、品种布局提供参考依据。本章采用黄淮海地区(包括河北、河南、山东、北京、天津、江苏和安徽北部)历史气象资料、夏玉米发育期观测资料、区域气候模式 RegCM3 输出的 A1B 气候情景数据,分析夏玉米生长季气候资源要素的变化趋势、玉米不同发育阶段气候适宜度的时空分布、生长季气候生产潜力变化,评估气候变化背景下夏玉米生长季气候资源的有效性的变化趋势。

　　以 6—9 月作为夏玉米生长季,选取 1961—2010 年黄淮海地区具有较为完整资料序列的 84 个气象站逐日气象观测资料进行区域气候变化的背景分析(站点分布见图 3.1a);选取黄淮海地区 56 个主要农业气象观测站夏玉米发育期资料分析夏玉米气候适宜度及气候资源的有效性,其站点分布如图 5.1 所示。采用由国家气候中心提供的中尺度区域气候模式 RegCM3 输出的未来气候情景(A1B)下黄淮海地区 1951—2100 年 0.25°×0.25° 897 个格点逐日资料(格点分布见图 3.1b),包括日平均气温、日最高和最低气温、日降水量、总辐射、日平均相对湿度、日平均风速。其中,各项资料已经根据黄淮海地区站点逐日气象观测资料(资料来自国家气象信息中心)进行了误差订正,订正后的资料可以用于分析气候变化趋势及其对农业的影响(袁彬等,2012)。文中各气候资源特征量的累计值和平均值均以生长季和站点及格点的数据为基础计算。

图 5.1　黄淮海地区夏玉米主要农业气象观测站

5.1　夏玉米生长季农业气候资源特征

5.1.1　热量资源的时空演变特征

5.1.1.1　近 50 年热量资源的时空演变

采用生长季平均气温要素作为气候变暖背景分析指标,≥10℃积温作为热量资源评价指标,对近 50 年夏玉米生长季热量资源的时空分布变化特征进行分析。

图 5.2 显示了 1961—2010 年夏玉米生长季气温要素的变化情况,由图可见,近 50 年日平均气温、日最低气温和日最高气温三要素平均值均呈上升趋势,其中,日平均气温上升趋势达 0.01 的显著水平,日最低气温的升高趋势达 0.001 的显著水平;从上升的速率来看,最低气温上升最快,每 10 年上升速率为 0.024℃。图 5.3 显示出夏玉米生长季平均日气温和最低气温距平时间变化具有较好的一致性,在 1994 年之前,二者为负距平的年份居多,其中 1970—1993 年偏低较为明显,多数年份偏低 0.5℃以上;1994 年以后以正距平为主,平均最低气温正距平达到 0.5℃以上的有 10 年,表明黄淮海地区夏玉米生长季自 20 世纪 90 年代中期开始变暖趋势逐渐显现,其中以最低气温升高较为明显。

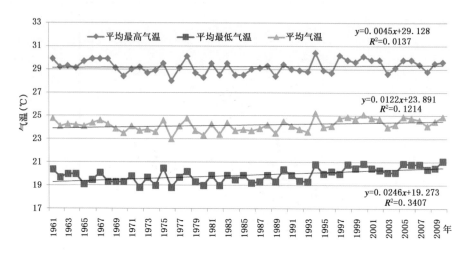

图 5.2　1961—2010 年黄淮海夏玉米生长季区域平均气温要素的年际变化

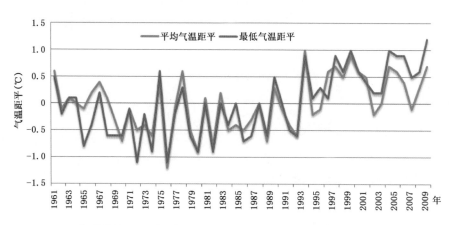

图 5.3　1961—2010 年黄淮海地区夏玉米生长季区域日平均气温与平均日最低气温距平的年际变化

近 50 年夏玉米生长季≥10℃积温总体以 1.4(℃・d)/10a 的速率缓慢上升(图 5.4),1961—1993 年≥10℃积温为下降阶段,由前期(1961—1968 年)接近或超过 2950℃・d 下降至大部分年份不足 2950℃・d,在 1975—1978 年出现较大波动,最大变幅达 210℃・d 左右,1994—2010 年明显上升,大部分年份≥10℃积温超过 3000℃・d。上述结果表明,黄淮海地区夏玉米生长季受气候变暖影响,平均最低气温上升较为明显,使≥10℃积温略有增加,对热量资源的有效性影响不大。

图 5.5 显示了黄淮海夏玉米生长季近 50 年≥10℃积温的空间分布的年代际变化,总体呈现南部和西部高于北部和东部的格局,且变化较小,整体为 20 世纪 70—80 年代偏少。60 年代河北西南部、河南、苏皖北部夏玉米生长季≥10℃积温为 3000～3200℃・d,山东和京津冀大部为 2800～3000℃・d。70 年代虽然黄淮海地区夏玉米生长季≥10℃积温空间分布的总体格局未变,但南部热量资源较 60 年代有所下降,>3000℃・d 的范围缩小,高于 3100℃・d 的区域消失。80 年代≥10℃积温空间分布与 70 年代相近,仅>3000℃・d 的区域略有变化。90

年代≥10℃积温较 80 年代明显增加,>3000℃·d 的范围明显扩大,大部分地区积温增加了 70～100℃·d,其中安徽北部≥10℃积温达 3100℃·d 以上。21 世纪前 10 年,与 20 世纪 90 年代相比,空间分布基本无变化,仅>3100℃·d 的区域略有扩大。

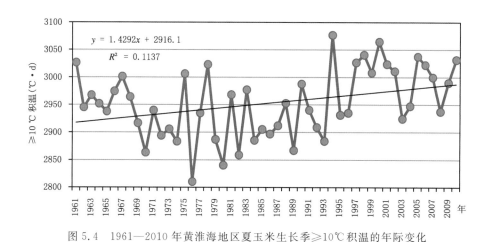

图 5.4　1961—2010 年黄淮海地区夏玉米生长季≥10℃积温的年际变化

5.1.1.2　热量资源的变化趋势

以≥10℃积温为指标分析夏玉米生长季热量资源变化趋势,在 1951—2100 年的 150 年间黄淮海地区玉米生长季热量资源呈现出显著的增加趋势,其增加速率为 6.5(℃·d)/10a(图 5.6)。热量资源的时间变化大致可分为三个阶段,1951—1976 年基本呈下降趋势,1977—1993 年为相对平稳阶段,在 1994 年之后出现较为快速的上升期,在 2011 年之后年际间变化幅度明显增大,至 21 世纪末黄淮海地区玉米生长季≥10℃积温平均值将达到 3500℃·d 左右,其中最大值将达 3722℃·d(2087 年),较最低值(2674℃·d,1976 年)相比,增加了近 1100℃·d,表明气候变暖使黄淮海地区夏玉米生长季热量资源更加充裕。

图 5.7 显示了黄淮海地区夏玉米生长季≥10℃积温的年代际倾向率空间分布,由图可见,1951—1980 年夏玉米生长季≥10℃积温为减少的趋势,北部减少速率比南部偏快,其中河北北部及京津地区、山东东北部以 10～20℃·d/10a 的速率迅速下降(图 5.7a)。1981—2010 年,夏玉米生长季≥10℃积温转为持续上升的趋势。黄淮海地区中北部夏玉米生长季≥10℃积温以 5～10℃·d/10a 的速率上升,其中河北北部、京津地区上升速率相对较快,为 10～15℃·d/10a(图 5.7b)。2011—2040 年,整个黄淮海地区夏玉米生长季≥10℃积温以 5℃·d/10a 以上速率迅速上升,其中,河北西部和南部、河南东北部、山东西北部增加的速率为 10～15℃·d/10a(图 5.7c)。2041—2070 年,夏玉米生长季积温增加的趋势减缓,除河南东部外,其余区域的增加速率均为 5～10℃·d/10a(图 5.7d)。2071—2100 年,夏玉米生长季积温上升的趋势进一步减缓,整个地区上升速率减缓至 5℃·d/10a 以下,河南中部、苏皖北部≥10℃积温以低于 5℃·d/10a 的速率下降(图 5.7e)。上述结果表明,黄淮海地区夏玉米生长季≥10℃积温将持续增加,北部的热量资源将得到改善。

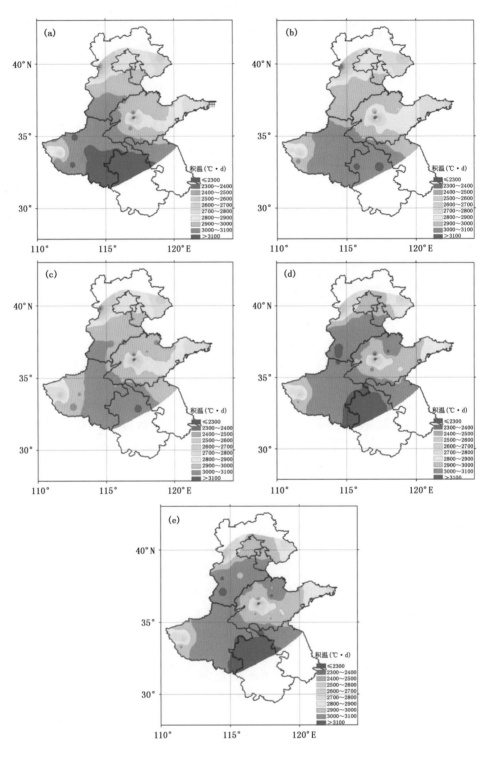

图 5.5 黄淮海地区夏玉米生长季≥10℃积温空间分布的年代际变化

(a.20 世纪 60 年代；b.70 年代；c.80 年代；d.90 年代；e.21 世纪前 10 年)

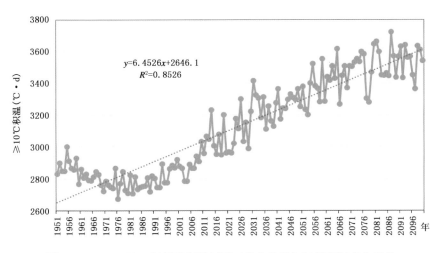

图 5.6　1951—2100 年黄淮海地区夏玉米生长季≥10℃积温变化趋势

5.1.2　水分资源的时空演变特征

5.1.2.1　近 50 年水分资源的时空演变

近 50 年黄淮海地区夏玉米生长季降水量总体呈下降趋势,且年际变化较大,区域平均总降水量一般在 350~650 mm 的范围内,最大波动幅度达 300 mm 左右(图 5.8)。1961—1973 年生长季降水量波动较大,相邻两年之间降水量差异一般为 50~150 mm。1974—1996 年夏玉米生长季区域平均总降水量相对较为稳定,基本在 400~550 mm 上下变化。1997 年之后降水的波动幅度明显增大,其中 1997—2002 年出现低值阶段,有 3 年降水量仅为 350 mm 上下;2003—2010 年降水量明显增加,大部分年份生长季降水量达 500 mm 以上。上述分析表明,黄淮海地区夏玉米生长季水分资源波动性较大,易发生旱涝灾害,导致其有效性降低。

从近 50 年黄淮海地区夏玉米生长季的降水空间分布看,总体呈现了自南而北、自东向西逐渐减少的空间格局(图 5.9)。20 世纪 60 年代黄淮海地区东南部和东北部玉米生长季降水量较为充足,其中,江苏北部、山东东南部、河北东北部降水量达 600~750 mm;西部地区降水较少,其中河北大部、河南北部一般为 400~450 mm。70 年代夏玉米生长季降水量空间分布总体格局与 60 年代相同,但降水量>500 mm 的区域向北向西扩展,<400 mm 的区域明显缩小。80 年代夏玉米生长季降水量空间格局发生变化,西南部降水量略有增加;中北部降水明显减少,其中山东北部、河北南部、河南北部降至 400 mm 以下。90 年代黄淮海南部降水量略有减少,>700 mm 的区域消失;北部<400 mm 的区域向西缩小。21 世纪前 10 年,黄淮海地区南部降水量增多,降水量>600 mm 的区域明显扩大;北部降水略有减少,河北大部降水量降至 400 mm 以下,西北部低于 350 mm 的区域有所扩大。表明近 50 年来黄淮海地区夏玉米生长季降水空间分布变化规律性较差,气候变化对夏玉米生长季水分资源无明显改善作用。

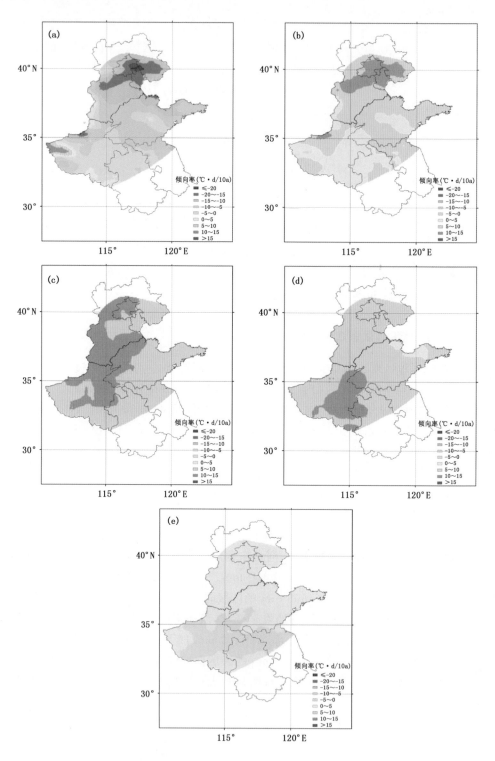

图 5.7 1951—2100 年黄淮海地区夏玉米生长季≥10℃积温气候倾向率空间分布的年代际变化
(a.1951—1980 年；b.1981—2010 年；c.2011—2040 年；d.2041—2070 年；e.2071—2100 年)

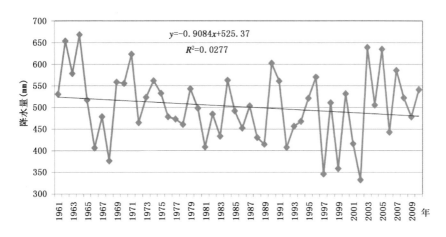

图 5.8　1961—2010 年黄淮海地区夏玉米生长季降水量年际变化

采用世界粮农组织推荐的彭曼—蒙蒂斯公式(FAO,1998)计算了近 50 年夏玉米生长季可能蒸散,从年际变化看总体呈现出较显著的下降趋势,下降速率为 0.67mm/10a(图 5.10)。其时间变化大致可分为两个阶段,第一阶段 1961—1983 年为相对高值期,除 1964 年外,各年区域平均可能蒸散量均在 460~520 mm 范围内波动;第二阶段 1984—2010 年为低值阶段,区域平均可能蒸散量基本在 440~490 mm 范围内,较前一阶段下降了 20~30 mm。上述结果表明,受各类环境因素制约,气温升高对该地区夏玉米生长季可能蒸散量的影响并不显著。

图 5.11 显示了采用夏玉米生长季降水量与可能蒸散量之差计算的水分盈亏量,由图可见,其年际变化的规律性较差;由于可能蒸散的变幅相对较小,水分盈亏受降水的影响更为显著。黄淮海地区夏玉米生长季基本处于全年的降水集中期,因此,多数年份降水量大于可能蒸散量,水分有盈余。但在 1965—1968 年和 1997—2002 年两个阶段夏玉米生长季水分亏缺比较突出,分别出现了 2~3 年亏缺量为 100~150 mm 的年份;在 1978—1992 年之间出现了 6 年水分亏缺量接近或超过 50 mm 年份;2003—2010 年水分基本处于盈余状态。表明近 50 年黄淮海地区夏玉米生长季内的水分资源状况总体较好,多数年份依靠自然降水资源能够满足夏玉米生产的需要,由于降水存在较大的波动性,生长季仍有水分亏缺和阶段性干旱发生。

5.1.2.2　水分资源的变化趋势

采用区域气候模式输出的 1951—2100 年格点数据对 150 年时间尺度黄淮海地区夏玉米生长季水分资源进行分析,发现夏玉米生长季区域平均降水量阶段性变化明显,总体为微弱的上升趋势(图 5.12)。1951—1989 年整体呈下降趋势,生长季降水量在 370~660 mm 范围内,变幅相对较小。1990—2030 年为较为快速的上升期,也是降水量年际变幅较大的时期,在此期间夏玉米生长季降水量最大达 770 mm,最小达 361 mm,尤其是 2006—2030 年波动幅度较大。2031 年夏玉米生长季降水量降至 150 年的最低值 298 mm,此后至 2100 年呈现缓慢上升的趋势,其中,2098 年达到最大值 802 mm。上述结果,表明未来黄淮海地区夏玉米生长季水分资源存在较大的不稳定性,发生严重旱涝灾害的风险较大。

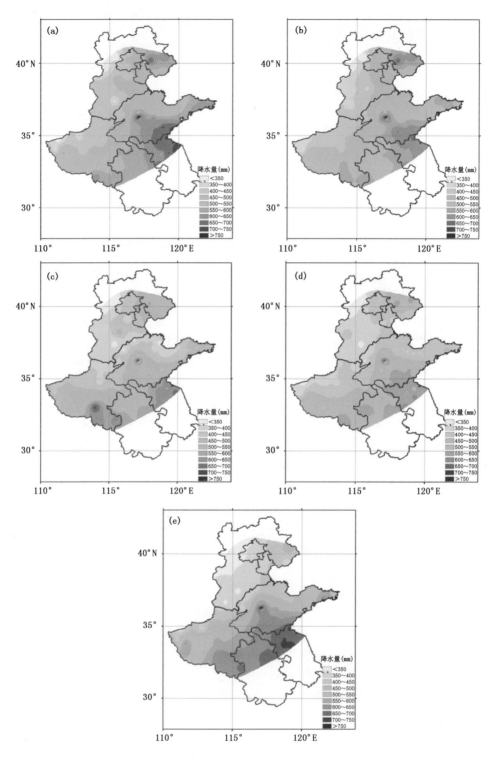

图 5.9 1961—2010 年黄淮海地区夏玉米生长季降水量空间分布的年代际变化

（a. 20 世纪 60 年代；b. 70 年代；c. 80 年代；d. 90 年代；e. 21 世纪前 10 年）

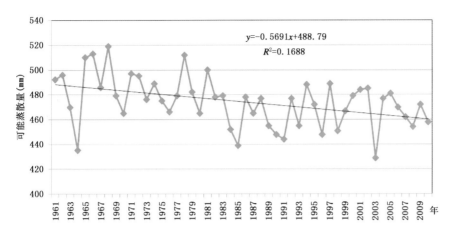

图 5.10　1961—2010 年黄淮海地区夏玉米生长季可能蒸散量的年际变化

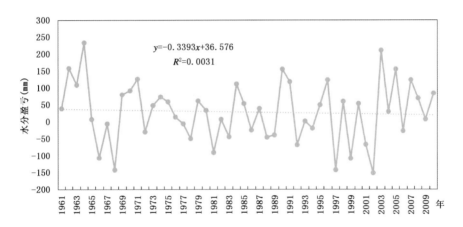

图 5.11　1961—2010 年黄淮海地区夏玉米生长季水分盈亏量的年际变化

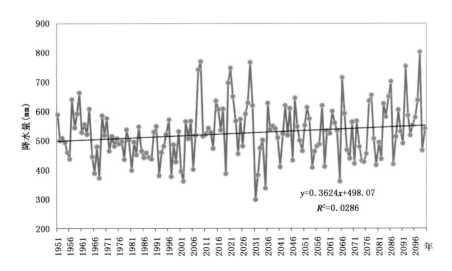

图 5.12　1951—2100 年黄淮海地区夏玉米生长季区域平均降水量的年际变化

图 5.13 显示了夏玉米生长季降水量气候倾向率空间分布的年代际变化。由图可见，1951—1980 年黄淮海地区大部夏玉米生长季降水量呈现出以低于 5 mm/10a 速率缓慢减少的趋势，仅山东中部和西南部、河南东北部、安徽东北部以低于 5 mm/10a 速率增加（图 5.13a）。1981—2010 年，除河北大部仍维持减少趋势外，黄淮海地区中南部夏玉米生长季降水量转为增加趋势，其中，河南大部、山东西南部、苏皖北部以 5～15 mm/10a 的速率迅速增加（图 5.13b）。2011—2040 年，黄淮海地区大部夏玉米生长季降水量再度呈现出减少的趋势，其中，河南东部、山东北部减少速率相对较快，为 -5～-10 mm/10a（图 5.13c）。2041—2070 年，黄淮海地区夏玉米生长季降水量变化趋势呈现出带状分布格局，出现由河南南部至山东南部、山东半岛以及河北东北部至中部的带状趋势上升区域，其余区域呈现减少趋势，但增减的速率基本在 ±5 mm/10a 之内（图 5.13d）。2071—2100 年，黄淮海地区夏玉米生长季降水量总体呈增加趋势，局地性较强，降水量增加速率超过 5 mm/10a 的区域与少数降水量减少的区域均呈零散的插花状分布（图 5.13e）。上述分析显示，黄淮海夏玉米生长季降水量气候倾向率存在较明显的阶段性和区域性差异，表明夏玉米生长季水分资源存在较大的不稳定性。

图 5.14 显示了 1951—2100 年黄淮海地区夏玉米生长季降水相对变率空间分布的年代际变化。由图可见，夏玉米生长季降水在前两个年代际相对稳定，后期降水变率逐渐增大。1951—1980 年，黄淮海地区大部降水年际变化相对较为稳定，降水相对变率在 25% 以下，其中，河南西部、安徽东北部、江苏中北部降水相对变率低于 20%；仅河北西南部、山东西北部相对变率达 25%～30%（图 5.14a）。1981—2010 年，黄淮海地区夏玉米生长季降水变率的空间分布呈现出北低南高的格局，河南东部、山东东北部、安徽北部、江苏西北部相对变率为 25% 以上，其中河南东南部降水变率达 30%～35%（图 5.14b）。2011—2040 年，夏玉米生长季降水变率明显增大，大部分区域降水变率上升至 25% 以上，其中，河北东南部、河南东南部、安徽中北部降水变率为 30%～40%；仅山东西南部和半岛变率在 20% 以下（图 5.14c）。2041—2070 年，夏玉米生长季降水变率进一步增大，河北东部和西南部、山东西北部、江苏北部、安徽东北部降水变率达 30%～35%；仅山东南部至河南北部以及河南西部降水变率在 25% 以下（5.14d）。2071—2100 年，黄淮海地区夏玉米生长季降水变率逐渐减小，变率高于 30% 的区域缩小，呈零散分布；北部地区降水变率减小较为明显，其中，河北北部和京津地区下降至 15%～25%（图 5.14e）。上述分析表明在气候变化背景下，未来黄淮海地区夏玉米生长季降水量的不稳定性将逐渐增加，发生旱涝灾害的风险进一步增大。

5.1.3　光照资源的时空演变特征

5.1.3.1　近 50 年光照资源的时空演变

图 5.15 显示了 1961—2010 年黄淮海地区夏玉米生长季区域平均日照时数的年际变化。由图可看出，近 50 年夏玉米生长季日照时数以 -4.5 h/10a 的速率呈显著下降趋势（$P<0.001$）。1961—1969 年基本呈增加趋势，日照时数在 850～1040 h 范围内变化；1970—2002 年呈现出缓慢下降趋势，夏玉米生长季日照时数一般在 800～950 h；2003—2010 年夏玉米生长季日照时数显著下降，日照时数基本在 650～750 h，与 20 世纪 60 年代中后期相比，减少了 100～380 h。

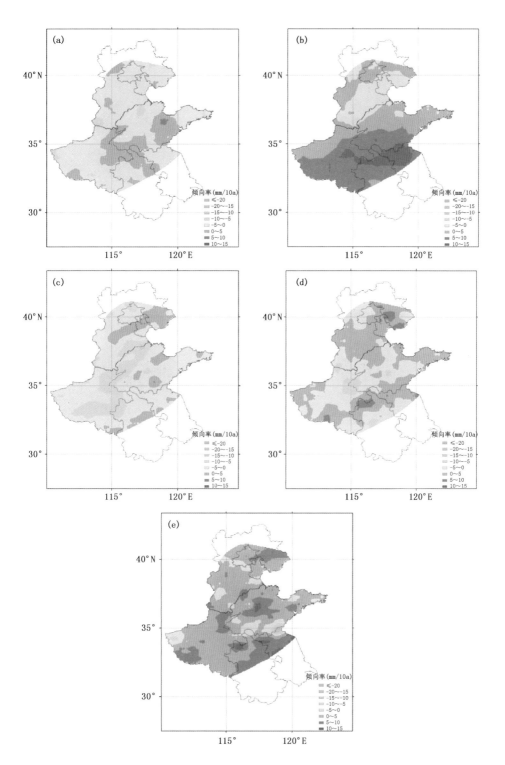

图 5.13 1951—2100 年黄淮海地区夏玉米生长季降水量气候倾向率空间分布的年代际变化

（a. 1951—1980 年；b. 1981—2010 年；c. 2011—2040 年；d. 2041—2070 年；e. 2071—2100 年）

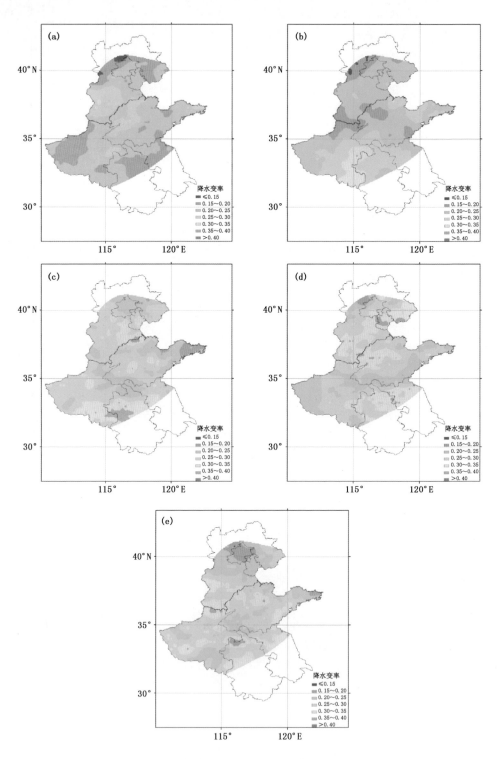

图 5.14　1951—2100 年黄淮海地区夏玉米生长季降水相对变率空间分布的年代际变化

（a. 1951—1980 年；b. 1981—2010 年；c. 2011—2040 年；d. 2041—2070 年；e. 2071—2100 年）

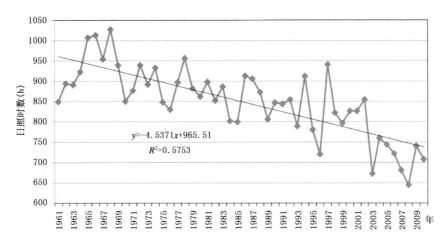

图 5.15　1961—2010 年黄淮海地区夏玉米生长季日照时数的年际变化

图 5.16 显示了黄淮海地区夏玉米生长季日照时数空间分布的年代际变化,由图可见,近 50 年日照时数一直为北多南少的空间格局,且自 20 世纪 80 年代南部地区减少较为迅速。20 世纪 60 年代光照资源较为充足,京津冀以及山东北部日照时数为 950 h 以上,其中河北中部达 1000~1100 h;河南、山东以及苏皖北部为 850~950 h。70 年代日照分布的空间格局基本未发生改变,大部分地区较 60 年代减少了 50 h 左右。80 年代,黄淮海地区南部夏玉米生长季日照时数减少趋势明显,河南大部、安徽北部、江苏西北部日照时数降至 700~800 h,北部地区也略有减少,仅山东半岛和京津冀大部仍在 900 h 以上。90 年代,黄淮海地区中北部夏玉米生长季日照时数减少较为明显,高于 900 h 的区域基本消失,河南及苏皖北部日照时数维持在 700~800 h,其余地区为 800~900 h。21 世纪前 10 年,黄淮海地区中北部夏玉米生长季日照时数进一步减少,河南及苏皖北部日照时数降至 700 h 以下,其余地区大部在 700~800 h。上述结果表明,20 世纪 80 年代以来黄淮海地区夏玉米生长季光照资源正在逐年减少。

5.1.3.2　光照资源的变化趋势

以格点数据为基础对黄淮海地区夏玉米生长季光照资源的时间变化趋势进行分析,显示在 1951—2100 年的 150 年间,黄淮海地区夏玉米生长季区域平均总太阳辐射变化趋势不明显,仅以 0.2 [(MJ/m^2)/d]/10a 的速率微弱增加(图 5.17)。其年际变化大致可分为三个阶段,1951—1996 年为相对平稳阶段,平均总辐射变化幅度较小,基本在 2650~2850(MJ/m^2)/d 范围内变化;1997—2031 年为不稳定期,年际间波动较大,最大(2031 年,2942(MJ/m^2)/d)与最小(1997 年,2541(MJ/m^2)/d)相差 401(MJ/m^2)/d;2032—2065 年为缓慢上升阶段,大部分年份总辐射在 2700 (MJ/m^2)/d 以上,且变化幅度有所减小;2066—2100 年为迅速下降阶段,夏玉米生长季总辐射呈现出明显的下降趋势,且年际波增大动大,尤其是 2091 年之后,下降较为迅速。上述分析表明,未来黄淮海地区夏玉米生长季光照资源稳定性较差,出现阴雨寡照的可能性增大。

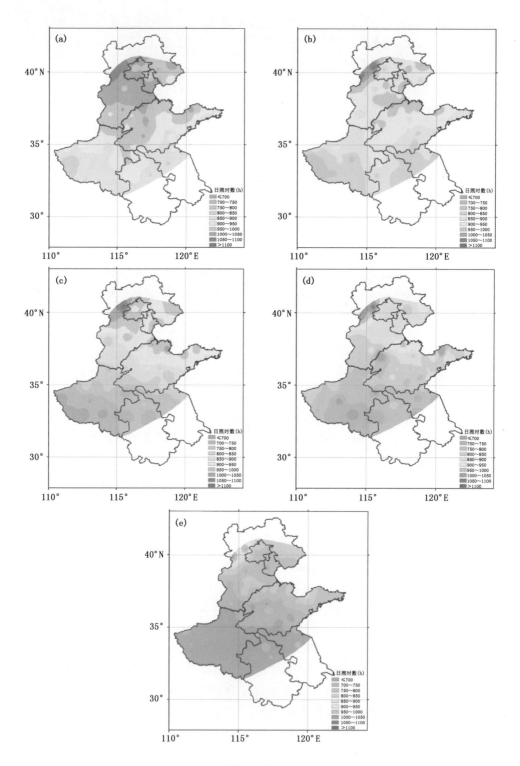

图 5.16　1961—2010 年黄淮海地区夏玉米生长季日照时数空间分布的年代际变化

（a. 20 世纪 60 年代；b. 70 年代；c. 80 年代；d. 90 年代；e. 21 世纪前 10 年）

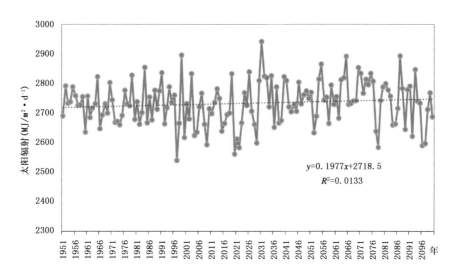

图 5.17　1951—2100 年黄淮海地区夏玉米生长季太阳辐射的年际变化

　　图 5.18 显示了黄淮海地区夏玉米生长季太阳辐射气候倾向率空间的年代际变化,由图可见,1951—1980 年,夏玉米生长季太阳辐射倾向率的空间分布呈现出南北减、中间增的格局,河南南部及苏皖北部、京津冀大部为减少的趋势,其中,河南西南部、安徽中北部、江苏东北部、河北北部及京津地区以 $-6\sim-2$ [(MJ/m²)/d]/10a 的速度减少,山东大部、河南北部和西部为增加的趋势,其中山东中部、河南西部部分地区以 $2\sim4$ [(MJ/m²)/d]/10a 的速率上升。1981—2010 年,黄淮海地区大部夏玉米生长季太阳辐射均呈现出减少趋势,南部更为明显,其中河南南部、苏皖北部、山东西南部以 $-4\sim-2$ [(MJ/m²)/d]/10a 的速率下降,其他地区以低于 2 [(MJ/m²)/d]/10a 速率缓慢减少。2011—2040 年,黄淮海地区夏玉米生长季太阳辐射的气候倾向率转为明显增加趋势,除苏皖北部、山东东南部、河北东北部上升速率低于 2 [(MJ/m²)/d]/10a外,其余地区均以 2 [(MJ/m²)/d]/10a 以上的速率增加;其中,山东西北部、河南北部和西部以 $4\sim6$ [(MJ/m²)/d]/10a 的速率迅速上升。2041—2070 年,黄淮海地区夏玉米生长季太阳辐射的气候倾向率空间分布转为南增北减的格局,山东西北部、京津冀大部以 $-4\sim-2$ [(MJ/m²)/d]/10a 的速度减少,河南南部及安徽北部以 $2\sim6$ [(MJ/m²)/d]/10a 的速率增加。2071—2100 年,黄淮海地区夏玉米生长季太阳辐射的气候倾向率全部转为下降趋势,其中,南部下降速率快于北部,除河北北部及京津地区外,均以 $-4\sim-2$ [(MJ/m²)/d]/10a 的速率减少,其中安徽北部、河南东南部下降速率为 $-6\sim-4$ [(MJ/m²)/d]/10a。总体看来,未来黄淮海夏玉米生长季光照资源变化较大,阶段性明显,后期下降更为明显。

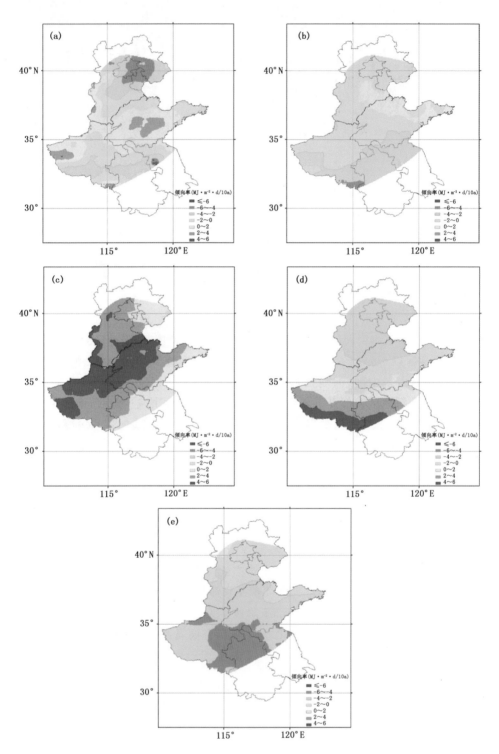

图 5.18 1951—2100 年黄淮海地区夏玉米生长季太阳辐射气候倾向率空间分布的年代际变化

(a.1951—1980 年；b.1981—2010 年；c.2011—2040 年；d.2041—2070 年；e.2071—2100 年)

5.2　气候适宜度的空间分布特征

5.2.1　气候适宜度计算方法

(1)夏玉米主要生育期的界定

黄淮海地区夏玉米的生长季可简单划分为播种—出苗、出苗—拔节、拔节—抽雄和抽雄—成熟 4 个发育时段。在不考虑夏玉米熟性品种变化的基础上,假设现有的耕作制度不变,基于黄淮海地区 56 个夏玉米主要农业气象观测站的逐日温度资料和夏玉米平均发育期资料,根据夏玉米完成不同发育时段所需的热量指标($\geqslant10℃$积温)计算出各个发育时段的起止日期,分别计算不同发育时段温度、降水、日照适宜度和气候适宜度;最后参照不同发育时段的影响系数计算夏玉米全生育期气候适宜度。

(2)温度适宜度模型

为了定量分析热量资源对夏玉米生长发育的满足程度,引入玉米对温度的反应函数(马树庆,1994;郭建平等,2003),计算方式如公式 5.1 和 5.2:

$$\overline{T}(t_{ij}) = \frac{(t_{ij}-t_{li})(t_{hi}-t_{ij})^B}{(t_{0i}-t_{li})(t_{hi}-t_{0i})^B} \tag{5.1}$$

$$B = \frac{t_{hi}-t_{0i}}{t_{0i}-t_{li}} \tag{5.2}$$

式中,$\overline{T}(t_{ij})$ 为第 j 年第 i 个发育时段的平均温度适宜度;t_{ij} 为第 j 年第 i 个发育时段的平均气温,t_{li}、t_{hi}、t_{0i} 分别为夏玉米第 i 个发育时段所需的平均最低气温、平均最高气温和平均适宜气温,不同发育时段的温度参数值(信乃诠等,1998)见表 5.1。当 $t_{ij}\leqslant t_{li}$ 或 $t_{ij}\geqslant t_{hi}$ 时 $\overline{T}(t_{ij})=0$;当 $t_{ij}=t_{0i}$ 时,$\overline{T}(t_{ij})=1$;当 $t_{li}\leqslant t_{ij}\leqslant t_{hi}$ 时 $\overline{T}(t_{ij})$ 的值在 0 和 1 之间。

(3)降水适宜度模型

夏玉米的生长发育和水分条件密切相关,水分过多或过少均不利于夏玉米生长发育。认为夏玉米生育期内降水量/需水量$<70\%$为轻旱,降水量/需水量$>150\%$为轻涝(魏瑞江等,2000),计算方式如公式(5.3):

$$\overline{R}(r_{ij}) = \begin{cases} r_{ij}/r_{0i} & r_{ij}<0.7\,r_{0i} \\ 1 & 0.7r_{0i}\leqslant r_{ij}<1.5\,r_{0i} \\ r_{0i}/r_{ij} & r_{ij}\geqslant 1.5\,r_{0i} \end{cases} \tag{5.3}$$

式中,$\overline{R}(r_{ij})$ 为第 j 年第 i 个发育时段的平均降水适宜度;r_{ij} 为第 j 年第 i 个发育时段累计降水量;r_{0i} 为夏玉米第 i 个发育时段的需水量(钟兆站等,2000)见表 5.1。

(4)日照适宜度模型

$$\overline{S}(s_{ij}) = \begin{cases} s_{ij}/s_{0i} & s_{ij}<s_{0i} \\ 1 & s_{ij}\geqslant s_{0i} \end{cases} \tag{5.4}$$

式中,$\overline{S}(s_{ij})$ 为第 j 年第 i 个发育时段的平均日照适宜度;s_{ij} 为第 j 年第 i 个发育时段平均太阳辐射;s_{0i} 为夏玉米第 i 个发育时段对日照需求的临界值(李明财等,2012)见表 5.1。

表 5.1　模型(4.1)～(4.4)中的参数值

发育时段	t_{0i} (℃)	t_{li} (℃)	t_{hi} (℃)	r_{0i} (mm)	s_{0i} [(MJ/m²)/d]
播种—出苗	25	17	35	30	14
出苗—拔节	26	21	35	100	18
拔节—抽雄	26	22	35	150	17
抽雄—成熟	22	18	32	150	15

(5)全生育期气候适宜度模型

为了综合反映温度、降水、日照 3 个因素对夏玉米适宜度的影响,构建了夏玉米全生育期气候适宜度动态模型,计算方式如公式(5.5):

$$C_{ij} = \sqrt[3]{\overline{T}(t_{ij}) \times \overline{R}(r_{ij}) \times \overline{S}(s_{ij})}$$

$$C_j = \sum_{i=1}^{n} b_i C_{ij} \tag{5.5}$$

式中,C_{ij} 为第 j 年第 i 个发育时段的气候适宜度;C_j 为第 j 年夏玉米全生育期气候适宜度;b_i 为不同发育时段的影响系数,此处均取 0.25。

5.2.2　气候适宜度的空间分布

图 5.19 (a)～(e)为 1951—2100 年黄淮海地区各时段平均气候适宜度的空间分布,反映了不同时段夏玉米生育期内光温水资源平均适宜程度的空间变化。如图 5.19 所示,1951—1980 年黄淮海地区夏玉米气候适宜度总体较高,大部地区维持在 0.8～0.85;1981—2010 年河北南部、河南中东部、山东西部地区夏玉米气候适宜度小幅增加,其中山东西部等地部分地区气候适宜度增至 0.85～0.89,其余大部地区没有明显变化。至 2011—2040 年,黄淮海地区的夏玉米气候适宜度开始下降,大部地区降至 0.65～0.75,仅山东半岛的夏玉米气候适宜度继续增加并保持在 0.8 以上。2041—2070 年和 2071—2100 年黄淮海地区夏玉米气候适宜度急剧下降,大部地区分别降至 0.5～0.55 和 0.45～0.5,其中河北南部、山东西部、河南东北部等地夏玉米气候适宜度下降最为剧烈,至 2071—2100 年这一区域的夏玉米气候适宜度已经低于 0.45。

5.3　气候适宜度演变趋势

5.3.1　不同发育阶段温度适宜性演变特征

1951—2100 年黄淮海地区夏玉米全生育期温度适宜性总体呈稳定上升趋势,阶段特征明显,即 1951—1980 年先波动下降,1981—2020 年期间明显波动上升,2021—2100 年这 80 年时间里逐渐平稳略升且适宜性相对平缓,其中近 30 年即 1980—2010 年期间温度适宜性上升趋势尤为明显。从变幅上看,明显的特点为 1951—2020 年期间变幅相对大些,而 2021—2100 年期间变幅明显较小,2041—2070 年变幅最小(图 5.20)。

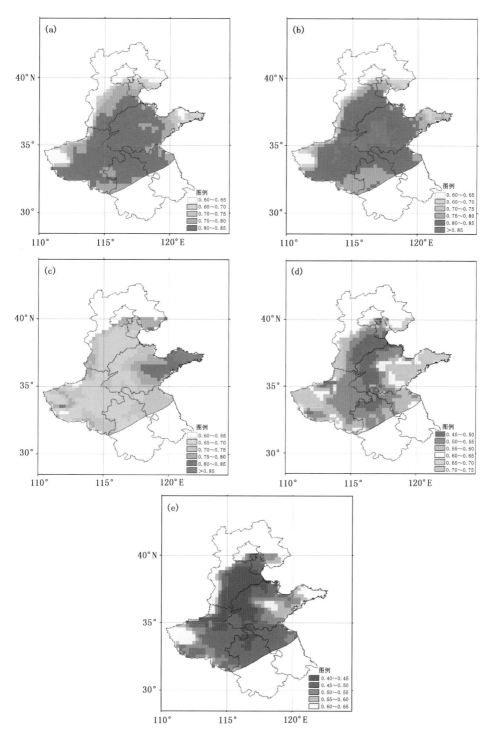

图 5.19　1951—2100 年黄淮海地区夏玉米全生育期气候适宜度空间分布变化

（a.1951—1980 年；b.1981—2010 年；c.2011—2040 年；d.2041—2070 年；e.2071—2100 年）

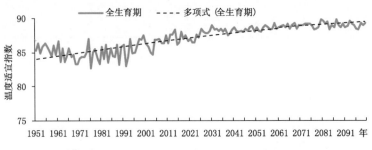

图 5.20　黄淮海地区夏玉米全生育期温度适宜指数变化

不同生育期温度适宜性变化特点存在差异。其中三叶至七叶期、灌浆乳熟期和成熟期温度适宜性整体呈稳定上升趋势;播种出苗、灌浆乳熟期与总趋势有相似的变化趋势,均呈现1951—1980 年期间为波动下降趋势,且幅度相对较大,1981—2020 年期间呈现明显波动上升趋势,2021 年之后的 80 年时间里呈非常平稳变幅明显偏小的弱上升趋势。虽然拔节期和抽雄吐丝期与总趋势有相似的变化趋势,但拔节期和抽雄吐丝期波动变幅相对较大,且明显大于播种出苗、三叶至七叶期、灌浆乳熟期和成熟期,尤其在 2021 年之后的 80 年时间里更为明显。灌浆乳熟期 1951—2021 年变化幅度整体相对其他发育期最小(图 5.21)。

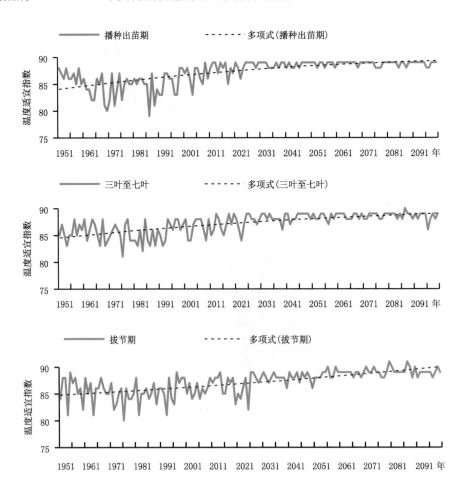

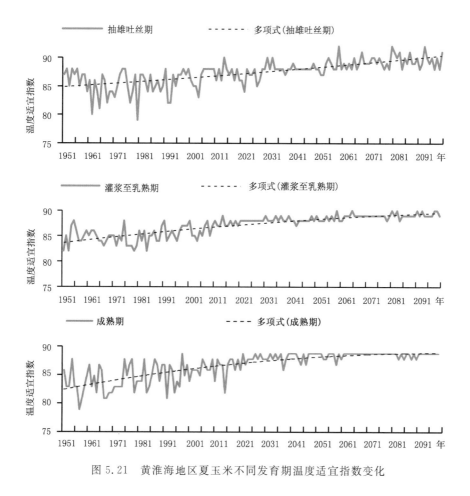

图 5.21　黄淮海地区夏玉米不同发育期温度适宜指数变化

在 1951—2100 年 150 年的时间里间,播种出苗期、三叶至七叶期、拔节期、抽雄吐丝期、灌浆乳熟期和成熟期等不同生育期之间适宜性差异较小,适宜指数普遍在 85 左右。

5.3.2　不同发育阶段水分适宜性演变特征

1951—2100 年期间黄淮海地区夏玉米全生育期降水适宜性总体呈先下降后波动上升趋势,阶段特征明显,即 1951—2010 年期间呈明显的波动下降趋势,2011—2100 年期间为波动上升趋势(图 5.22)。从黄淮海地区夏玉米全生育期降水适宜性波动变幅上看,降水相对光温要素整体较大,且在 1951—2100 年期间整体较为均匀。

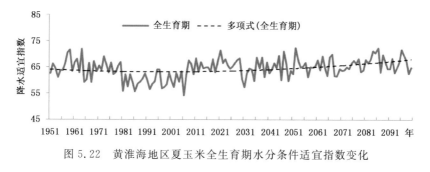

图 5.22　黄淮海地区夏玉米全生育期水分条件适宜指数变化

　　各发育期变化趋势大致相似,其中抽雄吐丝期和灌浆乳熟期整体趋势相似性最高,阶段趋势性和波动变幅均较相似,1951—2010 年期间波动下降,2011—2100 年期间波动上升,两个生育期变幅相对接近且变化较均匀。不同生育期变化特点也存在一定差异,其中三叶七叶期和拔节期 2011—2100 年期间变化较平稳,趋势性不明显;成熟期 2010 年之后的 90 年时间里上升趋势相对播种出苗期、三叶七叶期、拔节期、抽雄吐丝期和灌浆乳熟期更为明显(图 5.23)。

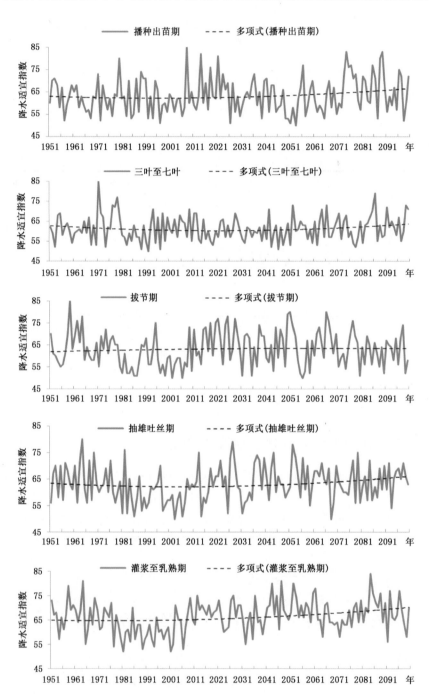

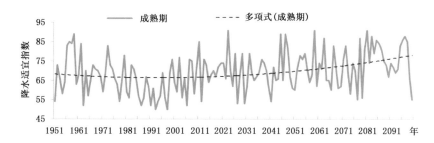

图 5.23　黄淮海地区夏玉米不同发育期水分适宜指数变化

在 1951—2100 年 150 年的时间里间,除成熟期水分适宜性较高外,播种出苗期、三叶至七叶期、拔节期、抽雄吐丝期、灌浆乳熟期光照适宜性差异较小,水分适宜指数普遍在 60~65。

5.3.3　不同发育阶段光照适宜度性演变特征

1951—2100 年黄淮海地区夏玉米全生育期日照条件适宜性总体平稳,无明显变化趋势,且波动变幅较小,明显小于降水要素,整体略接近温度要素(图 5.24)。

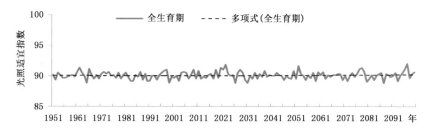

图 5.24　黄淮海地区夏玉米全生育期日照条件适宜指数变化

各生育期变化趋势基本相似、一致性较好,其中播种出苗、拔节期幅度相对大些,抽雄吐丝期、三叶七叶期次之,灌浆乳熟期再次,成熟收获期变化幅度最小(图 5.25)。不同生育期变化特点存在差异,其中拔节期在 2011—2050 年期间适宜性较其他时期偏高。

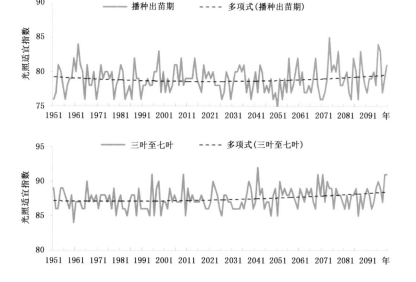

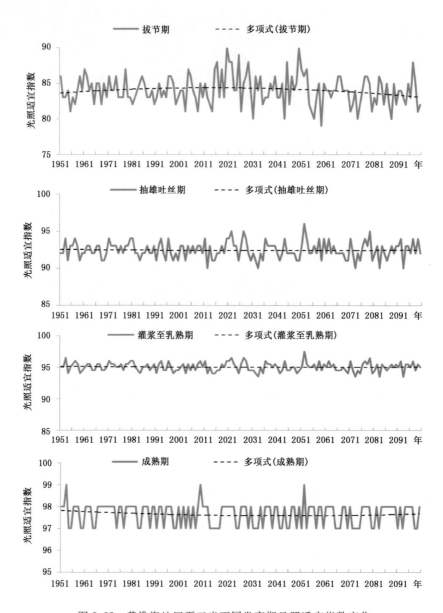

图 5.25　黄淮海地区夏玉米不同发育期日照适宜指数变化

在 1951—2100 年 150 年的时间里间，抽雄吐丝期、灌浆乳熟期、成熟期光照适宜性普遍高于播种出苗期、三叶至七叶期和拔节期，且成熟期光照适宜性最高，适宜指数达到 98 左右。

5.3.4　不同发育阶段气候适宜性演变特征

1951—2100 年黄淮海地区夏玉米全生育期气候适宜性总体呈先下降后波动上升趋势，总体为上升趋势。阶段特征明显，即 1951—1990 年呈下降趋势，1991 年之后的 110 年时间里呈微升趋势且相对平稳（图 5.26）；1951—1990 年呈下降趋势，各个生育期都存在不同程度的体现，尤其在拔节期、抽雄吐丝期、灌浆乳熟期和成熟期更为明显；之后的上升趋势则抽雄吐丝期、灌浆乳熟期和成熟期较明显，成熟期最为明显。

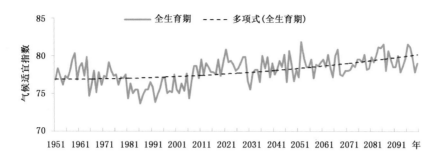

图 5.26　黄淮海地区夏玉米全生育期气候适宜指数变化

各生育期变化趋势相似性较好,其中抽雄吐丝期、灌浆乳熟期各阶段相似性最好。不同生育期变化特点存在差异,其中播种出苗期、拔节期和成熟期变幅较大,成熟期 2010 年之后上升趋势变幅最大,三叶至七叶期和灌浆乳熟期变幅较小。

在 1951—2100 年 150 年的时间里间,抽雄吐丝期、灌浆乳熟期、成熟期气候适宜性普遍高于播种出苗期、三叶至七叶期和拔节期(图 5.27)。

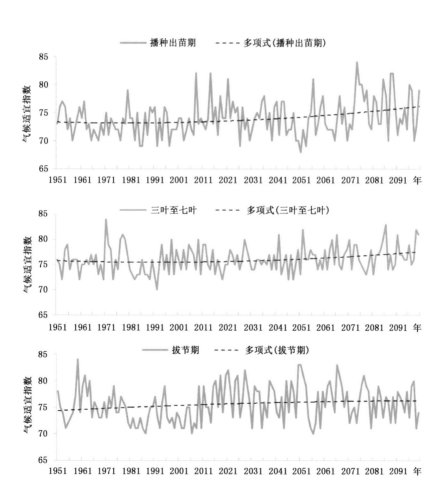

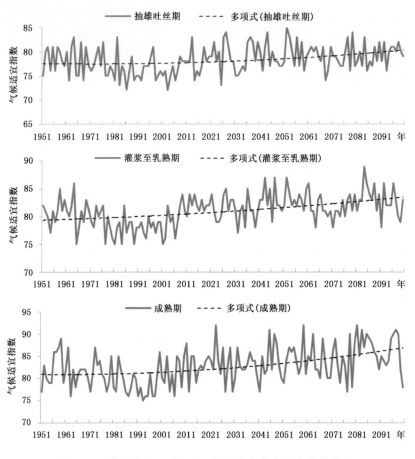

图 5.27 黄淮海地区夏玉米不同生育期气候适宜指数变化

5.4 夏玉米气候生产潜力特征

5.4.1 生产潜力计算方法

采用区域气候模式 RegCM3 输出的 1951—2100 年逐日平均气温、降水、太阳辐射、湿度、风速等格点数据,计算夏玉米逐年气候生产潜力。计算公式如下(黄秉维,1985,侯光良,1985):

$$Yp = Yr(f(\mathrm{T})(f(\mathrm{W})) \tag{5.6}$$

式中,Yp 为气候生产潜力;Yr 为光合生产潜力;$f(\mathrm{T})$ 为温度订正函数;$f(\mathrm{W})$ 为水分订正函数。可见,气候生产潜力是在光合生产潜力的基础上进行温度和水分条件的订正得到。

$$Yr = \sum Q\varepsilon\alpha(1-\rho)(1-\gamma)\Phi(1-\omega)(1-X)^{-1}H^{-1}S \tag{5.7}$$

式中,Q 为单位时间单位面积上的总辐射,单位为 $[(\mathrm{MJ/m^2})/\mathrm{d}]$;$\varepsilon$ 为生理辐射系数,取 0.49;α 为作物群体对辐射的吸收率,取 0.465;ρ 为非光合器官无效吸收率,取 0.1;γ 为光饱和限制率,在自然条件下取 0;Φ 为量子效率,取 0.224;ω 为呼吸消耗率,取 0.3;X 为有机物中的含水率,夏玉米取 0.14;H 为干物质发热量,取 17.8 MJ/g;S 为经济系数,夏玉米取 0.45。

夏玉米温度生产潜力订正函数计算公式如下:

$$f(T) = \begin{cases} 0 & t \leqslant 10 \\ \dfrac{(t-10)}{17} & 10 \leqslant t \leqslant 27 \\ 1 & t \geqslant 27 \end{cases} \tag{5.8}$$

水分订正函数 $f(W)$ 计算如下

$$f(W) = \begin{cases} (1-C)R/ET_0 & 0 < (1-C) < ET_0 \\ 1 & (1-C)R \geqslant ET_0 \end{cases} \tag{5.9}$$

式中,C 为从地表和渗入地下流出量占降水量的比例系数,取 $C=0.2$;ET_0 为潜在蒸散,采用世界粮农组织推荐的彭曼－蒙蒂斯公式计算(FAO,1998)。

5.4.2　夏玉米生长季光合生产潜力时空演变趋势

图 5.28 显示了 1951—2100 年黄淮海地区夏玉米生长季光合生产潜力的年际变化,总体变化趋势不明显,气候倾向率为 3.2(kg/hm²)/10a。在 1951—1996 年期间变化幅度较小,夏玉米生长季光合生产潜力基本在 56000~60000 kg/hm² 范围内变化;1997—2031 年为 150 年周期中变化幅度最大的时段,夏玉米生长季光合生产潜力变化范围为 53000~62000 kg/hm²;2032—2076 年夏玉米生长季光合生产潜力变化幅度减小,变化范围与 1951—1996 年相近;2077—2100 年之后波动幅度明显增大,2094 年之后光合生产潜力较前一阶段显著减小,一般低于 58000 kg/hm²。上述结果表明,黄淮海地区夏玉米生长季光合生产潜力稳定性较差。

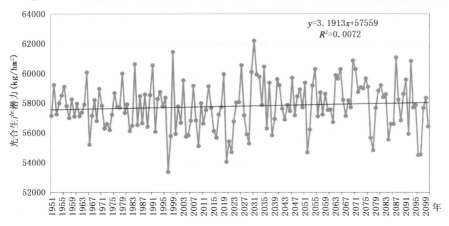

图 5.28　1951—2100 年黄淮海地区夏玉米生长季光合生产潜力的年际变化

图 5.29 显示了黄淮海地区夏玉米生长季光合生产潜力空间分布的年代际变化,呈现出明显的带状分布,自河北东南部至河南西南部一线光合生产潜力相对较高,随着年代推移,光合生产潜力总体略有下降。1951—1980 年,黄淮海地区夏玉米生长季光合生产潜力总体呈现东南部和北部低,中西部高的空间格局,其中河北南部、山东西北部、河南东北部相对较高,为58000~60000 kg/hm²;山东东南部和江苏北部相对较低,为 55000~57000 kg/hm²。1981—2010 年,黄淮海地区光合生产潜力总体空间格局未变,西南部地区>58000kg/hm² 的高值区有所缩小。2011—2040 年,黄淮海地区中西部光合生产潜力有所增加,中部>58000 kg/hm²

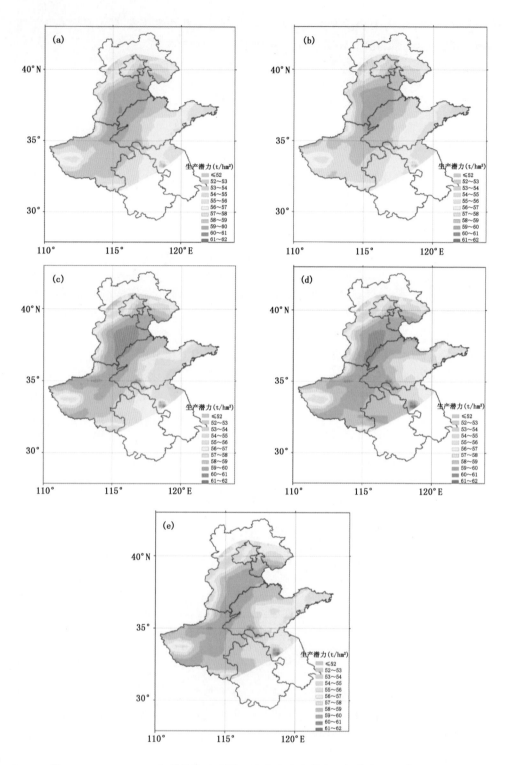

图 5.29　1951—2100 年黄淮海地区夏玉米光合生产潜力空间分布的年代际变化

（a. 1951—1980 年；b. 1981—2010 年；c. 2011—2040 年；d. 2041—2070 年；e. 2071—2100 年）

的高值区有所扩大,范围与 1951—1980 年相近,尤其是河北南部出现了高于 60000 kg/hm² 的区域。2041—2070 年,黄淮海地区大部光合生产潜力达到 5 个年代际中的最大值,>58000 kg/hm² 的区域进一步东扩,山东东南部低于 57000 kg/hm² 的区域明显缩小。2071—2100 年,黄淮海地区光合生产潜力带状分布区域明显,东南部和北部降至 54000～57000 kg/hm²,河北南部>60000 kg/hm² 的区域消失,58000～60000 kg/hm² 区域缩小。表明黄淮海地区夏玉米生长季的光合生产潜力地域性分布较强,年代际变化总体差异不大。

5.4.3　夏玉米生长季光温生产潜力时空演变趋势

黄淮海地区夏玉米生长季光温生产潜力增加趋势较为明显,尤其在 20 世纪 90 年代末至 21 世纪 30 年代更为明显,总体增加速率为 99.8 (kg/hm²)/10a(P<0.001)(图 5.30)。1951—2100 年的年际变化可大致分为五个阶段,其中 1951—1974 年为下降阶段,光温生产潜力呈现明显下降趋势,其变化范围为 42000～50000 kg/hm²,总体以 261.3 (kg/hm²)/10a 的速率下降(P<0.001);1975—1997 年为相对平稳期,光温生产潜力一般在 42000～46000 kg/hm² 的范围内变化;1998—2035 年为快速上升期,光温生产潜力以 269.1 (kg/hm²)/10a 的速率(P<0.001)上升至 56000 kg/hm² 以上,且波动幅度较大;2036—2076 年为缓慢上升阶段,光温生产潜力以 110.9 (kg/hm²)/10a 的速率(P<0.005)缓慢上升至 58000 kg/hm²;2077—2100 年为小幅波动期,光合生产潜力无明显倾向性,但仍有一定幅度的波动,年际间差异可达 4000 kg/hm² 以上(图 5.30)。

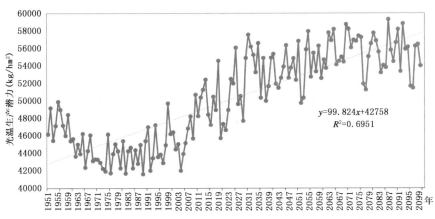

$$y=99.824x+42758$$
$$R^2=0.6951$$

图 5.30　1951—2100 年黄淮海地区夏玉米生长季区域平均光温生产潜力的年际变化

图 5.31 显示了黄淮海地区夏玉米生长季光温生产潜力空间分布的年代际变化,呈现出明显的阶段性差异,21 世纪各年代际的空间格局与 20 世纪中后期至 21 世纪初存在较大差异,且增加幅度较大。1951—1980 年,黄淮海地区光温生产潜力呈现出中部和南部高,东部和北部低的分布格局,除山东东部、河北北部和西部、北京及河南西南部光温生产潜力在 44000 kg/hm² 以下外,其余地区均高于 44000 kg/hm²,其中安徽东北部、河南东部、山东西部为 48000～52000 kg/hm²。1981—2010 年,黄淮海地区光温生产潜力格局与前一年代相同,基本未发生任何改变。2011—2040 年,黄淮海地区光温生产潜力大幅上升,大部分地区光温生产潜力上升至 48000 kg/hm² 以上,其空间分布格局也出现了很大的变化,中西部地区高,东南部地区低,其中河南大部、安徽北部、山东西部、河北大部及天津光温生产潜力均达 52000～

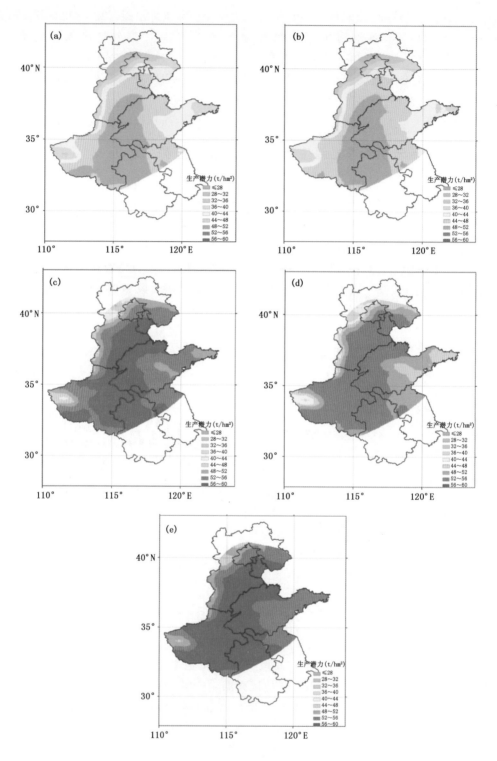

图 5.31　1951—2100 年黄淮海地区夏玉米气候生产潜力空间分布的年代际变化

（a. 1951—1980 年；b. 1981—2010 年；c. 2011—2040 年；d. 2041—2070 年；e. 2071—2100 年）

58000 kg/hm²。2041—2070 年,黄淮海地区夏玉米生长季光温生产潜力空间分布与上一年代相似,但量值仍显著上升,大部分地区达 52000 kg/hm² 以上,其中安徽东北部、河南东部、山东西部、河北东南部达 56000～60000 kg/hm²。2071—2100 年,黄淮海地区大部光温生产潜力进一步增加,56000～60000 kg/hm² 的区域明显扩大。上述结果表明,随着气候变暖,黄淮海地区夏玉米生长季光温生产潜力在 2011 年之后有明显增加。

5.4.4　夏玉米生长季气候生产潜力时空演变趋势

1951—2100 年黄淮海地区夏玉米生长季气候生产潜力年际变化波动性大、阶段性较强,总体上以—4.7 (kg/hm²)/10a 的速率呈现微弱下降趋势(图 5.32)。1951—1964 年呈上升趋势,气候生产潜力从低于 10000 kg/hm² 上升至 16000 kg/hm²。1965—2009 年为相对平稳阶段,夏玉米生长季气候生产潜力在 9000～14000 kg/hm² 范围内变化。2010—2029 年在出现较大幅度下降之后,迅速上升,从 8000 kg/hm² 上升至 15500 kg/hm²,期间年际变化幅度明显增大。2030—2038 年夏玉米生长季气候生产潜力在降至 6500 kg/hm² 之后,迅速上升至 12700 kg/hm²。2039—2076 年为相对平稳阶段,总体变化幅度减小,夏玉米生长季气候生产潜力大多在 8000～12000 kg/hm² 范围内波动。2077—2100 年总体呈上升趋势,但年际间波动幅度明显增大。上述分析表明,黄淮海地区夏玉米生长季气候生产潜力年际差异大,稳定性相对较差,夏玉米生长发育遭遇不良天气条件的可能性较大。

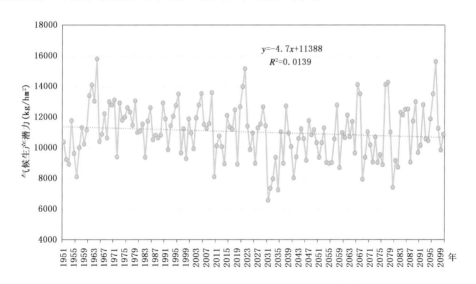

图 5.32　1951—2100 年黄淮海地区夏玉米生长季气候生产潜力的年际变化

图 5.33 显示了黄淮海地区夏玉米生长季气候生产潜力的空间分布的年代际变化,总体呈现出南部、东部高于北部、西部的分布格局。1951—1980 年,夏玉米生长季气候生产潜力显示出南高北低的分布格局,其中,河南南部、苏皖北部、山东南部为 13000～1500 kg/hm²,河北大部、北京、山东北部、河南北部为 10000～11000 kg/hm²,河北西部为 8000～10000 kg/hm²。1981—2010 年,黄淮海地区南部玉米生长季气候生产潜力略有下降,>13000 kg/hm² 的范围有所缩小;北部略有上升,但空间分布总体变化不大。2011—2040 年,黄淮海地区中西部气候生产潜力下降明显,河南北部、山东西部、河北南部和西北部气候生产潜力降至 10000 kg/hm²

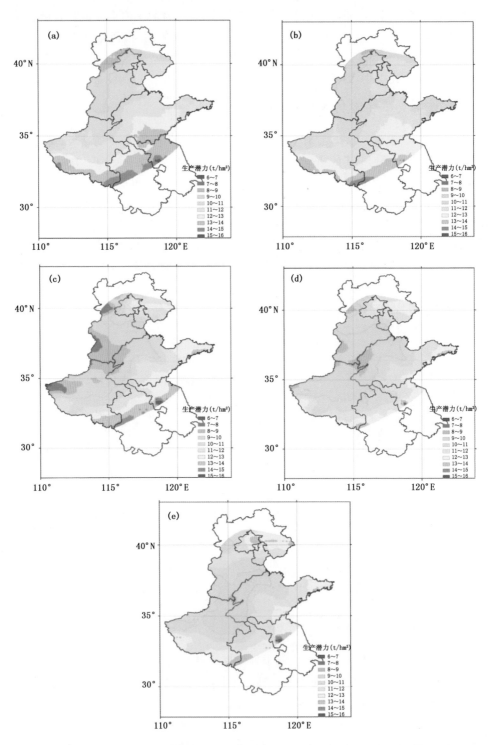

图 5.33　1951—2100 年黄淮海地区夏玉米气候生产潜力空间分布的年代际变化

（a. 1951—1980 年；b. 1981—2010 年；c. 2011—2040 年；d. 2041—2070 年；e. 2071—2100 年）

以下,其中河北南部、河南西部部分地区为 7000～9000 kg/hm²。2041—2070 年,黄淮海地区西部气候生产潜力有所上升,南部气候生产潜力有所下降;山东西部、河南北部、河北南部气候生产潜力仍低于 10000 kg/hm²,但<8000 kg/hm² 的范围明显缩小;河南南部和苏皖北部气候生产潜力降至 11000～13000 kg/hm²。2071—2100 年,黄淮海地区夏玉米生长季气候生产潜力空间分布总体变化不大,中西部地区略有上升,<10000 kg/hm² 的区域有所缩小。上述结果表明,黄淮海地区中部(主要包括山东西部、河南中北部、河北南部)夏玉米生长季气候生产潜力将逐渐下降,可能对玉米生产造成不利影响。

5.5　农业气候资源有效性评估

5.5.1　基于气候适宜度的气候资源有效性评估模型

光、温、水是农作物生长最基本的气候要素。基于 5.2 节夏玉米温度、降水、日照适宜度值,将生育期内光、温、水三要素的隶属函数进行综合,以平均资源适宜指数 I_a、平均效能适宜指数 I_b 和平均利用指数 K 作为评价指标来评价黄淮海地区夏玉米气候资源的适合情况和利用率,计算方式如公式(5.10):

$$I_{aj} = \frac{1}{3n} \sum_{i=1}^{n} \left[\overline{T}(t_{ij}) + \overline{R}(r_{ij}) + \overline{S}(s_{ij}) \right]$$

$$I_{bj} = \frac{1}{n} \sum_{i=1}^{n} \left[\overline{T}(t_{ij}) \wedge \overline{R}(r_{ij}) \wedge \overline{S}(s_{ij}) \right]$$

$$K_j = I_{bj}/I_{aj} \tag{5.10}$$

式中,n 为夏玉米主要发育时段(即播种—出苗、出苗—拔节、拔节—抽雄和抽雄—成熟),因此,$n=4$,$\overline{T}(t_{ij})$、$\overline{R}(r_{ij})$ 和 $\overline{S}(s_{ij})$ 分别为第 j 年第 i 个发育时段的平均温度、降水和日照适宜度。平均资源适宜指数 I_a 越大,反映作物在生育期内的气候资源平均适宜程度越高;平均效能适宜指数 I_b 越大,反映作物在生育期内光、热、水的平均配合程度越佳,越有利于作物生长发育;平均利用指数 K 越大,反映作物在生育期内气候资源的利用率越高,K 越小则作物气候资源的利用率越低。

5.5.2　黄淮海地区夏玉米 I_a、I_b 和 K 时间变化趋势

5.5.2.1　平均资源适宜指数 I_a

图 5.34 为以石家庄、济南、郑州为例,分析 1951—2100 年黄淮海地区夏玉米平均资源适宜指数随时间的变化趋势。如图所示,石家庄、济南、郑州这三个样本点的平均资源适宜指数 I_a 均随时间呈下降趋势。但 1951—2010 年 I_a 的变化较为平稳,总体表现为 0.80～0.95 的正常变动,60 年的平均资源适宜指数分别为 0.84、0.87 和 0.87;2011 年之后,I_a 的下降趋势逐渐明显,至最后 30 年,2071—2100 年的平均资源适宜指数分别下降为 0.65、0.69 和 0.66。可见,随着气候的不断变暖,2011 年后黄淮海地区夏玉米生育期内光、温、水的平均适宜程度逐渐下降,逐渐不利于夏玉米的生长发育。

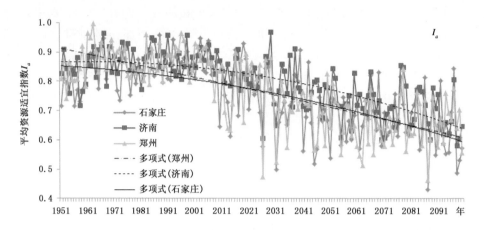

图 5.34 1951—2100 年黄淮海地区夏玉米平均资源适宜指数随时间变化趋势

5.5.2.2 平均效能适宜指数 I_b

图 5.35 为以石家庄、济南、郑州为例,分析 1951—2100 年黄淮海地区夏玉米平均效能适宜指数随时间的变化趋势。如图所示,石家庄、济南、郑州这三个样本点的平均效能适宜指数 I_b 均随时间呈下降趋势。但 1951—2010 年 I_b 的变化较为平稳,总体表现为 0.5~0.8 的正常变动,60 年的平均效能适宜指数分别为 0.59、0.64 和 0.65;2011 年之后,I_b 的下降趋势逐渐明显,至最后 30 年,2071—2100 年的平均效能适宜指数分别下降为 0.28、0.34 和 0.31。可见,随着气候的不断变暖,2011 年后黄淮海地区夏玉米生育期内光、温、水的平均配合程度越来越差,逐渐不利于夏玉米的生长发育。

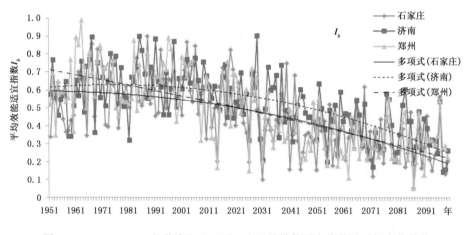

图 5.35 1951—2100 年黄淮海地区夏玉米平均效能适宜指数随时间变化趋势

5.5.2.3 平均利用指数 K

图 5.36 为以石家庄、济南、郑州为例,分析 1951—2100 年黄淮海地区夏玉米平均利用指数随时间的变化趋势。如图所示,石家庄、济南、郑州这三个样本点的平均利用指数 K 均随时间呈"平稳波动—下降"的趋势。1951—2010 年 K 的变化较为平稳,总体表现为在 0.7 左右变

动,60 年的平均利用指数分别为 0.7、0.73 和 0.74;2011 年之后,K 的下降趋势逐渐明显,至最后 30 年,2071—2100 年的平均利用指数分别下降为 0.42、0.48 和 0.45。可见,随着气候的不断变暖,2011 年后黄淮海地区夏玉米生育期内平均气候资源利用率将逐渐降低。究其原因可能是,黄淮海地区原本热量资源就十分充足,相对而言,水分资源是制约夏玉米生长发育和产量形成的重要因素。气候变化过程中导致的温度升高、热量资源过剩并不会促进夏玉米的产量提高,反而会抑制夏玉米生长发育,比如高温条件不利于玉米籽粒灌浆、地表蒸发量增大也容易加重旱灾发生,这都不利于夏玉米对水分资源的充分利用,因此,最终将导致夏玉米生长期内光、温、水的配合程度及气候资源利用率不断下降。

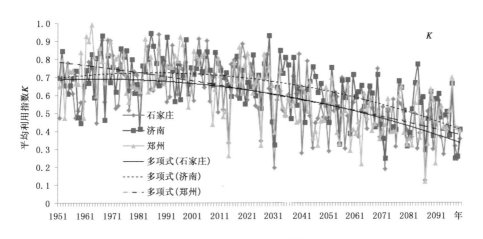

图 5.36　1951—2100 年黄淮海地区夏玉米平均利用指数随时间变化趋势

5.5.3　黄淮海地区夏玉米平均资源适宜指数 I_a 空间分布

图 5.37(a)~(e)为 1951—2100 年不同时段平均资源适宜指数 I_a 的空间分布变化,反映了这 150 年间黄淮海地区夏玉米生育期内光、温、水资源的平均适宜程度的空间变化。如图所示,图 5.37(a)~(b)所代表的前 60 年内,整个黄淮海地区的平均资源适宜指数 I_a 整体较高,尤其是作为夏玉米主要种植区的河北南部、山东中西部、河南中东部等地 I_a 值基本保持在 0.85~0.88;但随后的 30 年内,I_a 开始逐渐下降,上述大部地区的 I_a 下降为 0.75~0.8,河北南部等地降至 0.7~0.75;图 5.37(d)~(e)所代表的后 60 年这种下降趋势逐渐明显,如图 5.37(e)所示,2071—2100 年河北南部、山东西部、河南东北部、安徽北部等地的平均资源适宜指数 I_a 仅为 0.6~0.65。

5.5.4　黄淮海地区夏玉米平均效能适宜指数 I_b 空间分布

图 5.38(a)~(e)为 1951—2100 年不同时段平均效能适宜指数 I_b 的空间分布变化,反映了这 150 年间黄淮海地区夏玉米生育期内光、温、水资源的平均配合程度的空间变化。如图所示,图 5.38(a)~(b)所代表的前 60 年内,整个黄淮海地区的平均效能适宜指数 I_b 整体较高,尤其是作为夏玉米主要种植区的河北南部、山东中西部、河南中东部等地 I_b 值基本保持在 0.6~0.7;但随后的 30 年内,除山东半岛等地的 I_b 略有增加、保持在 0.6~0.7 外,其余大部地区 I_b 均出现不同程度下降,尤其是前面提到的河北南部、山东西部、河南东部等地下降最为明显,

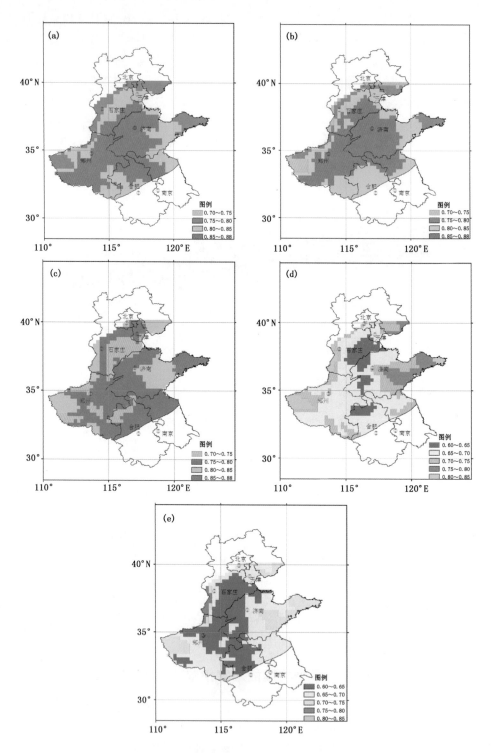

图 5.37 1951—2100 年黄淮海地区夏玉米 I_a 空间分布变化趋势

(a. 1951—1980 年; b. 1981—2010 年; c. 2011—2040 年; d. 2041—2070 年; e. 2071—2100 年)

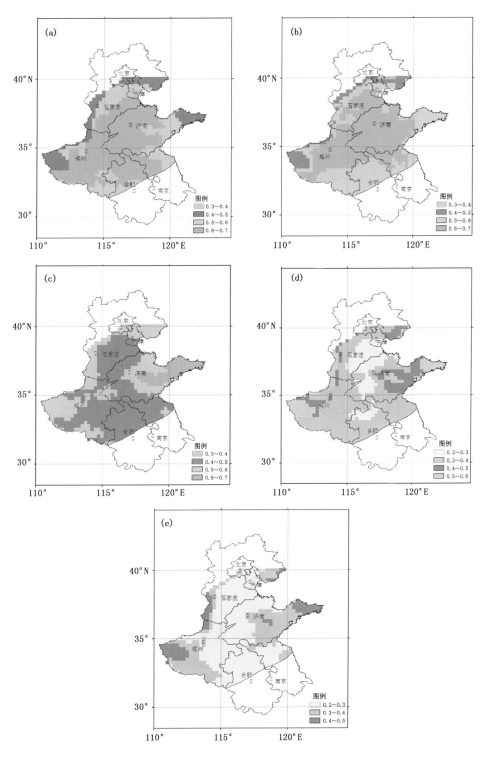

图 5.38　1951—2100 年黄淮海地区夏玉米 I_b 空间分布变化趋势

（a. 1951—1980 年；b. 1981—2010 年；c. 2011—2040 年；d. 2041—2070 年；e. 2071—2100 年）

I_b 仅为 0.4～0.5。图 5.38(d)～(e)所代表的后 60 年这种下降趋势逐渐明显,2071—2100 年河北南部、山东西部、河南东北部、安徽北部等地的平均效能适宜指数 I_b 仅为 0.2～0.3。

5.5.5 黄淮海地区夏玉米平均利用指数 K 值空间分布

图 5.39(a)～(e)为 1951—2100 年不同时段平均利用指数 K 值的空间分布变化,反映了这 150 年间黄淮海地区夏玉米生育期内光、温、水的平均资源利用率的空间变化。如图所示,图 5.39(a)～(b)所代表的前 60 年内,整个黄淮海地区的平均利用指数 K 值整体较高,尤其是作为夏玉米主要种植区的河北南部、山东中西部、河南中东部等地 K 值基本保持在 0.7～0.8;但随后的 30 年内,除山东半岛等地的 K 值略有增加、保持在 0.7～0.8 外,其余大部地区平均利用指数 K 值均出现不同程度下降,大部地区 K 值为 0.6～0.7,其中河北南部部分地区降至 0.5～0.6;图 5.39(d)～(e)所代表的后 60 年平均利用指数的下降趋势逐渐明显,2041—2070 年河北南部、山东西部、河南东北部、安徽北部等地的平均利用指数 K 值为 0.4～0.5;至 2071—2100 年河北南部、山东西部等地部分地区的平均利用指数 K 值进一步下降为 0.3～0.4。

5.5.6 I_a、I_b 和 K 值下降原因初步分析

下面从气候适宜度的角度初步探讨夏玉米平均资源适宜指数 I_a、平均效能适宜指数 I_b 和平均利用指数 K 值的下降原因。图 5.40 以郑州为例对夏玉米不同发育时段温度和降水适宜度对气候变化的敏感性做了初步分析(由于日照适宜度 1951—2100 年均未低于 0.9,非限制夏玉米生长发育的关键因子,在此不做赘述)。如图 5.40(a)～(d)所示,1951—2100 年夏玉米不同发育时段温度适宜度均呈下降趋势,下降幅度依次为:抽雄—成熟期>拔节—抽雄期>出苗—拔节期>播种—出苗期,这反映出夏玉米抽雄—成熟期对温度较其他发育时段更为敏感,灌浆乳熟时温度过高易导致籽粒灌浆不足,对玉米的生长产生抑制作用。夏玉米拔节后即进入旺盛生长阶段,是需水的关键期,1951—2100 年拔节—抽雄期和抽雄—成熟期的降水适宜度均明显下降,尤其是拔节—抽雄期(俗称大喇叭口期)是夏玉米营养生长和生殖生长并进的阶段,对水分变化最为敏感,这一时段降水适宜度的下降幅度也最大。而夏玉米播种—出苗和出苗—拔节期对水热需求较少,温度适宜度和降水适宜度总体变化不大。由此可见,气候变化中夏玉米拔节—抽雄期、抽雄—成熟期降水适宜度和温度适宜度的急剧下降是导致夏玉米 I_a、I_b 和 K 值下降的主要原因。

5.5.7 气候资源有效性评估

1951—2010 年黄淮海地区的平均资源适宜指数 I_a 整体较高,大部地区为 0.85～0.88;但随后的 30 年内,I_a 开始逐渐下降,至 2071—2100 年河北南部、山东西部、河南东北部、安徽北部等地的平均资源适宜指数 I_a 仅为 0.60～0.65,表明上述地区气候资源对夏玉米生长的适宜性在下降,可利用性将有所降低。1951—2010 年黄淮海地区的平均效能适宜指数 I_b 整体较高,大部地区为 0.6～0.7;但随后的 30 年内,除山东半岛等地的 I_b 略有增加、保持在 0.6～0.7 外,其余大部地区 I_b 均出现不同程度下降,至 2071—2100 年河北南部、山东西部、河南东北部、安徽北部等地的平均效能适宜指数 I_b 仅为 0.2～0.3。表明夏玉米生长季气候资源要素之间的匹配程度下降,出现极端天气的可能性增大。1951—2010 年黄淮海地区的平均利用指数 K 值整体较高,大部地区为 0.7～0.8;但随后的 30 年内,除山东半岛等地的 K 值略有增加、保持在 0.7～0.8 外,

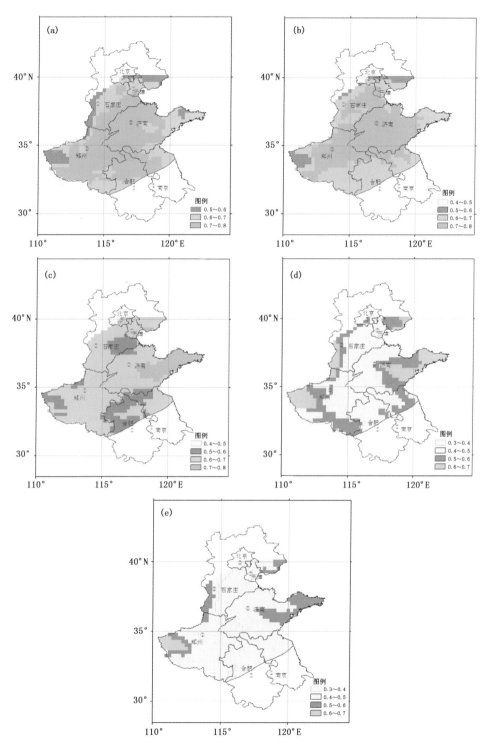

图 5.39　1951—2100 年黄淮海地区夏玉米 K 空间分布变化趋势

(a.1951—1980 年;b.1981—2010 年;c.2011—2040 年;d.2041—2070 年;e.2071—2100 年)

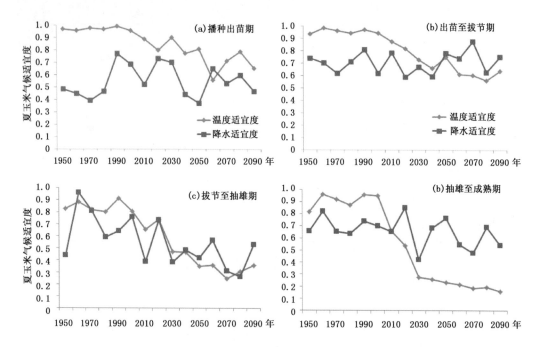

图 5.40 1951—2100 年郑州夏玉米不同发育期温度适宜度和降水适宜度变化趋势

保持在 0.7~0.8 外,其余大部地区平均利用指数 K 值均出现不同程度下降,至 2071—2100 年河北南部、山东西部等地部分地区的平均利用指数 K 值进一步下降为 0.3~0.4。表明夏玉米生长季气候资源的利用率将逐渐降低,尤其在河北南部和山东西部利用率下降明显。上述分析表明气候变暖导致夏玉米拔节—抽雄期、抽雄—成熟期降水适宜度和温度适宜度的急剧下降是导致未来夏玉米气候资源利用率下降的主要原因。

参考文献

郭建平,田志会,张涓涓.2003.东北地区玉米热量指数的预测模型研究.应用气象学报,**14**(5):626-633.

侯光良,刘允芬.1985.我国气候生产潜力及其分区.自然资源学报,**5**(3):52-59.

黄秉维.1985.中国农业生产潜力—光合潜力.地理集刊,(17):17-22.

李明财,熊明明,杨艳娟,等.2012.环渤海地区 1961—2010 年太阳总辐射时空变化特征.气候变化研究进展,8(2):119-123.

马树庆.1994.吉林省农业气候研究.北京:气象出版社.

佟屏亚.1992.中国玉米种植区划.北京:中国农业科技出版社.

魏瑞江,姚树然,王云秀.2000.河北省农作物灾损评估方法.中国农业气,**21**(1):27-31.

信乃诠,崔读昌,高亮之,等.1998.中国农业气象学.北京:中国农业出版社,564-575.

袁彬,郭建平,冶明珠,等.2012.气候变化下东北春玉米品种熟型分布格局及其气候生产力.科学通报,**57**(14):1252-1262.

钟兆站,赵聚宝,郁小川,等.2000.中国北方主要旱地作物需水量的计算与分析.中国农业气象,**21**(2):1-4.

FAO. 1998. Crop Evapotranspiration (guidelines for computing crop water requirements) FAO Irrigation and Drainage Paper,No. 56.

第 6 章

东北地区春玉米气候资源有效性评估

东北地区属于中温带半湿润、半干旱气候区,5—9 月日平均气温多在 15~25℃,适于玉米生长发育。全年降水量 400~800 mm,自然降水基本能满足玉米生长发育的需要,适于玉米高产。因此,东北地区是我国重要的玉米生产基地之一,是世界著名的中国东北玉米带所在地。该地区玉米播种面积近 $600×10^4$ hm²,占全国玉米播种面积的 26.6%,正常年景年产玉米 $400×10^8$ kg 左右,约占全国玉米总产量的 30%。东北地区因纬度高,受气候变暖影响,该区增暖明显,降水量减少,干旱显著增加,农业生产受到较大影响。20 世纪 80 年代以来,在全球气候变暖的大背景下,东北平原已经出现了持续而显著的增温现象。与 60—70 年代相比,80—90 年代的平均气温已上升了 1.0~2.5℃,增温幅度之大,居全国各农区之首。已有研究表明,过去几十年,东北地区玉米光温生产潜力呈显著的上升趋势,而气候生产潜力呈下降趋势。玉米光温生产潜力和气候生产潜力均存在 7~9 年的显著周期变化。在地域上也存在较大的差异,西南区域与东北区域呈相反的空间分布趋势。气候变暖后,玉米种植区域从最初的平原地区逐渐向北扩展到了大兴安岭和伊春地区,由于生长期延长,盛夏热量充足,松嫩平原南部目前已可以种植一些晚熟高产品种。在气候资源利用率方面,东北地区的农业自然资源潜力远没有得到充分发挥,即使粮食生产水平较高的中部平原地区,其农业气候资源和农业技术开发仍有巨大潜力。因此,需要通过合理布局作物,提高作物对气候资源的利用率,同时减轻自然灾害对农作物生长发育的影响,从而达到高产、稳产和高效利用气候资源的目的。

随着气候的不断变暖,东北平原的粮食生产应怎样顺应气候变化,已成为人们普遍关心的问题。目前关于气候变化对作物影响方面的研究很多,主要侧重于对作物播种期和生育期的变化、产量以及作物种植结构变化的影响方面,而且大多侧重于对历史事实的检测,而对未来东北地区玉米品种布局变化趋势、气候生产潜力以及气候资源利用状况缺乏系统研究。本章基于国家气候中心 RegCM3 模式输出的 1951—2100 年的逐日气候资料,分五个时段(1951—1980 年、1981—2010 年、2011—2040 年、2041—2070 年和 2071—2100 年)系统分析了东北地区农业气候资源的演变趋势,并以此为基础研究玉米气候生产潜力、农业气候资源利用率的时空变化特征,可为未来气候变化下东北地区玉米可持续生产提供决策依据和技术支持。

6.1 东北地区气候变化特征

6.1.1 年平均温度的空间分布

图 6.1 是东北地区年平均温度分布图。1951—1980 年,辽宁省除辽东以及朝阳小部分地区外,其他地区平均温度≥6.1℃,大兴安岭以及黑河、伊春部分地区的年平均温度低于2.0℃,东北其他地区在 2.1～6.0℃;1981—2010 年,东北地区年平均温度呈上升的趋势,年平均温度≥6.1℃的区域扩展至吉林省西部,而年平均温度低于 2.0℃的区域面积进一步缩小。2011—2040 年,年平均温度在 10.1～14.0℃的区域面积不断扩大,年平均温度在 6.1～10℃的北界已经达到黑龙江省南部以及三江平原部分地区,而低于 0℃的区域面积进一步减小;2041—2070 年,辽宁南部部分地区年平均温度达到 14.0℃以上,整个东北地区年平均温度均大于0℃;2071—2100 年,东北地区年平均温度进一步升高,大于 14℃的区域面积进一步扩大,吉林中西部地区以及松嫩平原地区年平均温度升高至 10.1～14℃。

相对于 1981—2010 年,2011—2040 年,黑龙江大兴安岭地区温度升高 1.4～1.5℃,而其他地区升高 1.5～2.0℃;2041—2070 年,整个东北地区年平均温度升温幅度在 3.1～3.8℃;2071—2100 年,吉林省中西部、黑龙江松嫩平原年平均温度升高最明显,增幅达到 5.0～5.4℃,其他地区增幅为 4.6～5.0℃。

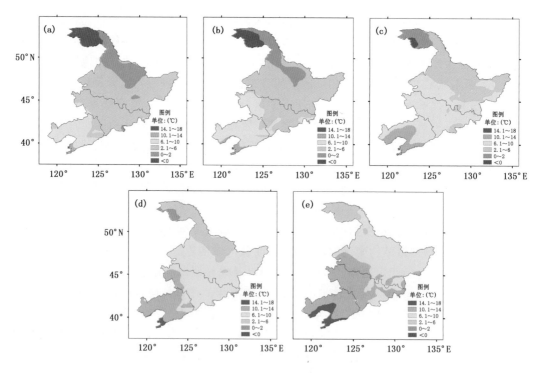

图 6.1 东北地区年平均温度分布

(a.1951—1980 年;b.1981—2010 年;c.2011—2040 年;d.2041—2070 年;e.2071—2100 年)

6.1.2 年平均气温变化趋势

东北三省 1951—2100 年年平均温度呈现明显的上升趋势(图 6.2)。东北三省在五个时段中(1951—1980 年、1981—2010 年、2011—2040 年、2041—2070 年和 2071—2100 年),日平均气温变化的倾向率分别为:−0.04℃/10a、0.43℃/10a、0.70℃/10a、0.61℃/10a 和 0.41℃/10a;从第二时段开始,东北地区气温一直呈升高的趋势,且温度升高趋势明显,2000—2100 年的 100 年间,东北地区日平均气温变化的倾向率为 0.56℃/10a,远高于中国近 54 年增温速率 0.25℃/10a。

以 1981—2010 年东北地区年平均温度为基准温度,做出 1951—2100 年东北三省年平均温度距平(图 6.3),结果显示:东北三省年平均温度自 1999 年开始一直为正距平,东北三省 2011—2100 年的年平均温度较基准温度上升了 3.34℃。

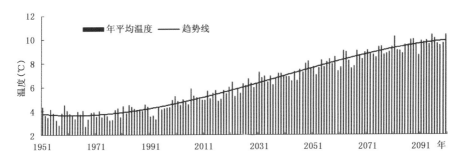

图 6.2 1951—2100 年东北地区年平均气温

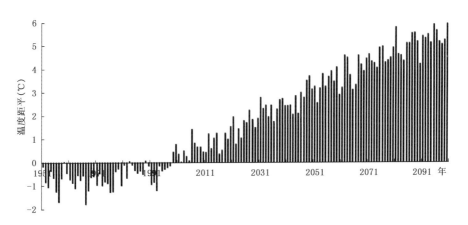

图 6.3 1951—2100 年东北地区年平均气温距平

6.1.3 年降水量的空间分布

图 6.4 为东北地区不同时段中年降水量的分布,年降水量整体呈由东南逐渐向西北减少的趋势;辽宁省丹东地区是年降水量最多的地区,年降水量在 950 mm 以上;而降水量较少的区域分布在吉林省西部以及黑龙江西部地区,年降水量在 500 mm 以下,辽宁西部地区与黑龙江中东部地区年降水量在 500～650 mm;1951—2100 年 5 个时段中,东北地区年降水量分布

趋势无明显变化,东南部地区降水充沛而西北部地区降水较少;2071—2100 年,东北地区年降水量在 950 mm 以上的区域面积有所增加,而降水量低于 500 mm 的区域面积进一步减少,年降水量略有增加。

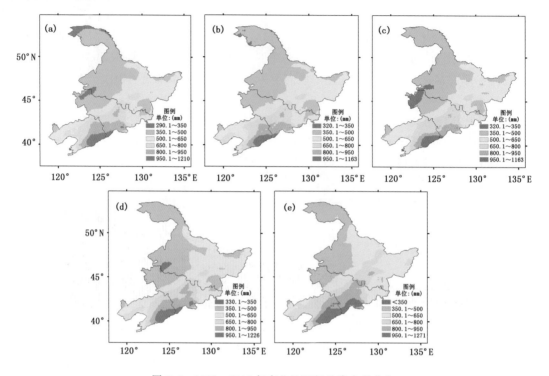

图 6.4　1951—2100 年东北地区年总降水量分布

(a.1951—1980 年;b.1981—2010 年;c.2011—2040 年;d.2041—2070 年;e.2071—2100 年)

6.1.4　年降水量变化趋势

图 6.5 为东北地区 1951—2100 年年降水量的变化趋势,年总降水量的年际间波动较大,除个别年外,其他年份,降水量无明显增加或减少的趋势。

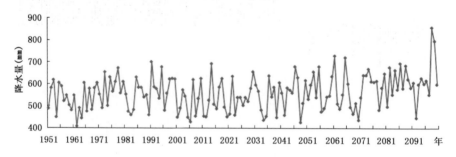

图 6.5　1951—2100 年东北地区年降水量变化趋势

以 1981—2010 年东北地区年降水量为基准,做出年降水量的距平百分率(图 6.6),可以看出,1951—2070 年,年际间的降水距平百分率的波动较大,而 2071 年后,年降水距平百分率多呈正值,说明 2071 年以后东北地区年降水量相比 1981—2010 年有所增加。

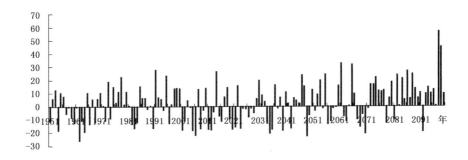

图 6.6 1951—2100 年东北地区降水量距平百分率(%)

6.1.5 年净辐射量的空间分布

图 6.7 给出了东北地区不同时段内的年净辐射量的空间分布。由图可见,净辐射的分布呈明显的纬向带状分布,纬度越低净辐射量越高。净辐射量的增加趋势基本与东北地区热量的增加趋势一致。

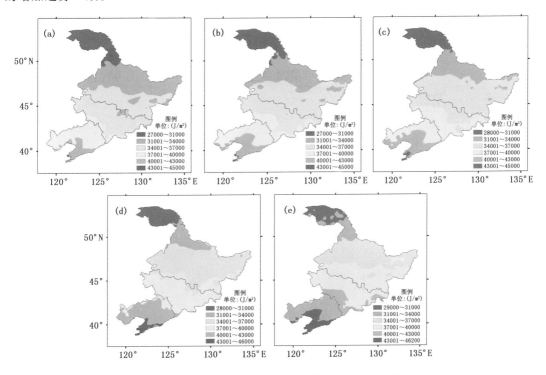

图 6.7 1951—2100 年年净辐射量空间分布(J/m²)

(a. 1951—1980 年;b. 1981—2010 年;c. 2011—2040 年;d. 2041—2070 年;e. 2071—2100 年)

1951—1980 年,辽宁省东部地区是净辐射量最大的地区,辽西地区低于辽东,随着纬度的升高,各地所得到的净辐射量逐渐降低,大兴安岭地区是整个东北三省所得净辐射量最低的区域;1981—2010 年,净辐射量在 40000～43000 J/m² 的区域面积增加,三江平原地区净辐射量从 31000～34000 J/m² 增加至 34000～37000 J/m²,其他地区无明显变化;2011—2040 年,辽宁省大连南部地区净辐射量增加至 43000 J/m² 以上,净辐射量低于 34000 J/m² 的区域面积进一步减小,净辐射量在 37000~40000 J/m² 的区域边界不断向北抬升;2041—2070 年,辽宁省除辽东地区外,其他地区净辐射量基本在 40000~43000 J/m²,而吉林省基本在 37000~40000 J/m²,较 1981—2010 年有明显的增加,黑龙江省净辐射量低于 34000 J/m² 的区域面积持续减小;2071—2100 年,辽宁省部分地区净辐射量已经超过 43000 J/m²,净辐射量 >40000 J/m² 的边界进一步北抬,东北全区年净辐射量增加明显。

6.1.6 年净辐射量的变化趋势

图 6.8 给出了东北三省平均年净辐射量的时间分布,1951—2000 年东北地区年净辐射量维持在一个较低的水平,从 2000 年以后,年净辐射量呈现明显的增加趋势。

1951—2100 年五个时段(1951—1980 年、1981—2010 年、2011—2040 年、2041—2070 年和 2071—2100 年)中,年净辐射量的倾向率分别为:−36.81 (J/m²)/10a、174.86 (J/m²)/10a、260.2 (J/m²)/10a、511.4 (J/m²)/10a、423.9 (J/m²)/10a;1951—1980 年,东北地区年净辐射量无明显的变化,1981—2100 年,净辐射量呈增加的趋势,其中 2041—2070 年是东北地区净辐射增幅最高的时段。

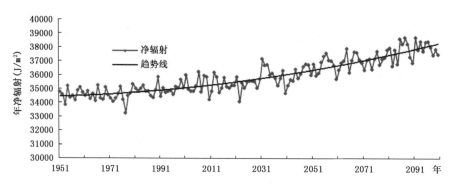

图 6.8　东北地区净辐射的时间变化趋势

以 1981—2010 年平均年总净辐射量为基准,做出东北地区 1951—2100 年年净辐射量的距平图(图 6.9),从 1999 年开始,除个别年份外,净辐射量均为正距平,即:相对于 1981—2010 年,2011—2100 年,东北地区年总净辐射量增加明显。

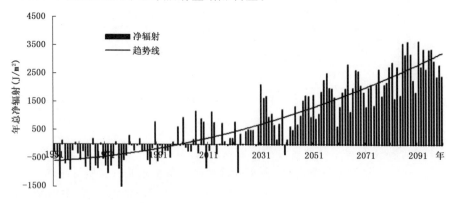

图 6.9　东北地区净辐射的距平变化趋势

6.2　春玉米生长季农业气候资源特征

在农业生产上,一般把≥10℃初日作为喜温作物开始播种和生长期,因此,在东北地区通常把≥10℃初日作为玉米的适宜播种期;而霜冻是限制玉米生长的重要气象灾害,一般情况下,初霜冻出现日期与玉米停止生长日期一致,故把初霜日(最低气温≤2℃初日)作为玉米生长的终止期;把≥10℃初日和初霜日期间的日数作为玉米的可能生育期天数;≥10℃积温和5—9月平均气温和可以反映玉米完成整个发育期对热量的总要求。界限温度起止日期采用五日滑动平均法来确定,多年初终日采用经验频率法按80%保证率进行取值。

以 1981—2010 年为基准时段,分析不同时段相对于基准时段 80%保证率下≥10℃初日、初霜日、生育期日数、≥10℃活动积温、生育期内降水量和总辐射量的时空变化。

6.2.1　80%保证率下≥10℃初日

东北全区及各省80%保证率下日平均气温≥10℃初日在 1951—2100 年间有显著提前趋势(表 6.1 和图 6.10)。基准时段80%保证率下日平均气温≥10℃初日的日序呈现由南向北逐渐延后的趋势,最早的区域与最晚的区域相差最大为 60 d 左右。辽宁省≥10℃初日出现最早,从南到北由 4 月中旬逐渐过渡到 5 月上旬。吉林省的西部比东部出现的略早,西部基本上在 5 月上旬,东部基本上在五月中、下旬。黑龙江省的≥10℃初日的分布基本上是从南到北、从东到西逐渐推迟。其中黑龙江省的西北部的一小部分地区≥10℃初日出现较晚,大约出现在 6 月上旬左右。从各省及全区≥10℃初日提前的倾向率来看,基准时段吉林省提前的速率最快,为 3.2d/10a,黑龙江省提前的速率最慢,为 0.7 d/10a。

1951—1980 年与基准年相比差别不大,但自 2011 年之后提前趋势显著。2011—2040 年与基准时段相比,全区大部分地区日平均气温≥10℃初日都提前了 4~8 d,达到 4 月下旬到5 月上旬。沿辽宁省辽西走廊西部边界的小部分狭长带区域和吉林省西部的小部分地区甚至提前了 9~12 d。其中辽宁省提前的速度最快,为 1.0 d/10a,而吉林省提前的速度显著减慢,此时段仅为 0.8 d/10a。此外,黑龙江省以及东北全区较基准时段相比,提前的速率也都有所下降,仅为 0.1 d/10a。

到 2041—2070 年,辽宁省日平均气温≥10℃初日基本上出现在 4 月中旬。吉林省和黑龙江省日平均气温≥10℃初日基本上出现在 4 月下旬到 5 月上旬,东部比西部晚。全区大部分地区日平均气温≥10℃初日提前了 9~12 d(达到四月中下旬),沿长白山一带更加显著提前,大约在 13~20 d 左右。此时段各省以及全区的提前速率都较大,其中吉林省的提前速率达到了 3.0 d/10a,辽宁省和整个东北地区的提前速率也分别达到了 2.1 d/10a,1.5 d/10a。

2071—2100 年间,全区大部分地区提前日数在 13~19 d。提前日数最多的地区为长白山的部分地区,提前的天数达到了 20~24 d,少数区域更是提前了 25~28 d。全区的日平均气温≥10℃初日已经由基准时段的 5 月上、中旬提前到了 4 月中、下旬。此时段除了吉林省的提前速率 1.8 d/10a 略慢以外,辽宁省、黑龙江省、东北全区的提前速率都达到了五个时段的最高值,分别为 3.0 d/10a,2.6 d/10a,2.2 d/10a,提前趋势十分明显。

表 6.1　东北地区 80%保证率下日平均气温≥10℃初日变化倾向率(d/10a)

	辽宁		吉林		黑龙江		东北地区	
	倾向率	相关系数	倾向率	相关系数	倾向率	相关系数	倾向率	相关系数
1951—1980 年	−1.2	−0.138	−0.6	−0.085	0.7	0.106	−0.2	−0.029
1981—2010 年	−0.8	−0.090	−3.2	−0.376	−0.7	−0.108	−0.9	−0.151
2011—2040 年	−1.0	−0.116	−0.8	−0.121	−0.1	−0.016	−0.4	−0.073
2041—2070 年	−2.1	−0.284	−3.0	−0.378	−0.7	−0.106	−1.5	−0.253
2071—2100 年	−3.0	−0.432	−1.8	−0.278	−2.6	−0.392	−2.2	−0.560 *
1951—2100 年	−1.5	−0.674 *	−1.9	−0.782 *	−1.4	−0.783 *	−1.5	−0.765 *

注:* 表示通过 0.01 水平显著性检验。

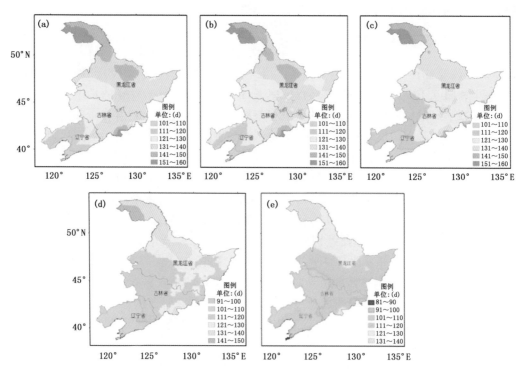

图 6.10　东北不同时段 80%保证率下≥10℃初日(日序)

(a.1951—1980 年;b.1981—2010 年;c.2011—2040 年;d.2041—2070 年;e.2071—2100 年)

6.2.2　80%保证率下初霜日

　　1951—2100 年期间,东北全区 80%保证率下初霜日出现的日期明显推迟(表 6.2 和图 6.11)。基准时段东北全区初霜日的出现时间从最南端的 10 月中、下旬向北逐渐提前到 9 月中、下旬。其中吉林省和黑龙江省大部分地区初霜日基本上出现在 9 月下旬,辽宁省初霜日基本上出现在 10 月上、中旬。基准时段各省以及全区初霜日的延迟速率最快的为吉林省,达 2.2 d/10a,其次为东北全区平均,为 2.0 d/10a,辽宁省和黑龙江省延迟的速率较慢,分别为 1.0 d/10a 和 0.9 d/10a。

表 6.2　东北地区 80％保证率下初霜日变化倾向率(d/10a)

	辽宁		吉林		黑龙江		东北地区	
	倾向率	相关系数	倾向率	相关系数	倾向率	相关系数	倾向率	相关系数
1951—1980 年	−0.5	−0.094	−0.8	−0.113	−2.9	−0.431	−2.3	−0.468
1981—2010 年	1.0	0.149	2.2	0.325	0.9	0.124	2.0	0.309
2011—2040 年	1.5	0.250	3.0	0.442	1.5	0.207	2.8	0.435
2041—2070 年	2.0	0.318	1.7	0.251	5.5	0.082	2.7	0.115
2071—2100 年	2.1	0.350	2.1	0.257	2.9	0.437	2.4	0.521 *
1951—2100 年	1.7	0.800 *	1.8	0.790 *	1.6	0.745 *	1.6	0.779 *

注：* 表示通过 0.01 水平显著性检验。

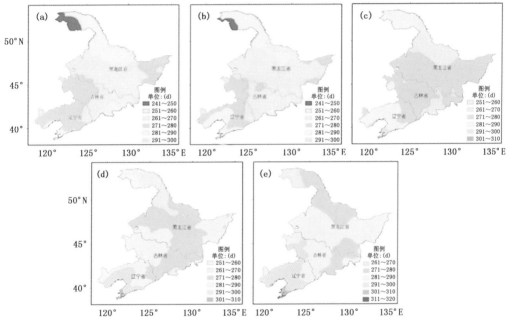

图 6.11　东北不同时段 80％保证率下初霜日(日序)
(a.1951—1980 年；b.1981—2010 年；c.2011—2040 年；d.2041—2070 年；e.2071—2100 年)

2011—2040 年间全区初霜日显著延后,基本上推迟 6～10 d,由 1981—2010 年的 9 月中旬推迟到了 9 月下旬左右。辽宁省基本上都到了 10 月中旬,吉林省和黑龙江省基本上都在 10 月上旬。从各省及全区的推迟速率来看,仍然是吉林省和东北全区推迟的速率最快,分别为 3.0 d/10a,2.8 d/10a,而辽宁省和黑龙江省推迟的速率相对较慢,均为 1.5 d/10a,但仍大于基准时段。

2041—2070 年与基准时段相比,全区初霜日出现时间推迟的日数进一步加大,全区基本上推迟 11～15 d,达到了 10 月上、中旬。推迟日数比较少的地区为小兴安岭、辽西走廊和辽东半岛地区,推迟日数在 1～5 d。推迟日数最多的地区零星出现在黑龙江省和吉林省内,最大推迟日数为 16～20 d。此时段吉林省的推迟速率有所减小,而黑龙江省的推迟速率明显增快,达到了 5.5 d/10a,为各个时段各个地区的最高值。

到2071—2100年,全区大部分地区推迟天数为16～20 d,达到了10月中、下旬。其中,中部地区推迟的日数最多,推迟日数最少的为辽西走廊和辽东半岛一带。此时段各省以及东北全区初霜日的推迟速率都较快,在2.1～2.9 d/10a,初霜日推迟趋势十分显著。

6.2.3 80%保证率下生育期日数

由于≥10℃初日的提前以及初霜日的延后,1951—2100年东北全区生育期日数呈现明显的延长趋势(表6.3和图6.12)。基准时段东北全区生育期日数在91～200 d,从南到北生育期日数逐渐减少。此时段各省和东北全区生育期日数的延长速率基本上都在1.5 d/10a左右。

表6.3 东北地区80%保证率下生育期日数变化倾向率(d/10a)

	辽宁		吉林		黑龙江		东北地区	
	倾向率	相关系数	倾向率	相关系数	倾向率	相关系数	倾向率	相关系数
1951—1980年	1.7	0.178	−2.2	−0.236	−0.8	−0.824	−2.0	−245
1981—2010年	1.8	0.196	1.3	0.150	1.4	0.163	1.5	0.180
2011—2040年	4.9	0.418	4.5	0.384	2.2	0.251	4.1	0.390
2041—2070年	3.1	0.318	3.5	0.362	3.4	0.429	3.3	0.383
2071—2100年	1.7	0.143	5.9	0.645*	3.4	0.454	3.9	0.660*
1951—2100年	2.8	0.802*	2.9	0.831*	2.9	0.856*	2.9	−0.845*

注:*表示通过0.01水平显著性检验。

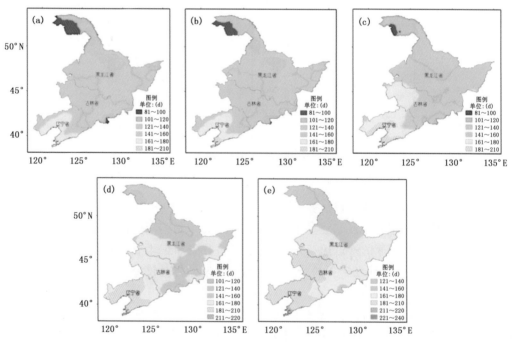

图6.12 东北不同时段80%保证率下生育期日数(d)

(a.1951—1980年;b.1981—2010年;c.2011—2040年;d.2041—2070年;e.2071—2100年)

与基准时段相比,2011—2040 年全区的生育期日数都有明显的延长趋势,普遍延长 11～20 d。此时段各省和东北全区生育期日数的延长速率开始明显加快,其中辽宁省和吉林省延长速率已经分别达到了 4.9 d/10a,4.5 d/10a,均高于东北全区的延长速率 4.1 d/10a,而黑龙江省生育期延长速率略慢,为 2.2 d/10a,但仍然比基准时段速度快。

到 2041—2070 年,全区的生育期日数延长的程度比 2011—2040 年更有进一步提高。其中,黑龙江省除了小兴安岭一带延长天数较少,在 10～20 d 左右,其他大部分地区生育期天数都延长 21～25 d,局部地区甚至延长 26～30 d,其中东北平原以及三江平原西部基本上达到161～180。辽宁省生育期日数延长天数由辽西走廊和辽东半岛向北呈弧形带,过渡趋势比较明显,由沿海区域的 10～20 d 过渡到内陆地区的 31～40 d,全省生育期日数基本上都在 181～210。此时段各省以及全区的延长速率都较快,在 3.1～3.5 d/10a 之间,最快的为吉林省。

到 2071—2100 年,全区生育期日数基本都延长 30～40 d。生育期延长天数最多的区域为吉林省长白山一带,由基准年的 121～140 d 延长到 161～180 d。生育期日数延长天数最少的地区为辽西走廊和辽东半岛一带,而此区域在基准时段的生育期日数是全区的最高值区。此时段吉林省的生育期日数延长速率增加到 5.9 d/10a,为各个时段各个省的最高值,并通过0.01 水平显著性检验,延长趋势十分显著,而辽宁省的延长速率有所下降,只有 1.7 d/10a,为此时段最低值。

6.2.4　80％保证率下≥10℃活动积温

由于日平均气温的显著升高以及日平均气温≥10℃持续日数的显著延长,各时段 80％保证率下≥10℃活动积温有明显的增加趋势(表 6.4 和图 6.13)。基准时段 80％保证率下≥10℃活动积温呈从南到北、从西到东逐渐减少的分布趋势。活动积温值最大的区域为辽西走廊和辽东半岛一带,达到 3400℃·d 以上,最低值所在区域为小兴安岭和长白山地区,在2100℃·d 以下。此时段吉林省积温增加速率最快,为 118.0(℃·d)/10a,黑龙江省最慢,为90.7(℃·d)/10a。

表 6.4　东北地区 80％保证率下≥10℃活动积温变化倾向率[(℃·d)/10a]

	辽宁		吉林		黑龙江		东北地区	
	倾向率	相关系数	倾向率	相关系数	倾向率	相关系数	倾向率	相关系数
1951—1980 年	−1.9	−0.014	−49.2	−0.292	−12.0	−0.092	−39.9	−0.255
1981—2010 年	95.1	0.485*	118.0	0.540*	90.7	0.512*	109.4	0.552*
2011—2040 年	170.6	0.674*	137.7	0.521*	133.2	0.649*	133.4	0.551*
2041—2070 年	170.3	0.577*	189.4	0.640*	156.2	0.628*	179.9	0.650*
2071—2100 年	102.8	0.496*	180.7	0.681*	119.4	0.557*	166.7	0.685*
1951—2100 年	125.3	0.947*	125.6	0.934*	114.7	0.945*	124.5	0.942*

注：* 表示通过 0.01 水平显著性检验。

与基准时段相比,1951—1980 年全区≥10℃活动积温略偏小,到 2011—2040 年全区的活动积温明显增加。活动积温的增加量呈从东到西逐渐增多趋势。其中黑龙江省中东部和吉林省东部大部分地区增加量为 300～400℃·d,东北平原和辽宁省全省活动积温增加较多,为400～500℃·d,辽宁省全省以及松嫩平原地区的积温都达到 3400℃·d 以上,最高地区甚至

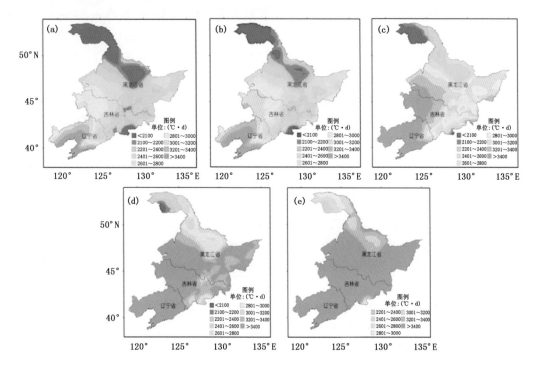

图 6.13　东北不同时段 80％保证率下≥10℃活动积温(℃·d)

(a.1951—1980 年；b.1981—2010 年；c.2011—2040 年；d.2041—2070 年；e.2071—2100 年)

达到 4000℃·d。此时段各省以及东北全区的积温增加速率开始明显增快，最快的辽宁省已经达到 170.6(℃·d)/10a，其他两省以及东北全区也都达到 133.0(℃·d)/10a 以上。

2041—2070 年，全区活动积温进一步显著增加，基本上增加 800~900℃·d。活动积温增加最少的区域为小兴安岭北部地区，为 500~650℃·d，黑龙江东北部活动积温增加量也相对较少，为 651~800℃·d。增加最多的区域为吉林省西部和辽宁省辽西走廊地区，达到 900~1100℃·d。此时段积温超过 3400℃·d 的地区包括整个辽宁省、吉林省和黑龙江省的大部。辽宁省大部分地区增加到 4001~5000℃·d，吉林省中部以及黑龙江省西南部由原来的 2501~3000℃·d 增加到 3501~4000℃·d。此时段各省以及东北全区的积温增加速率较上一时段进一步加快，其中吉林省已经达到 189.4(℃·d)/10a，增加速率最慢的黑龙江省也达到 156.2(℃·d)/10a，积温增加十分显著。此时段各省以及全区的积温增加速率都达到 1951—2100 年间的最高值。

到 2071—2100 年，活动积温增加量的变化趋势仍然是从北到南、由东到西增加量逐渐增大。其中小兴安岭活动积温增加相对较少，其值为 900~1100℃·d，黑龙江省大部分地区增加量相对较少，值为 1100~1200℃·d，黑龙江省西南部和整个吉林省、辽宁省活动积温增加量较多，其值为 1200~1300℃·d，增加量最多的地区为辽宁省与吉林省的西部边缘地区，增加量为 1300~1400℃·d。辽宁省全省、吉林省中西部和黑龙江省西南部小部分地区达到 4000~5000℃·d，长白山一带也由原来的 2200~2500℃·d 增加到 3400℃·d。此时段各省以及全区的积温增加速率仍然很快，但较上一时段相比有所下降，下降比较明显的为辽宁省和黑龙江省，此时段只有 102.8(℃·d)/10a，119.4(℃·d)/10a，而吉林省和东北全区积温增加速率只是略有下降。

6.2.5 水分资源

4—9 月为东北玉米的主要生长期,在热量条件相对满足的情况下,4—9 月降水量的多寡是决定农业生产条件优劣的主要因素。

图 6.14 为不同时段东北地区 4—9 月降水量的分布图。从空间分布来看,辽宁省沿海的大连、丹东玉米生育期内降水量较多,然后向内陆逐步减少,吉林省西部、黑龙江松嫩平原西部以及大兴安岭地区是整个东北地区降水较少的区域。

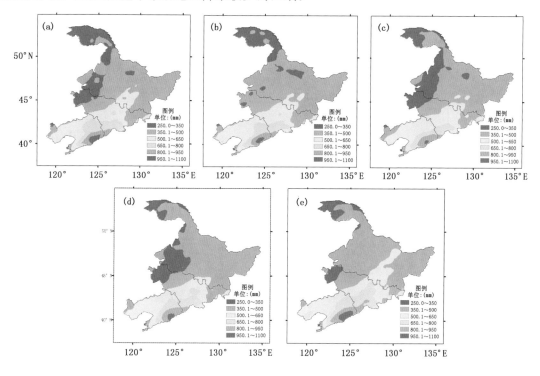

图 6.14 4—9 月平均降水量空间分布图

(a.1951—1980 年;b.1981—2010 年;c.2011—2040 年;d.2041—2070 年;e.2071—2100 年)

相对于 1951—1980 年,吉林省西部、黑龙江松嫩平原南部地区降水量有所增加,降水量在 950～1100 mm 的区域面积有所减少,其他地区无明显变化;2011—2040 以及 2041—2070 年,4—9 月降水量小于 350 mm 的区域面积有所增加,黑龙江大兴安岭地区降水量有所增加;2071—2100 年,黑龙江松嫩平原南部、中东部地区降水量有所增加,其他地区无明显变化。

图 6.15 为东北地区 1951—2100 年 4—9 月降水量演变趋势;4—9 月的降水量年际变化较大,但从时间变化趋势来看,无明显增多或减少的趋势。降水量最少的年份出现在 1962 年(329 mm),最多的年份为 2098 年(718.5 mm),其他年份 4—9 月降水量大都在 400～550 mm。

以 1981—2010 年东北地区 4—9 月降水量平均值为基准,计算 1951—2100 年东北地区 4—9 月降水量的距平百分率(图 6.16),东北地区 4—9 月降水距平百分率在多数年份中为负值,即与 1981—2010 年的降水均值相比,大多数年份中 4—9 月降水量呈减少的趋势;在 2011—2100 年的 90 年中,2020 年、2033 年、2034 年、2048 年、2057 年、2067 年、2070 年、2081

年、2092 年和 2097 年为降水量明显少于 1981—2010 年均值的年份。

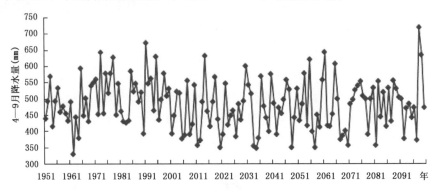

图 6.15　1951—2100 年 4—9 月降水量

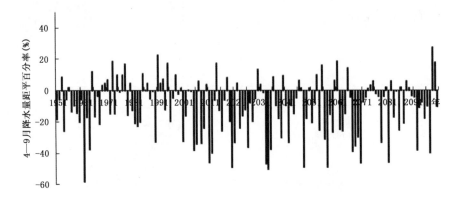

图 6.16　1951—2100 年 4—9 月降水量距平百分率

6.2.6　辐射资源

图 6.17 给出了东北地区不同时段内的年净辐射量的空间分布。净辐射的分布呈明显的纬向带状分布,纬度越低净辐射量越高。净辐射量的增加趋势基本与东北地区热量的增加趋势一致。

1951—1980 年,辽宁省东部地区是净辐射量最大的地区,辽西地区低于辽东,随着纬度的升高,各地所得到的净辐射量逐渐降低,大兴安岭地区是整个东北三省所得净辐射量最低的区域;1981—2010 年,净辐射量在 31000～33000 J/m² 的区域面积增加;2011—2040 年,辽宁省大连南部地区净辐射量增加至 33000 J/m² 以上,净辐射量低于 25000 J/m² 的区域面积进一步减小;2041—2070 年,净辐射量在 31001～33000 J/m² 的区域面积进一步增大;2071—2100 年,辽宁省部分地区 4—9 月净辐射量已经超过 35000 J/m²,净辐射量>33000 J/m² 的边界进一步北抬。

东北三省 4—9 月净辐射量的时间分布,1951—2010 年,东北地区 4—9 月的净辐射量维持在一个较低的水平,从 2010 年以后,年净辐射量呈现明显的增加趋势(图 6.18)。

1951—2100 年五个时段(1951—1980 年、1981—2010 年、2011—2040 年、2041—2070 年、2071—2100 年)中,年净辐射量的倾向率分别为:−56.55 (J/m²)/10a、116.56 (J/m²)/10a、

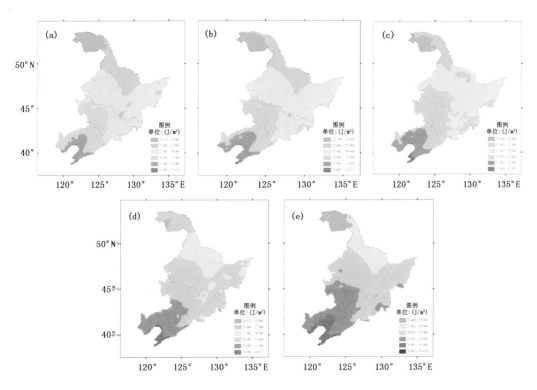

图 6.17　1951—2100 年 4—9 月净辐射量(J/m²)空间分布

(a.1951—1980 年；b.1981—2010 年；c.2011—2040 年；d.2041—2070 年；e.2071—2100 年)

158.84 (J/m²)/10a、420.81 (J/m²)/10a、345.07 (J/m²)/10a；1951—1980 年，东北地区年净辐射量无明显的变化，1981—2100 年，净辐射量呈增加的趋势，其中 2041—2070 年是东北地区 4—9 月净辐射增幅最高的时段，此变化趋势与年净辐射变化趋势一致。

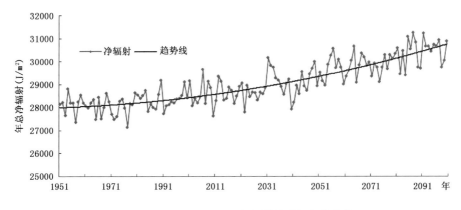

图 6.18　北地区 4—9 月净辐射的时间变化趋势

以 1981—2010 年 4—9 月平均净辐射量为基准，做出东北地区 1951—2100 年 4—9 月净辐射量的距平图(图 6.19)，从 2000 年开始，除个别年份外，净辐射量均为正距平，相对于 1981—2010 年，2031—2100 年，东北地区 4—9 月净辐射量增加明显。

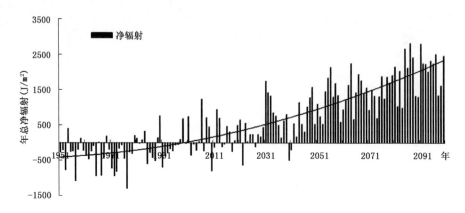

图 6.19 东北地区 4—9 月净辐射的距平变化趋势

6.3 气候适宜度的空间分布特征

6.3.1 气候适宜度计算方法

（1）温度适宜度模型

根据前人的研究（马树庆，1994），不同生育阶段的温度适宜度可用下式进行计算。

$$S(t) = \frac{\left[(T - T_1)(T_2 - T)^B\right]}{\left[(T_0 - T_1)(T_2 - T_0)^B\right]} \tag{6.1}$$

$$B = (T_2 - T_0)(T_0 - T_1) \tag{6.2}$$

式中，T 为生育时段内的平均气温；T_0，T_1，T_2 为不同生育期内玉米生长发育所需的适宜温度、下限气温、上限气温（郭建平等，1995）（表 6.5）；$S(t)$ 为不同生育阶段内的温度适宜度。

表 6.5 玉米不同生育期内的上限、下限、最适温度（℃）

项目	播种—出苗期	出苗—抽雄期	抽雄—成熟期
T_1	10	12	15
T_0	25	26	24
T_2	35	35	30

$S(t)$ 是由实际气温和 T_1、T_2、T_0 决定的温度适宜度。当 $T \leqslant T_1$ 或 $T \geqslant T_2$ 时，令 $S(t) = 0$，当 $T = T_0$ 时，$S(t) = 1$，温度适宜度随着气温的升高而增长，到达某一适宜温度后，适宜度随温度的升高迅速下降。

玉米全生育期的温度适宜度用下式表示：

$$S(T) = \sum_{i=1}^{3}(a_i \times S_i(t)) \tag{6.3}$$

式中，a_i 为权重系数；$S(T)$ 为玉米全生育期的温度适宜度。

（2）水分适宜度模型

玉米播种—出苗期的水分适宜度表示为：

$$S(r) = \begin{cases} 1 & (P+r) \geqslant ET \\ (P+r)/ET & (P+r) < ET \end{cases} \tag{6.4}$$

式中，r 为播种—出苗期降水量；ET 为播种—出苗期玉米生理需水量；P 为土壤水分总贮存量。

玉米出苗—抽雄期、抽雄—成熟期的水分适宜度可用下式表示：

$$S(r) = \begin{cases} 1 & r \geqslant ET \\ r/ET & r \leqslant ET \end{cases} \tag{6.5}$$

玉米全生育期水分适宜度表示为：

$$S(R) = \sum_{i=1}^{3} (a_i \times S_i(r)) \qquad i = 1,2,3 \tag{6.6}$$

式中，$S(R)$ 为玉米全生育期的水分适宜度；a_i 为不同生育阶段的水分适宜度权重；$S_i(r)$ 为不同生育阶段水分适宜度。

ET 为作物系数与潜在蒸散量之积，即玉米不同生育阶段的生理需水量。

$$ET = k_c \times ET_0 \tag{6.7}$$

式中，k_c 为作物系数（杜林博斯等，1979）；ET_0 为潜在蒸散量。

潜在蒸散量计算方法采用 FAO 推荐的 Penman-Monteith 公式（FAO-PM）（Allen et al，1998）。

$$ET_0 = \frac{0.408\Delta(R_n - G) + \gamma \dfrac{900}{T+273} u_2 (e_s - e_a)}{\Delta + \gamma(1 + 0.34 u_2)} \tag{6.8}$$

式中，ET_0 为潜在蒸散量，单位为 mm/d；R_n 为作物表层净辐射，单位为 $[(MJ/m^2)/d)]$；G 为土壤热通量，单位为 $[(MJ/m^2)/d)]$；T 为 2 m 高度处平均气温（℃）；u_2 为 2 m 高度处风速，单位为 m/s；e_s 为饱和水汽压，单位为 kPa；e_a 为实际水汽压，单位为 kPa；Δ 为饱和水汽压曲线斜率，单位为 kPa/℃；γ 为干湿表常数，单位为 kPa/℃。

东北地区春季升温快，降水少，播种前作物水分供给层土壤含水量的多少，对玉米的出苗率将有很大的影响（刘庚山等，2000）。通过研究：伏秋雨可以贮存在土壤中并维持到来年春天4—5 月。因此，根据上年秋季（9—11 月）降水量对春播关键期 10～50 cm 层平均土壤墒情进行预测（韩湘玲等，1988；马晓刚，2008）。

$$Y = \ln(R^{4.115}/e^{3.906}) \tag{6.9}$$

式中，Y 为平均含水率，单位为%；R 为上年秋季 9—11 月降水量。

土壤水分总贮存量表示为：

$$P = \rho \times h \times w \times 10 \tag{6.10}$$

$$w = Y \times 100 \tag{6.11}$$

式中，P 为土壤水分总贮存量；ρ 为某层土壤容重，单位为 g/cm³；h 为土壤层厚度；w 为土壤重量含水量。

（3）日照适宜度模型

玉米不同生育阶段及全生育期的日照适宜度表示为：

$$S(s) = \begin{cases} e^{-[(s-s_0^2)/b]} & s < s_0 \\ 1 & s \geqslant s_0 \end{cases} \tag{6.12}$$

$$S(S) = \sum_{i=1}^{3} (a_i \times S_i(s)) \tag{6.13}$$

式中,s 为生育期内的太阳总辐射量;s_0 为总辐射占天空辐射的 70%;b 为太阳辐射呈正态分布时的方差值;a_i 为各生育阶段权重;$S_i(S)$ 为第 i 个生育阶段日照适宜度;$S(S)$ 为玉米全生育期日照适宜度。

(4)权重的确定

采用相关系数法确定权重。即计算不同生育阶段温度(水分、日照)适宜度之间的相关系数矩阵,计算每一生育阶段与其他生育阶段的相关系数的平均值,以其平均值占全生育期内所有生育阶段相关系数平均值总和的比值,作为该生育期的权重系数 a_i。

(5)气候适宜度模型(马树庆,1994)

$$S = 0.32 \times S(T) + 0.48 \times S(R) + 0.2 \times S(S) \tag{6.14}$$

式中,S 为玉米全生育期气候适宜度;$S(T)$、$S(R)$、$S(S)$ 分别为玉米全生育期内的温度适宜度、水分适宜度以及光照适宜度。

6.3.2 不同发育阶段(含全生育期)温度适宜度

(1)播种—出苗期

图 6.20 是 1951—2100 年玉米播种—出苗期的温度适宜度,玉米播种—出苗期温度适宜度基本在 0.41~0.60;1951—1980 年适宜度较低,1981—2010 年与前一时段相比,辽宁省西部部分地区有所升高,其他地区无明显变化。

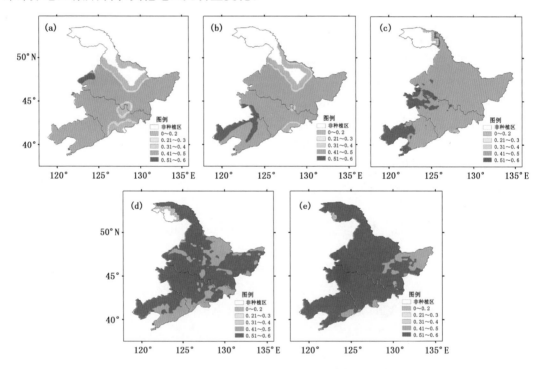

图 6.20 播种—出苗期温度适宜度

(a.1951—1980 年;b.1981—2010 年;c.2011—2040 年;d.2041—2070 年;e.2071—2100 年)

相对于 1981—2010 年,2011—2040 年,辽宁省朝阳、葫芦岛、锦州以及吉林省西部的小部分地区温度适宜度有所升高;2041—2070 年,整个东北地区除丹东、大连地区以及黑龙江伊春北部地区外,其他地区均有所升高;2071—2100 年,东北大部分地区均有所升高,而三江平原地区无明显变化趋势。播种—出苗期温度适宜度的升高说明该阶段的日平均气温逐步升高,温度条件更适宜玉米播种和幼苗生长。

(2)出苗—抽雄期

随着东北地区玉米生长季内热量资源的增加,玉米出苗—抽雄期的温度适宜度在提高,温度适宜度在 0.91~1.00 的区域呈现北抬东扩的趋势,2011—2040 年,东北大部分地区玉米出苗—抽雄期温度适宜度较高,整体而言,西部高于东部;2041—2100 年温度适宜度在 0.91~1.00 的区域面积进一步扩大(图 6.21)。

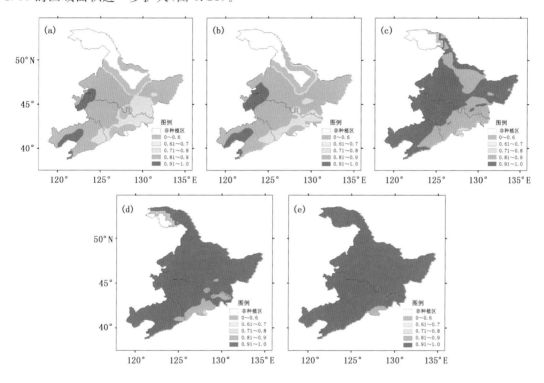

图 6.21　出苗—抽雄期温度适宜度

(a.1951—1980 年;b.1981—2010 年;c.2011—2040 年;d.2041—2070 年;e.2071—2100 年)

(3)抽雄—成熟期

玉米抽雄—成熟期的温度适宜度在 1951—2010 年中首先表现为由西南向东北逐渐减小,辽宁南部沿海地区温度适宜度最好,达到 0.81 以上,由此说明,在当前情况下,辽宁南部沿海地区温度条件非常适宜春玉米生长。但随着东北地区热量资源的不断增加,温度条件最适宜玉米生长的区域逐渐向北抬升,2011—2040 年辽宁大部分地区、吉林省西部及松嫩平原南部地区玉米温度适宜度达到最高,温度适宜度向北向东逐渐减小;2041—2100 年,随着热量资源的继续增加,辽宁地区、吉林省西部地区的玉米温度适宜度开始呈现下降的趋势,说明该阶段的平均温度已对该区域内玉米后期生长产生了不利的影响。而吉林省中东部、黑龙江地区玉米温度适宜度开始升高,逐渐达到 0.70 以上,即该地区的热量资源开始非常适宜玉米生长。(图 6.22)

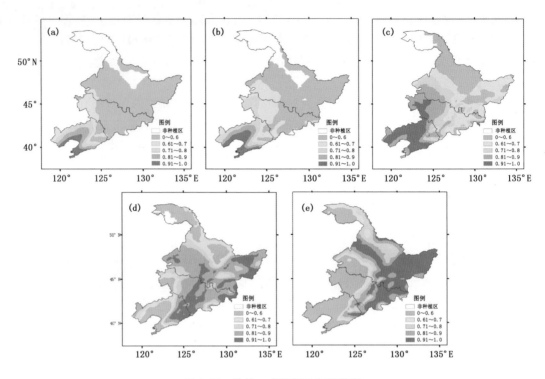

图 6.22　抽雄—成熟期温度适宜度

(a.1951—1980 年;b.1981—2010 年;c.2011—2040 年;d.2041—2070 年;e.2071—2100 年)

(4)全生育期

玉米全生育期温度适宜度的变化规律与抽雄—成熟期的温度适宜度变化规律基本一致，1951—2040 年,辽宁地区温度适宜度最好,温度条件最适宜玉米的生长,温度适宜度逐渐向吉林省中西部、黑龙江地区减小,而 2041 年以后辽宁地区、吉林西部地区玉米全生育期温度适宜度开始低于 0.91,适宜度的高值区逐渐向北向东扩展;2071—2100 年,辽宁省除辽东地区外,温度适宜度均低于 0.81;吉林省中西部地区的温度适宜度也低于 0.81,吉林省东部地区、黑龙江三江平原地区玉米温度适宜度高,温度条件适宜玉米生长(图 6.23)。

6.3.3　不同发育阶段(含全生育期)水分适宜度

(1)播种—出苗期

东北玉米播种—出苗期水分适宜度在各个时段间的变化不大,大部分地区在 0.91~1.00,在不可种植区域的边界、黑龙江哈尔滨及牡丹江大部分地区水分适宜度较低,但整体而言,玉米播种—出苗期的降水量及土壤含水量能够较好地满足玉米出苗对水分的需求(图 6.24)。

(2)出苗—抽雄期

出苗—抽雄期水分适宜度的空间分布与降水量的空间分布特征类似,东南地区水分适宜度较高,而西北地区水分适宜度较小。相对于 1951—1980 年,1981—2010 年玉米出苗—抽雄期水分适宜度黑龙江东南部、松嫩平原南部、长白山地区水分适宜度在 0.60 以下的区域面积有所减小;2011—2100 年,整个东北地区玉米水分适宜度均有所降低,尤其在吉林省西部、松

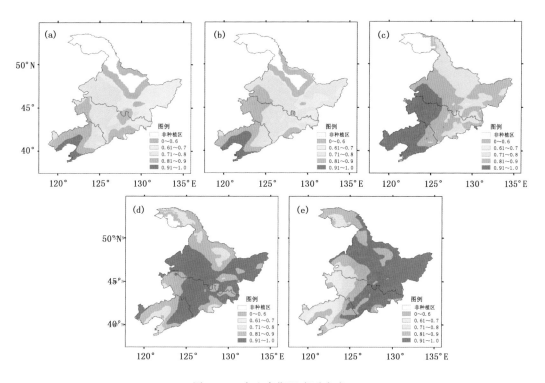

图 6.23　全生育期温度适宜度

（a. 1951—1980 年；b. 1981—2010 年；c. 2011—2040 年；d. 2041—2070 年；e. 2071—2100 年）

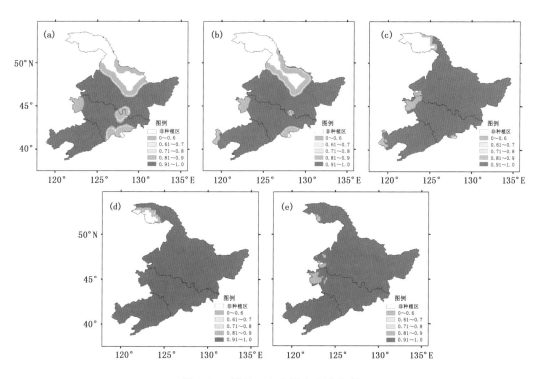

图 6.24　播种—出苗期水分适宜度

（a. 1951—1980 年；b. 1981—2010 年；c. 2011—2040 年；d. 2041—2070 年；e. 2071—2100 年）

嫩平原、辽西地区水分适宜度低于 0.60 的区域面积持续扩大,前期水分适宜度较高的东南部地区水分适宜度也有所降低,但总体的趋势仍是东部地区高于西部(图 6.25)。

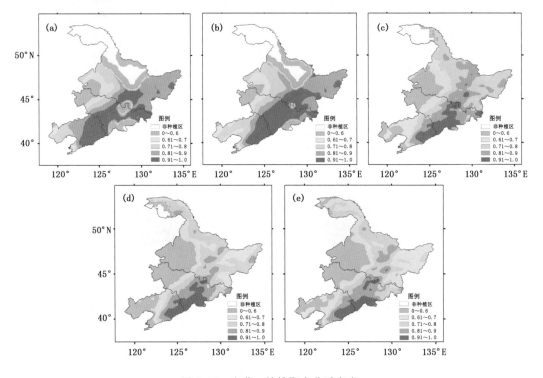

图 6.25　出苗—抽雄期水分适宜度

(a.1951—1980 年;b.1981—2010 年;c.2011—2040 年;d.2041—2070 年;e.2071—2100 年)

(3)抽雄—成熟期

图 6.26 为东北地区玉米不同时段内抽雄—成熟期水分适宜度,通过对比分析,就整体而言,水分适宜度随时间呈现降低的趋势,2011—2100 年水分适宜度低于 1951—2010 年,吉林省西部及松嫩平原南部的水分适宜度相对较低,东部地区水分适宜度高于西部;黑龙江北部及中部地区水分适宜度呈增加的趋势,辽宁省降低趋势较为明显,吉林省西部水分适宜度低于中东部,且水分适宜度有较明显的降低。

(4)全生育期

图 6.27 为东北地区玉米全生育期内水分适宜度,其变化趋势与抽雄—成熟期水分适宜度的分布及变化趋势相近。对不同时段玉米全生育期水分适宜度进行对比分析,结果表明:东北地区东部高于西部;除不可种植区域边界水分适宜度较低外,其他地区水分适宜度基本在 0.7以上;相对于 1951—1980 年,1981—2010 年,辽宁西部水分适宜度有所下降,在 0.81～0.90,其他地区无明显变化;2011—2040 年,辽宁西部、吉林省西部、黑龙江三江平原、松嫩平原西南部地区水分适宜度有所下降,水分适宜度在 0.61～0.80 的区域面积有所增加;2041—2070年,辽宁省西部、吉林西部以及黑龙江松嫩平原西南部地区的水分适宜度持续下降,而适宜度在 0.91～1.00 的区域面积不断缩小;2071—2100 年,吉林省西部的部分地区水分适宜度在0.6 以下,其他地区水分适宜度较高。

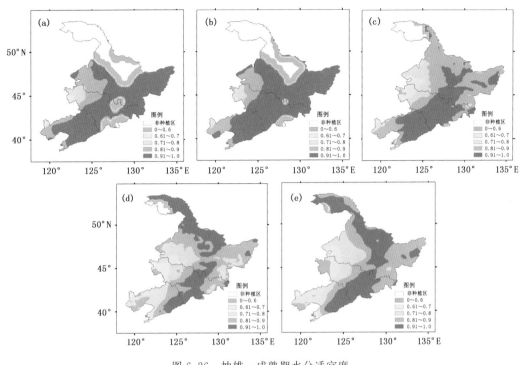

图 6.26　抽雄—成熟期水分适宜度

（a.1951—1980 年;b.1981—2010 年;c.2011—2040 年;d.2041—2070 年;e.2071—2100 年）

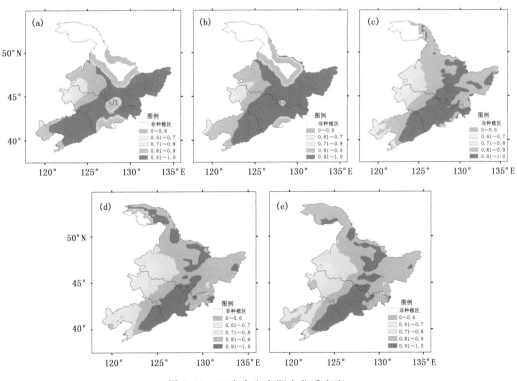

图 6.27　玉米全生育期水分适宜度

（a.1951—1980 年;b.1981—2010 年;c.2011—2040 年;d.2041—2070 年;e.2071—2100 年）

6.3.4 不同发育阶段(含全生育期)光照适宜度

(1)播种—出苗期

玉米播种—出苗期的光照适宜度,东北大部分地区在0.81~1.00,光照条件适宜玉米的生长(图6.28)。1951—1980年,东北大部分地区光照适宜度在0.91~1.00;1981—2010年,辽宁省、吉林中西部地区光照适宜度高于东北其他地区,光照适宜度较高;2011—2100年,东北地区光照适宜度无明显的变化。

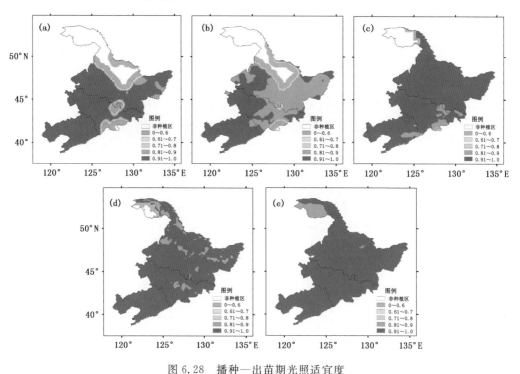

图6.28 播种—出苗期光照适宜度

(a.1951—1980年;b.1981—2010年;c.2011—2040年;d.2041—2070年;e.2071—2100年)

(2)出苗—抽雄期

1951—2100年5个时段玉米出苗—抽雄期的光照适宜度除个别地区外,均在0.90~1.00,适宜度较高(图6.29)。

1951—1980年,辽宁省东部地区玉米光照适宜度较低,在0.81~0.90;相对于1951—1980年,1981—2010年,玉米出苗—抽雄期光照适宜度在0.81~0.90的区域面积进一步扩大,其他地区的光照适宜度无明显变化;2011—2040年,光照适宜度在0.81~0.90的区域有所减小;2041—2100年,东北地区玉米出苗—抽雄期的光照适宜度均在0.91~1.00,光照适宜度较高。

(3)抽雄—成熟期

玉米抽雄—成熟期的光照适宜度,随着时间的推移,适宜度在0.9~1.0的区域面积不断增大,2071—2100年,辽宁光照适宜度大部分地区在0.9~1.0,吉林省及黑龙江松嫩平原在0.8~0.9,其他区域在0.8以下(图6.30)。

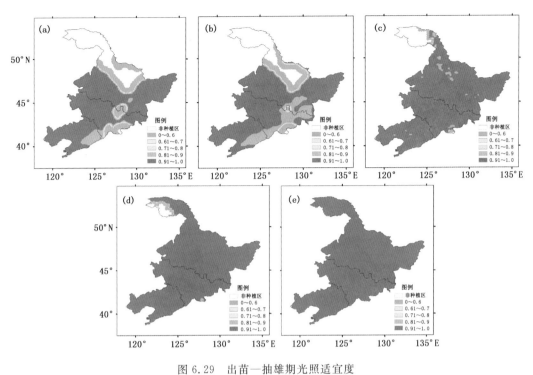

图 6.29　出苗—抽雄期光照适宜度

（a.1951—1980 年；b.1981—2010 年；c.2011—2040 年；d.2041—2070 年；e.2071—2100 年）

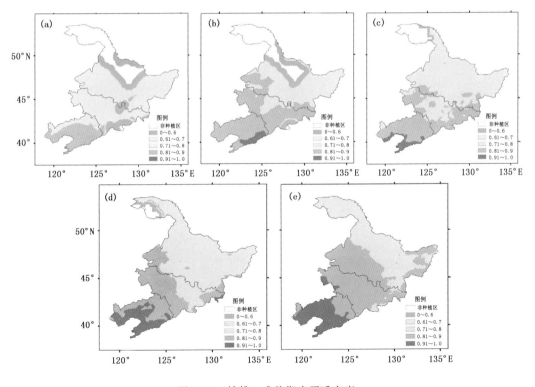

图 6.30　抽雄—成熟期光照适宜度

（a.1951—1980 年；b.1981—2010 年；c.2011—2040 年；d.2041—2070 年；e.2071—2100 年）

（4）全生育期光照适宜度

图 6.31 为玉米全生育期的光照适宜度，1951—1980 年，东北大部分地区光照适宜度在 0.81～1.00，随着时间的推移，适宜度在 0.91～1.00 的区域不断向北向东扩展，2071—2100 年，除黑龙江大兴安岭、黑河及伊春地区外，东北三省其他地区的光照适宜度均在 0.91～1.00。由此看出，东北地区的光照适合玉米生长发育，不会对玉米生产构成威胁。

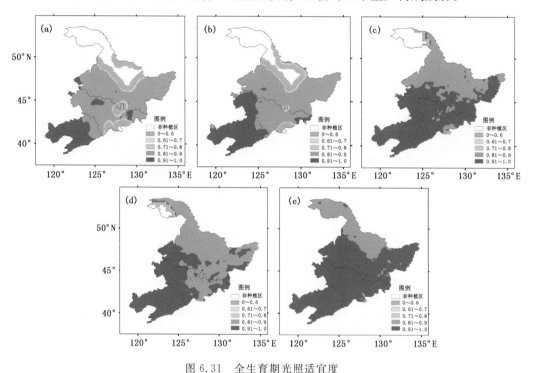

图 6.31　全生育期光照适宜度
（a.1951—1980 年；b.1981—2010 年；c.2011—2040 年；d.2041—2070 年；e.2071—2100 年）

6.3.5　不同发育阶段（含全生育期）气候适宜度

图 6.32 给出了不同时段玉米全生育期的气候适宜度。1951—2010 年期间，辽宁省玉米的气候适宜度较好，大部地区在 0.91～1.0，即气候条件最适宜玉米的种植，而其他地区的气候适宜度稍低；2011—2040 年，适宜度在 0.9～1.0 的区域不断向东北方向扩展，即气候条件最适宜玉米生长的区域扩展至辽宁省东部、北部以及吉林省中部地区，除吉林西部小部分地区外，其他地区的适宜度在 0.81～0.90；2041—2070 年，辽宁省适宜度的高值区面积有所减小，而三江平原部分地区，适宜度呈升高的趋势，吉林省西部适宜度低于 0.81 的区域面积进一步扩大，辽宁南部地区适宜度呈下降的趋势，适宜度低于 0.81，其他地区适宜度无明显变化；2071—2100 年，适宜度低于 0.81 的区域面积进一步增大，已扩展至辽西、辽北的部分地区、吉林省西部以及松嫩平原南端，辽宁省适宜度的高值区不断缩小，而吉林省气候适宜度的高值区域不断增加且向东发展，黑龙江适宜度的高值区面积也有明显的增加。

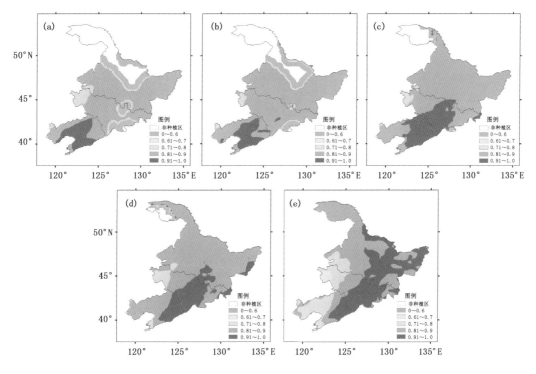

图 6.32　全生育期气候适宜度

(a.1951—1980 年；b.1981—2010 年；c.2011—2040 年；d.2041—2070 年；e.2071—2100 年)

辽宁省除辽东地区外，气候适宜度呈减小的趋势，而吉林省适宜度在 0.71～0.80 的区域面积不断增加；由于气候适宜度是由温度、降水及太阳辐射三个要素共同决定，而引起辽宁及吉林省中西部地区适宜度降低的主要原因是玉米生育期内的平均温度升高，达到甚至超过了适宜玉米生长的上限温度以及水分适宜度略有下降而造成的。

6.4　气候适宜度演变趋势

6.4.1　不同发育阶段(含全生育期)温度适宜度

从温度适宜度的时间变化来看，玉米播种—出苗期、出苗—抽雄期温度适宜度随东北地区温度的升高逐渐增大，而抽雄—成熟期温度适宜度首先是增加的，后开始逐渐降低，玉米全生育期由于吉林、黑龙江地区温度适宜度的升高，使东北地区全生育期的温度适宜度表现出略有升高的趋势(图 6.33)。

玉米出苗—抽雄期的温度适宜度最高，其次是玉米全生育期，温度适宜度在 0.6～0.9，播种—出苗阶段的温度适宜度最低。

6.4.2　不同发育阶段(含全生育期)水分适宜度

东北玉米各生育阶段及全生育期水分适宜度的变化趋势显示，除播种—出苗期无明显波动外，其他生育阶段水分适宜度年际间波动较大，且基本呈下降的趋势(图 6.34)。玉米出

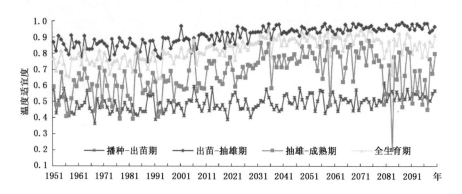

图 6.33　玉米各生育阶段及全生育期温度适宜度

苗—抽雄期的水分适宜度较低且年际间波动大于其他生育阶段的变化,可以看出,该阶段的水分条件将成为影响玉米生长的主要因素之一。

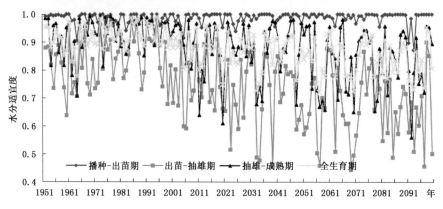

图 6.34　不同生育阶段水分适宜度时间分布

6.4.3　不同发育阶段(含全生育期)光照适宜度

1951—2100 年,东北地区玉米光照适宜度,玉米出苗—抽雄时段较高,播种—出苗期以及全生育期次之,在 0.8～1.0 之间波动,而玉米抽雄—成熟期的光照适宜度年际波动较大(图 6.35)。

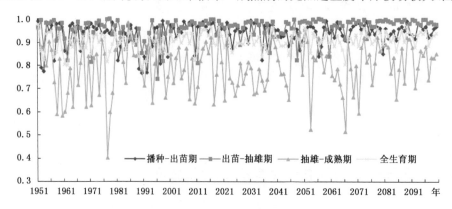

图 6.35　不同生育阶段光照适宜度变化趋势

根据玉米水分及光照适宜度的时间变化趋势,玉米出苗—抽雄期的水分适宜度较低而光照适宜度较高,抽雄—成熟期的水分适宜度较高而光照适宜度较低,主要是由于玉米出苗—抽雄期的降水量较少,因此,所得到的太阳总辐射量及净辐射量较多,该期的玉米光照适宜度较高;而玉米抽雄—成熟期的降水量逐渐增多,影响了所得到的太阳总辐射及净辐射,所以玉米光照适宜度较低。

6.4.4　不同地区玉米全生育期气候适宜度

从玉米气候适宜度的变化趋势来看,1951—2040 年是辽宁省玉米气候适宜度最高的时段,即此时段气候条件是最适宜玉米生长的,2041—2100 年,玉米气候适宜度开始降低,气候条件将会给对玉米生产带来不利影响,特别是高温的影响显著(图 6.36a)。

吉林省玉米的气候适宜度一直较高,2000—2071 年期间气候适宜度略有上升,2071—2100 年玉米适宜度表现出较大的年际波动,并较前期有所降低。但在吉林省降水不足仍是限制玉米生长发育的重要因素(图 6.36b)。

玉米全生育期内的气候适宜度有增加的趋势,未来气候变化有利于黑龙江玉米的种植(图 6.36c)。

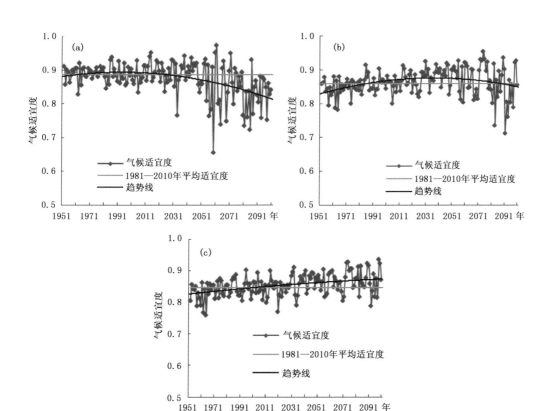

图 6.36　不同地区玉米气候适宜度演变趋势

(a.辽宁省;b.吉林省;c.黑龙江省)

6.5 春玉米气候生产潜力特征

气候生产潜力是指当其他条件(如土壤、养分、二氧化碳等)处于最适宜状况,充分利用光、热、水气候资源时,单位面积土地上可能获得的最高生物学产量或农业产量(侯西勇,2008)。作物气候生产潜力估算是研究粮食综合生产能力的基础,可为农业生产力布局、农业结构调整以及合理利用气候资源提供重要的理论指导(魏凤英等,2010;罗永忠等,2011)。本章利用"作物生长动态统计"模型,按常用的三级(光合潜力、光温潜力、气候潜力)订正来计算气候变化下东北玉米的气候生产潜力。首先按照玉米的发育期计算,然后将不同发育期的生产潜力累加得到整个生长期的作物生产潜力。在进行发育期分别计算时,本章采用了品种布局中根据热量指标计算出的各个发育期的起止日期,将玉米全生育期分为萌发—出苗、出苗—抽雄、抽雄—成熟三个阶段,分别计算不同时段不同品种布局之下的玉米气候生产潜力。

6.5.1 "作物生长动态统计"模型

(1)温度订正系数

以玉米生长发育和实现高产的三基点温度指标为基准,按下式确定(王宗明等,2005;郭建平等,1994):

$$f(T) = \left[(T - T_1)(T_2 - T)^B\right] / \left[(T_0 - T_1)(T_2 - T_0)^B\right] \tag{6.15}$$

$$B = \frac{(T_2 - T_0)}{(T_0 - T_1)} \tag{6.16}$$

式中,$f(T)$ 为温度订正系数;T 为发育期的平均气温;T_1、T_2 和 T_0 分别是该发育期内作物生长发育的下限温度、上限温度和产量形成的最适温度。且令当 $T \leqslant T_1$ 及 $T \geqslant T_2$ 时,$f(T) = 0$。各发育期的上、下限温度和最适温度如表 6.6(王宗明等,2005)。

表 6.6 东北春玉米各发育期三基点温度(℃)

	T_0	T_1	T_2
萌发—出苗	25	10	35
出苗—抽雄	26	12	35
抽雄—成熟	24	15	30

(2)水分订正函数

$f(R)$ 是作物生长发育和产量形成的水分订正函数,采用下式计算(刘勤等,2007):

$$f(R) = \begin{cases} 1 & \text{当 } R_j \geqslant E_{0j} \\ R_j / E_{0j} & \text{当 } R_j < E_{0j} \end{cases} \tag{6.17}$$

式中,$E_{0j} = \alpha_j \times ET_{0j}$,$\alpha_j$ 为作物系数,各发育期的作物系数如表 6.7(Doorenbos et al,1979);R_j 为 j 时段的降水量;E_{0j} 为总蒸发量;ET_{0j} 为采用 FAO Penman-Monteith 方法计算的可能蒸散量(陈超等,2011),计算方法如下:

$$ET_{0j} = \frac{0.408\Delta(R_n - G) + \gamma \frac{900}{t + 273}U_2 VPD}{\Delta + \gamma(1 + 0.34U_2)} \tag{6.18}$$

式中,R_n 为作物冠层净辐射,单位为$[(MJ/m^2)/d]$;G 为土壤热通量,单位为$[(MJ/m^2)/d]$(本节中计算的为日蒸散量,G 值很小,故忽略不计);t 为平均气温(℃);U_2 为 2 m 高 24 h 平均风速,单位为 m/s;VPD 为 2 m 高水气压差,单位为 kPa;Δ 为饱和水汽压曲线斜率,单位为 kPa/℃;γ 为干湿表常数,单位为 kPa/℃。

①饱和水汽压曲线斜率 Δ 的计算方法

$$\Delta = \frac{4098 e_a}{(t + 237.3)^2} \tag{6.19}$$

$$e_a = \frac{e_0(T_{\max}) + e_0(T_{\min})}{2} \tag{6.20}$$

$$e_0(T) = 0.611 \exp\left(\frac{17.27T}{T + 237.3}\right) \tag{6.21}$$

式中,$T_{\max}$ 为日最高气温;$T_{\min}$ 为日最低气温。

②干湿表常数 γ 的计算方法为:

$$\gamma = 0.00163 \frac{p}{\lambda} \tag{6.22}$$

式中,p 为气压;λ 为常数,$\lambda = 2.45$ MJ/kg。

③2 m 高风速的计算方法:

$$U_2 = \frac{4.87 U_k}{\ln(67.8h - 5.42)} \tag{6.23}$$

式中,U_k 为 10 m 高风速,$h = 10$ m。

④VPD 的计算方法

$$e_s = 0.6108 \exp\left(\frac{17.27t}{t + 237.3}\right) \tag{6.24}$$

$$e = e_s \times BD \tag{6.25}$$

式中,e_s 为饱和水汽压;e 为实际水汽压;BD 为相对湿度。

表 6.7　东北玉米各发育期作物系数

萌发—出苗	出苗—拔节	拔节—抽雄	抽雄—成熟
0.40	0.80	1.15	0.85

将出苗—抽雄这段时间分为出苗—拔节和拔节—成熟两个阶段,自出苗之日起一般要经过 30 d 达到拔节,30 d 之后为拔节—抽雄期。

(3)农业气候生产潜力

光合生产潜力 Y_1 的计算公式如下(王宗明等,2005;郭建平等,1994):

$$\begin{aligned} Y_1 &= C \cdot f(Q) \\ &= C\Omega\varepsilon\varphi(1-\alpha)(1-\beta)(1-\rho)(1-\gamma) \\ &\quad (1-\omega)(1-\eta)^{-1}(1-\xi)^{-1} \cdot s \cdot q^{-1} f(L) \sum Q_j \end{aligned} \tag{6.26}$$

式中,C 为单位换算系数;Q_j 为太阳总辐射,单位为 MJ/m^2;其他参数如表 6.8 所列。

在光合生产潜力的基础上进行温度和生育日数的订正,得到光温生产潜力(Y_2):

$$Y_2 = f(T) \cdot f(N) \cdot Y_1 \tag{6.27}$$

式中,$f(T)$ 是温度订正函数;$f(N)$ 是生育日数订正函数。根据东北地区的实际情况,采用如下形式计算(郭建平等,1994):

表6.8　光合生产潜力计算时所用参数的意义和取值

参数	物理意义	取值	参数	物理意义	取值
ε	光合辐射占总辐射的比例	0.49	η	成熟谷物的含水率	0.15
φ	光合作用量子效率	0.224	ξ	植物无机灰分含量比例	0.08
α	植物群体反射率	0.68	s	作物经济系数	0.40
β	植物繁茂群体透射率	0.06	q	单位干物质含热量(MJ/kg)	17.2
ρ	非光合器官截获辐射比例	0.10	Ω	作物光合固定 CO_2 能力的比例	1.00
γ	超过光饱和点光的比例	0.01	$f(L)$	作物叶面积动态变化订正值	0.58
ω	呼吸消耗占光合产物的比例	0.30			

$$f(N) = 1 + (N - N_0)/(1.7N_0) \tag{6.28}$$

式中，N 为作物有效生育日数(日平均气温 ≥ 10 ℃的日数)，N_0 为 5—9 月的日数(165)。因为它可完全满足作物最晚熟品种的要求，故 $f(N > 165) = f(165)$。

在光温生产潜力的基础上，进行水分订正可得到气候生产潜力 Y_3：

$$Y_3 = f(R) \cdot Y_2 \tag{6.29}$$

式中，$f(R)$ 为水分订正函数。

6.5.2　气候生产潜力时间变化趋势

辽宁省玉米气候生产潜力在 1951—2010 年间基本上是一个稳定的状态，不同年份上下略有波动，2010 年开始气候生产潜力明显下降(图 6.37a)。其原因主要是辽宁省目前的热量资源已能充分满足晚熟玉米的生长发育，并能得到较高产量。而随着温度的逐渐升高，虽然热量资源在不断增加，但是过高的温度超出玉米生长发育的最适宜温度。特别是到 2051 年后，在玉米的抽雄—成熟阶段，日平均气温已经高于此阶段玉米形成产量的最高温度，故导致玉米气候生产潜力大大降低。可见，虽然理论上过多的热量资源可以满足玉米栽培的要求，但是对于气候生产潜力而言，不但没有增加，反而减少。因此，从获得收益的角度来讲，2050 年之后，如果还按照现行的 ≥ 10 ℃初日确定玉米的播种期，则会使玉米生长过程中遇到不利的高温期，造成玉米减产。因此，2050 年后，辽宁地区应该适当的调整春玉米的播种期，或者选择夏玉米或其他作物来实现热量资源的高效利用，以提高产量。

吉林省玉米气候生产潜力在 2000 年之前略偏小，2000 年之后，随着晚熟品种的应用，气候生产潜力开始逐渐增加，特别是 2051—2070 年，生产潜力达到了最高，之后又开始逐渐下降，但总体上仍比基准时段偏高(图 6.37b)。由此可见，热量资源的增加对吉林省玉米气候生产潜力的影响为正效应，随着热量的增加，生长季延长，吉林省的玉米品种逐渐由早、中熟品种过渡到中、晚熟品种再过渡到晚熟品种，热量资源得到了充分的利用。

黑龙江省是我国纬度最高的农业区，热量资源缺乏是限制农业高产稳产的主要因素。因此，在未来气候变暖，有效积温增加的有利条件下，晚熟品种将逐渐得到应用，其玉米的气候生产潜力也将随气候变暖而不断增加(图 6.37c)。因此，热量资源的增加对黑龙江的玉米生产总体上是有利的。

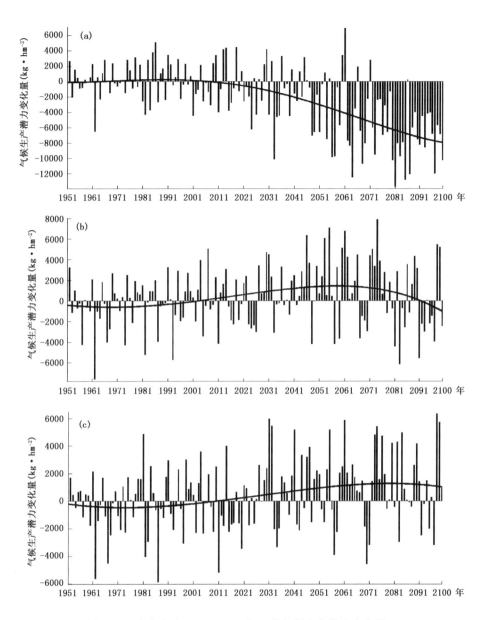

图 6.37　东北各省 1951—2100 年玉米气候生产潜力变化量

（a.辽宁省；b.吉林省；c.黑龙江省）

6.5.3　气候生产潜力的空间分布

由于不同阶段的热量资源发生了显著变化，使得玉米品种熟型的布局也随着发生相应的变化，从而导致玉米气候生产潜力的空间分布也产生明显的差异（图 6.38）。

1981—2010 年气候生产潜力与 1951—1980 年相比总体有所增加，增加比较明显的区域为三江平原以及黑龙江的南部地区，而辽西走廊一带有所下降。2011—2040 年辽西走廊的气候生产潜力继续下降，逐渐退出高值区。辽宁省大部以及吉林中部仍然处在气候生产潜力的高值区，黑龙江省气候生产潜力有明显的增加趋势，增加比较明显的地区为小兴安岭一带。到

2041—2070 年辽宁省气候生产潜力减小的趋势变得十分明显,其中辽西走廊一带已经变成气候生产潜力的低值区,而气候生产潜力的高值区逐渐向吉林省移动。整体来看,气候生产潜力的高值区有由西向东、由南向北移的趋势。到 2071—2100 年,这一变化趋势更加明显,辽宁省大部以及东北平原大部已经由 1981—2010 年的气候生产潜力高值区变成低值区。气候生产潜力的高值区继续向东北方向移动。

以上现象的出现和热量资源增加密切相关。目前热量比较充足的地区随着热量资源的增加,如果仍然按照传统的以≥10℃初日确定玉米的播种期,则会造成玉米的生长过程中遇到不利的高温期,导致玉米气候生产潜力下降。因此,在热量充足的辽宁省应采取适当推迟春玉米的播种期或者采用耐高温的夏玉米品种的方法,以提高玉米的气候生产潜力。而目前热量资源相对不足的地区,随着热量资源的增加、生长季的延长,玉米品种不断由早熟向晚熟过渡,热量资源得到充分的利用,生产潜力不断增加。

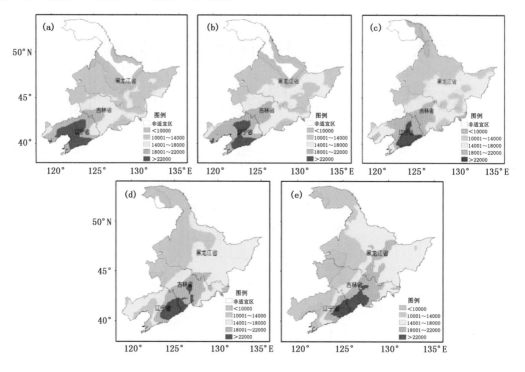

图 6.38　东北不同时段玉米气候生产潜力(kg/hm²)分布

(a. 1951—1980 年;b. 1981—2010 年;c. 2011—2040 年;d. 2041—2070 年;e. 2071—2100 年)

6.6　农业气候资源有效性评估

6.6.1　评估模型

光、热、水是三个最基本的农业气候要素,利用东北三省玉米光、热、水的隶属函数,以隶属函数值作为各要素的气候适宜度值。将生育期内光、热、水三要素的隶属函数值进行综合,以平均资源适宜指数 I_y、平均效能适宜指数 I_{xe} 和平均利用指数 K 作为评价指标来评价东北地

区玉米气候资源的适宜情况和利用率,其计算公式如下(罗怀良等,2001):

$$I_{sr} = \frac{1}{3n} \sum_{t=1}^{n} \left[S_T(T) + S_W(W) + S_R(R) \right] \tag{6.30}$$

$$I_{se} = \frac{1}{n} \sum_{t=1}^{n} \left[S_T(T) \wedge S_W(W) \wedge S_R(R) \right] \tag{6.31}$$

$$K = I_{se}/I_{sr} \tag{6.32}$$

式中,n 为生育期内的间歇时段数(本章按照第五章将整个生育期分为三个阶段:萌发—出苗、出苗—抽雄、抽雄—成熟,因此,$n=3$);$S_T(T)$,$S_W(W)$ 和 $S_R(R)$ 分别为温度、水分和太阳辐射对作物生长的隶属函数。I_{sr} 越大,反映作物在生育期内的气候资源平均适程度越高;I_{se} 越大,反映作物在生育期内光、热、水的平均配合程度越佳,越有利于作物生长;K 值越大,反映作物在生育期内气候资源的利用率越高,反之利用率越低。

6.6.2　温度隶属函数

将温度对作物的影响分为最高温度、最低温度两个阈值和一个最适区间,用模糊数学中模糊子集的升半岭形分布与降半岭形分布对应取交集可建立温度隶属函数:

$$S_T(T) = \begin{cases} 0 & t < t_L \text{ 或 } t > t_H \\ \dfrac{1}{2} - \dfrac{1}{2} \sin \dfrac{\pi}{t_L - t_{s1}} \left(t - \dfrac{t_{s1} + t_L}{2} \right) & t_L \leqslant t \leqslant t_{s1} \\ \dfrac{1}{2} - \dfrac{1}{2} \sin \dfrac{\pi}{t_H - t_{s2}} \left(t - \dfrac{t_{s2} + t_H}{2} \right) & t_{s2} \leqslant t \leqslant t_H \\ 1 & t_{s1} < t < t_{s2} \end{cases} \tag{6.33}$$

式中,$S_T(T)$ 为温度隶属函数;t 为生育期平均温度;t_L,t_H,t_{s1} 和 t_{s2} 分别为玉米生长三基点温度的最低、最高和最适温度的上下限(表 6.9)(王宗明等,2005)。可见,$S_T(T)$ 是一个在 $0\sim1$ 之间变化的不对称抛物线函数,它反映了温度条件从不适宜到适宜再到不适宜的连续变化过程。此函数反映了一个普遍规律,即作物产量随气温的升高而增长,达到某一适宜值后,产量随气温升高迅速下降(刘伟昌等,2008)。

表 6.9　玉米生长三基点温度的最低、最高和最适温度(℃)上下限

	t_L	t_H	t_{s1}	t_{s2}
萌发—出苗	10	35	20	28
出苗—抽雄	12	35	24	31
抽雄—成熟	15	30	22	27

6.6.3　水分隶属函数

水分隶属函数采用气候生产潜力估算中计算水分订正系数的方法(魏瑞江等,2007),由于东北地区玉米属于雨养农业,不需人工灌溉,多余的降雨不足以引起涝害,因此,本节只考虑降水不足和最适两种情况,而不考虑降水过多的影响,建立水分隶属函数如下:

$$S_w(W) = \begin{cases} P/ET_m & P < ET_m \\ 1 & P \geqslant ET_m \end{cases} \tag{6.34}$$

式中，$S_w(W)$ 为水分隶属函数；P 为生育期内降水量；ET_m 为农田最大蒸散量，即农田需水量。

6.6.4 辐射隶属函数

在讨论光照因素时主要考虑太阳辐射，以各发育期实际到达地面的总辐射占天空辐射的 70% 时的平均地面总辐射作为临界点，从而拟合出不同发育期太阳辐射隶属函数为（赖纯佳等，2009）：

$$S_R(R) = \begin{cases} 1 & R \geqslant R_0 \\ \mathrm{e}^{-\left(\frac{R-R_0}{b}\right)^2} & R < R_0 \end{cases} \tag{6.35}$$

式中：$S_R(R)$ 为辐射隶属函数；R_0 为临界点；R 为生育期内平均总辐射量；b 为常数，通过拟合求得。

6.6.5 农业气候资源有效性空间分布

图 6.39 为东北全区 1951—2100 年各时段平均资源适宜指数 I_{sr} 的空间分布变化，反映了 1951—2100 年东北地区玉米生育期内光、温、水资源平均适宜程度的空间变化。可见，1951—2040 年的三个时段中，I_{sr} 的高值区一直分布在辽宁省辽东半岛和辽西走廊，且高值区的范围在此期间有所增大。黑龙江省的 I_{sr} 值变化不大，吉林省的 I_{sr} 值在 2011—2040 年增加显著，由 1981—2010 年的 0.5～0.6 增加到 0.6～0.7。而从 2041—2070 年这一时段开始，I_{sr} 高值区的范围明显向东北方向移动，辽宁省大部分区域已经退出 I_{sr} 高值区，高值区出现在辽宁省和吉

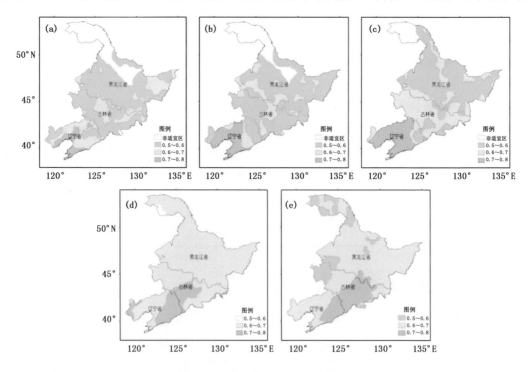

图 6.39　东北全区 I_{sr} 空间分布

（a. 1951—1980 年；b. 1981—2010 年；c. 2011—2040 年；d. 2041—2070 年；e. 2071—2100 年）

林省的交界处,黑龙江省的 I_{sr} 值增加显著,由基准时段的 0.5~0.6 增加到 0.6~0.7。到 2071—2100 年,黑龙江省的 I_{sr} 值基本上在 0.6~0.7,高值区继续向东北方向移动,逐渐到了辽宁省和吉林省东部的大部分地区,最低值区出现在松嫩平原。

图 6.40 为东北全区 1951—2100 年间各时段平均效能适宜指数 I_{se} 的空间分布变化,反映了 1951—2100 年间东北地区玉米生育期内光、热、水的平均配合程度的空间变化。变化比较明显的区域主要在吉林省东南部以及辽西走廊、辽东半岛地区。1951—2100 年间,东北平原的平均效能适宜指数 I_{se} 总体上呈下降趋势,其中 2011—2040 年以及 2071—2100 年两个时段的 I_{se} 值较小,最小值为 0.2~0.3。辽西走廊和辽东半岛在 1951—2100 年间减小趋势最为显著,1951—2040 年间,辽西走廊和辽东半岛的 I_{se} 值一直处于东北全区的最高值区,其值范围在 0.5~0.6,但是高值区的范围有所减小。从 2041—2070 年这一时段开始辽西走廊和辽东半岛逐渐退出高值区范围,到了 2071—2100 年,辽西走廊和辽东半岛的 I_{se} 值将演变为整个东北的最低值区,I_{se} 值只有 0.2~0.3。同时,最高值区域移到了吉林省和辽宁省交界的一小块区域。总体上,全区的平均效能适宜指数 I_{se} 是减小的趋势,高值区的范围逐渐向东北方向移动,且范围在不断缩小。表明随着气候的不断变暖,除了吉林省和黑龙江省交界处的部分地区外,东北三省的光、温、水资源的配合程度是逐渐降低的。

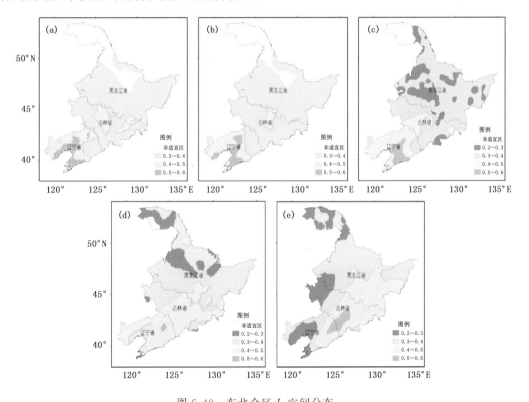

图 6.40　东北全区 I_{se} 空间分布

(a. 1951—1980 年;b. 1981—2010 年;c. 2011—2040 年;d. 2041—2070 年;e. 2071—2100 年)

图 6.41 为不同时段东北全区平均利用指数 K 值的分布,反映了 1951—2100 年间东北地区玉米生育期内光、热、水的平均资源利用率的空间变化。可见不同时段的 K 值分布有明显差异。1981—2010 年与 1951—1980 年相比,全区的 K 值明显减小,高值区仍处在辽西走廊和

辽东半岛，且为 1951—2100 年整个时段的最高值，其值在 0.7～0.8。2011—2040 年与 1981—2010 年相比，变化最大的地区为吉林省，K 值由基准时段的 0.4～0.5 增加到 0.5～0.6，部分地区甚至增加到 0.6～0.7。而对于东北平原北部，2011—2040 年 K 值反而有所减小，平均减小幅度为 0.1 左右。2041 年之后，辽宁省的 K 值不断减小，K 值的高值区开始明显北移东扩到吉林省大部和辽宁省东部。辽西走廊和辽东半岛以及东北平原中西部在 2071—2100 年已经减小到全区的最低值，同时也是 1951—2100 年整个时段的最低值，只有 0.3～0.4。总体而言，东北三省的西南部的 K 值呈逐渐减小的趋势，而东北部 K 值呈逐渐增加的趋势。

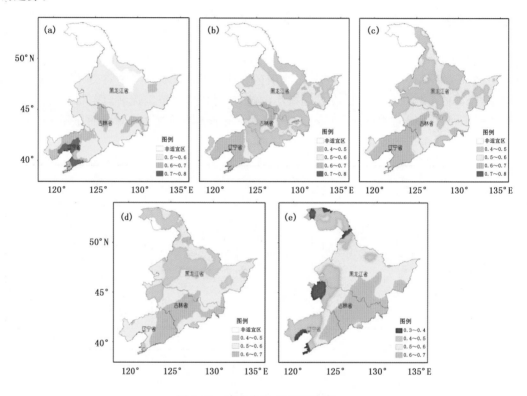

图 6.41　东北全区 K 空间分布

(a. 1951—1980 年；b. 1981—2010 年；c. 2011—2040 年；d. 2041—2070 年；e. 2071—2100 年)

6.6.6　农业气候资源有效性时间演变趋势

图 6.42(a)为各省平均资源适宜指数 I_{sr} 随时间的变化趋势。可见，2030 年之前，辽宁省的 I_{sr} 值在 0.72 左右，要明显大于吉林省(0.65 左右)和黑龙江省(0.625 左右)，2030 年后辽宁省 I_{sr} 开始明显下降。而吉林省和黑龙江省的 I_{sr} 值从 2011 年开始缓慢增加。到 2081 年后，辽宁省的 I_{sr} 值开始低于吉林省和黑龙江省。由此可知，随着气候的逐渐变暖，辽宁省玉米的气候资源平均适宜程度逐渐下降，而吉林省和黑龙江省的气候资源条件则越来越适合玉米的生长发育。

图 6.42(b)为各省平均效能适宜指数 I_{se} 随时间的变化趋势。2020 年之前，辽宁省的 I_{se} 值大约为 0.47，2021 年后，辽宁省的 I_{se} 值开始明显下降。吉林省、黑龙江省 I_{se} 值在 2020 年之前

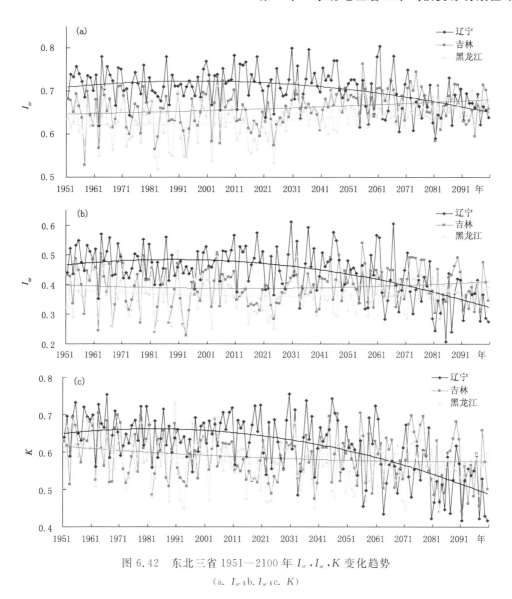

图 6.42　东北三省 1951—2100 年 I_{sr}，I_{se}，K 变化趋势

(a. I_{sr}；b. I_{se}；c. K)

略有下降，分别为 0.4 和 0.38 左右，2020 年之后略有增加。到 2071 年，辽宁省的 I_{se} 已经低于吉林省的 I_{se} 值，并在之后继续降低，到 2081 年开始低于黑龙江省的 I_{se} 值。可见，随着气候的不断变暖，2021 年后辽宁省玉米生育期内光、热、水的平均配合情况越来越差，逐渐不利于春玉米的生长，这将给辽宁省玉米高产稳产带来巨大的挑战。而吉林省和黑龙江省的 I_{se} 经历一个不明显的先降低再升高的过程，但总体变化不大，对春玉米的种植影响不大。

图 6.42（c）为各省平均利用指数 K 随时间的变化，三省的 K 值都有下降趋势，其中辽宁省 K 值在 2011 年后下降十分显著，吉林省和黑龙江省 K 值略有下降，但下降幅度不大。随着辽宁省 K 值急剧下降，到 2064 年之后，辽宁省的 K 值已经小于吉林省，并在 2074 年之后逐渐小于黑龙江省。产生此现象的主要原因是随着气候的逐渐变暖，辽宁省的热量资源严重过剩，太阳辐射资源也明显增多，使得此时的光、温、水配合程度降低，故气候资源的利用率明显降低。吉林省和黑龙江省的 K 值基本保持在 0.6 左右。其中黑龙江省的 K 值略低于吉林省，主

要是因为黑龙江省纬度最高,温度相对较低,气候资源略有不足,光、温、水资源的配合程度相对较差,故资源利用率也较低。而随着气候的不断变暖,黑龙江省和吉林省的气候资源增加,虽然气候适宜程度有所提高,但光、温、水的配合程度仍然较差,造成气候资源特别是热量资源的浪费,故资源利用率仍有所下降。

以上 I_{sr},I_{se},K 的变化解释了辽宁省玉米气候生产潜力在 2030 年后显著下降的原因之一,是由于辽宁省的气候资源对春玉米的适宜程度以及光、温、水的配合程度下降所致。而吉林省和黑龙江省在 2030 年后由于两省的气候资源适宜程度以及配合程度增高,更加有利于春玉米的生长以及产量的形成,所以气候生产潜力得到显著提高。

可见,气候变暖对农业气候资源的适宜程度、配合程度及利用率主要是在温度较高的辽宁省有明显的不利影响。对原本气候资源特别是热量资源略有不足的吉林省和黑龙江省影响不大。因此,我们需要根据不同地区的具体情况,探求应对气候变暖的农业种植措施,在充分利用气候资源的同时保证东北玉米的稳产高产。

参考文献

陈超,庞艳梅,潘学标,等.2011.四川地区参考作物蒸散量的变化特征及气候影响因素分析.中国农业气象,32(1):35-40.

杜林博斯 J,卡萨姆 A H.1979.产量与水的关系—粮农组织灌溉及排水丛书.罗马.联合国粮食及农业组织.

郭建平,高素华,潘亚茹.1994.东北地区农业气候生产潜力及其开发利用对策.气象,21(2):3-9.

郭建平,高素华,潘亚茹.1995.东北地区农业气候生产潜力及其开发利用对策.气象,21(2):3-9.

韩湘玲,瞿唯青,孔扬庄.1988.从降水—土壤水分—作物系统探讨黄淮海平原旱作农业和节水农业并举的前景.自然资源学报,3(2):154-161.

侯西勇.2008.1951—2000 年中国气候生产潜力时空动态特征.干旱区地理,31(5):723:729.

赖纯佳,千怀遂,段海来,等.2009.淮河流域双季稻气候适宜度及其变化趋势.生态学杂志,28(11):2339-2346.

刘庚山,安顺清,吕厚荃,等.2000.华北地区不同底墒对冬小麦生长发育及产量影响的研究.应用气象学报,6:164-169.

刘勤,严昌荣,何文清.2007.山西寿阳县旱作农业气候生产潜力研究.中国农业气象,28(3):271-274.

刘伟昌,陈怀亮,余卫东,等.2008.基于气候适宜度指数的冬小麦动态产量预报技术研究.气象与环境科学,31(2):21-24.

罗怀良,陈国阶.2001.四川洪雅县农业气候适宜度评价.农业现代化研究,22(5):279-282.

罗永忠,成自勇,郭小芹.2011.近 40a 甘肃省气候生产潜力时空变化特征.生态学报.31(1):221-229.

马树庆.1994.吉林省农业气候研究.北京:气象出版社.

马晓刚.2008.基于秋季降水量的春播关键期土壤墒情预测.中国农业气象,29(1):56-57.

王宗明,张柏,张树清,等.2005.松嫩平原农业气候生产潜力及自然资源利用率研究.中国农业气象,26(1):1-6.

魏凤英,冯蕾,马玉平.2010.东北地区玉米气候生产潜力时空分布特征.气象科技,38(2):243-247.

魏瑞江,张文宗,康西言,等.2007.河北省冬小麦气候适宜度动态模型的建立及应用.干旱地区农业研究,25(6):5-9.

Allen R G,Pereira L S,Raes D,et al.1998.Crop evapotranspiration:Guidelines for computing crop water requirements. Rome:FAO Irrigation and Drainage Paper.

Doorenbos J,Kassam A H.1979.Yield response to water(Food and agriculture organization irrigation and drainage series). Rome:Food and Agriculture organization,29.

第 7 章

农业适应气候变化措施对气候资源利用效率的影响评估

农业是对气候变化敏感和脆弱的行业。气候变化将使未来我国农业面临三方面突出问题:一是农业生产的不稳定性增加,产量波动加大;二是农业生产布局和结构将出现变动;三是农业生产条件改变,生产成本和投入成本将大幅度增加。气候变化一方面改变了热量条件,使低温冷害减少,延长了作物的生长季,给农业生产带来了有利的条件,但气候变化另一方面又使作物生长加速,病虫害加重,给农业生产带来了严峻的挑战。因此,适应气候变化是我国农业当前面临的最紧迫任务,如果应对措施得当,则可以有效利用气候变暖所带来的有利条件,降低气候变化所带来的负面影响,反之,不仅会造成资源浪费,而且会对我国的粮食安全带来不利影响。

7.1　农业适应气候变化的主要措施

7.1.1　调整种植季节

调整播种期在适应气候变化方面是行之有效的。推迟播种期改善了豫南粳稻中后期的气候条件,粳稻产量增加,品质也得到了改善(方玲等,2006)。日均气温稳定≥8℃时被认为是玉米的适宜播种期,气候变化导致积温增加,可以减少中早熟品种种植范围,扩大玉米晚熟品种范围,辽北玉米播种期可由现在的 4 月中旬提前到 4 月上旬,可以充分利用热量资源,促进玉米单产的提高(吕庆堂等,2010)。可见,调整播种期,使作物的生长处于较优的环境,可以缓解气候变暖导致生育期缩短带来的负面影响,但播种期调整的日数有待进一步的研究。

7.1.2　调整种植结构

气候变暖的影响使作物种植界限的空间位移策划能够成为现实,种植制度的改变为更合理的提高气候资源和土地利用率,提高粮食单产提供可能。目前气候变暖已造成我国种植制度不同程度的北移,而熟制的变化使种植制度界限变化区域单位面积的粮食总产增加(杨晓光等,2010)。我国三大主要粮食作物(水稻、小麦和玉米)的种植比例应相应的改变,水稻的种植比例随着温度的升高而增大,而小麦、玉米的种植比例随温度的增加而减小(李祎君等,2010)。

7.1.3 改变品种布局

在热量资源增加的同时,作物的品种可以发生相应的改变,来充分利用自然资源,保证作物产量。东北平原可以选育一些生育期相对较长、感温性强或较强、感光性弱的中晚熟品种,逐步取代目前盛行的生育期短、产量较低的早熟品种。这样做将有利于充分利用当地气候资源,提高作物产量。今后东北平原南部可循序渐进地种植产量较高的冬小麦,以取代目前盛行的春小麦(金之庆等,1996)。有研究认为大气中 CO_2 浓度增加、气候变暖,若品种和播种期、移栽期均不变,我国水稻的产量将下降;但若通过改变品种而作物生育期基本保持目前的状况,减产幅度将比品种不变时明显偏小,部分地区还有可能增产(张宇等,1998)。

7.1.4 培育应对气候变化的新品种

在选择品种时还要考虑品种的抗逆性状,如东北玉米品种熟性从早熟、中熟过渡到晚熟,秋季低温影响的风险加大了,因此不能盲目引种,要有计划地选育和培育抗旱、抗涝、抗高温、抗低温等抗逆品种(吕庆堂等,2010)。

7.1.5 加强农田生态保护

气候变化导致极端天气气候事件发生频率增加,随着气候变暖,我国华北、西北东部和东北区域增暖也十分显著,干旱进一步加剧。而干旱不仅影响农业生产,还会影响到人民的日常生活和国民经济的发展。需要科学用水,发展节水农业,在北方地区采用伏耕、秋耕一系列抗旱耕作技术,减少蒸发(郭建平等,2001)。同时气候变暖,农田病虫害地理范围扩大、程度加剧,病害发生提前、危害严重(孙智辉等,2010)。要防治病虫害,增加灌溉施肥等,加强农田生态保护,使农田生态环境朝着良性方向发展,有利于农业生产。

7.2 种植制度调整对气候资源利用效率的影响评估

气候变化背景下,植物通过物候微调节以适应环境(Francesco et al,2000)。1960 年以来,春季动植物的活动逐步提前(Walther et al,2002),不同尺度下观测,植物开花期提早(Cleland et al,2007)。在欧洲国家,春季温度的增加将导致植物平均生长季提前 8 d(Chmielewski et al,2001)。合理地利用当地的农业气候资源,提高作物产量,种植制度的调整是切实可行的途径之一(Deng et al,2008;Wang,1997)。我国东北地区随着气候变暖,热量资源增加,春玉米发育期提前,种植模式也将发生变化。研究该区种植制度的变动,有利于因地制宜地制定科学可靠的种植模式,保证作物高产。因此,本节利用 1981—2100 年气候情景数据,定量研究东北三省种植制度对气候变暖的响应,确定种植制度界限的变动趋势,分析熟制的潜在变化带来的作物生产潜力的可能变化,为寻求科学提高气候资源利用率的途径提高理论依据。

7.2.1 研究方法

(1)零级带指标

20 世纪 80 年代刘巽浩等(1987)完成了种植制度区划(表 7.1)。本节借鉴前辈已有工作的基础,综合考虑热量和降水指标,比较 1981—2010 年,2011—2040 年,2041—2070 年和

2071—2100 年四个时段东北三省种植制度零级带以及一级区的界限变动。

表 7.1　种植制度零级带划分指标

带名	分带指标		
	≥0℃积温(℃d)	极端最低气温(℃)	20℃终止日
一年一熟带	4000～4200	<−20	8 月上旬至 9 月上旬
一年两熟带	4000～4200	>−20	9 月上旬至 9 月下旬
一年三熟带	5700～6100	>−20	9 月下旬初至 11 月上旬

(2)一级带指标

在零级带划分的基础上,结合降水、地貌与作物条件,可以将一熟带划分成五个一熟区,包括:Ⅰ青藏高原喜凉作物一熟轮歇区,主要范围是在西藏、青海高原和川西高原农区;Ⅱ北部高原半干旱温凉作物一熟区,主要在黄土高原西部和内蒙古高原东南部;Ⅲ东北西北半干旱喜温作物一熟区,主要是在辽宁、吉林的西部,内蒙古东南部,承德,张家口坝下地区,山西大部,以及黄土高原的东部;Ⅳ东北平原丘陵半湿润温凉作物一熟区,包括黑龙江、吉林、辽宁大部分地区(黑龙江西部、北部以及吉林西部半干旱区,辽东半岛南端以及辽宁西部小部分地区除外);Ⅴ西北干旱灌溉温凉作物一熟区,主要范围是在内蒙古河套,宁夏的银川灌区,甘肃的河西走廊,兰州灌区附近,以及新疆地区(李克南等,2010)。

二熟带划分为四个一级区,包括:Ⅵ黄淮海水浇地二熟旱地二熟一熟区,包括北京、天津、河北、河南大部、山东、皖北、苏北汾渭谷地以及辽中半岛南部;Ⅶ西南高原山地水田二熟旱地二熟一熟区,该地区主要分布在川鄂湘黔、秦巴山间南部、云贵川高原大部地区;Ⅷ江淮平原丘陵麦稻二熟区,包括江苏、安徽、河南淮河以南,常州—合肥—荆门以北地区;Ⅸ四川盆地水旱二熟三熟区,主要在四川盆地底部(赵锦等,2010)。

三熟带划分成两个一熟区,Ⅹ长江中下游平原丘陵水田三熟二熟区,Ⅺ华南晚三熟二熟与热三熟区,范围包括福建、广东、广西、云南南部、台湾等地区。

由于本章重点在东北三省,因此,仅考虑Ⅲ、Ⅳ、Ⅵ三个大区的界限变动,具体的划分指标如表 7.2。

表 7.2　东北三省种植制度一级区划分指标

一级区名称	热量指标			年降水量(mm)	种植制度
	≥0℃积温(℃·d)	7 月均温(℃)	20℃终止日		
Ⅲ东北西北半干旱喜温作物一熟区	3000～4200	22～25	—	400～600	一年一熟
Ⅳ东北平原丘陵半湿润温凉作物一熟区	2000～4200	20～25	—	500～800	一年一熟
Ⅵ黄淮海水浇地二熟旱地二熟一熟区	3200～3800	—	9 月上旬至 11 月下旬	500～900	一年两熟

注:—表示该指标不作考虑。

7.2.2 种植制度零级带北界的可能变化

1981—2010 年,在仅仅考虑热量的情况下,仅辽东半岛南端小部分地区可实现一年两熟。随着积温的增加,2011—2100 年一年两熟的北界逐渐往北移动。2011—2040 年,辽宁南部地区一年两熟的北界延伸至建昌、沈阳、盖州、庄河一带。2041—2070 年,随着热量资源的进一步增加,一熟带北界北移到吉林洮南、大安地区。该时段辽宁除东北小部分地区和西南建平县外,其余地区均能一年两熟了。2071—2100 年,一年两熟的北界已延伸至黑龙江西南地区,黑龙江东北三江平原部分地区也可实现两熟制(图 7.1)。

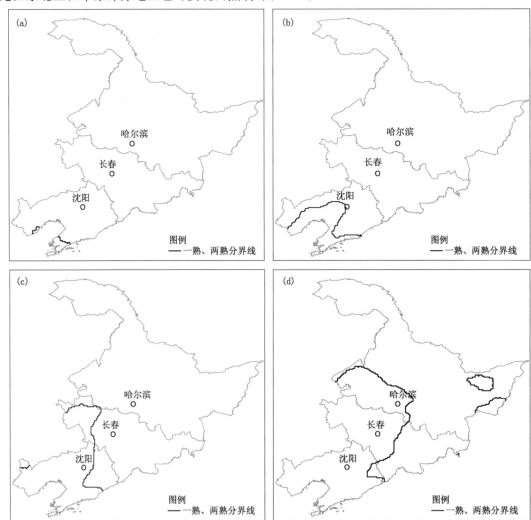

图 7.1　东北零级带界限的变动

(a. 1981—2010 年;b. 2011—2040 年;c. 2041—2070 年;d. 2071—2100 年)

7.2.3 种植制度一级区界限的变动

考虑热量与水分的共同作用,南部种植界限的空间位移较大(图 7.2)。

Ⅲ区:该地区种植制度为一熟制,种植作物以喜凉作物春小麦为主,基准时段该区域主要包括黑龙江和吉林的西部,以及辽宁建平县西部部分地区。随热量资源的增加,该区域向黑龙江北部扩张,至2071—2100年,该区域已经延伸到黑龙江最北端。

Ⅳ区:该地区气候湿润,种植模式以春玉米为主,本区是我国重要的商品粮生产基地,适合机械化作业。与基准时段相比,该区域2011—2100年在黑龙江北部向西扩展,在辽宁和吉林境内面积减少。

Ⅵ区:该区种植模式以冬小麦—夏玉米为主。基准时段,仅在辽东半岛南端适宜一年二熟,随着气候变化,该区界限明显向东北方向扩张,2071—2100年辽宁大部、吉林中部、以及黑龙江南部哈尔滨附近,以及三江平原附近的小部分区域均可实现一年两熟。吉林西部和黑龙江西南地区虽然热量资源达到两熟制的要求,但由于水资源的不足,种植制度仍以一年一熟为主。

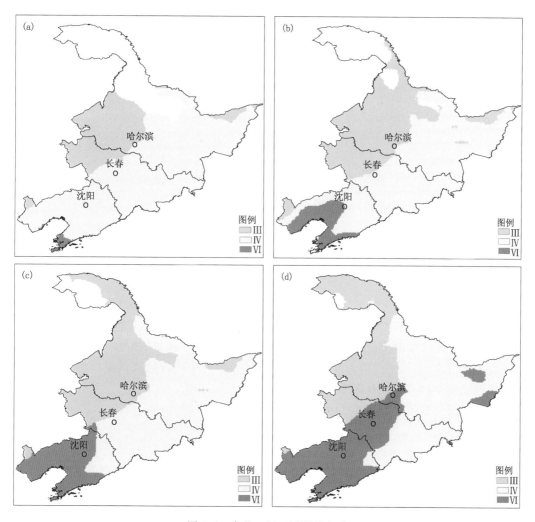

图7.2　东北一级区界限的变动

(a.1981—2010年;b.2011—2040年;c.2041—2070年;d.2071—2100年)

7.2.4 种植界限变化敏感区作物生产潜力变化

在全球变化背景下,我国东北三省的热量资源和降水资源也发生了相应的变化,种植制度一级区界限发生变动,在种植制度界限变化的敏感地带,由于种植模式的改变,作物生产潜力亦发生相应变化。

(1)敏感区代表点

由于温度的增加,种植制度的界限发生变动,将种植制度变化的区域称为敏感区,不同的时间段敏感区亦发生变化。2011—2040 年与 1981—2010 年相比,种植模式的变化主要在辽宁南部,这里挑选 3 个格点 Grid1、Grid2、Grid3 作为代表;与此相同,2041—2070 年在辽宁的不同地区选出 Grid4、Grid5、Grid6 作为代表格点;2071—2100 年,一年两熟制分跨黑龙江、吉林、辽宁三省,这里将 Grid7、Grid8、Grid9 作为代表格点,具体各格点的信息见表 7.3。

表 7.3 代表格点信息说明

格点名称	经度 (°E)	纬度 (°N)	所在县	≥0℃积温(℃·d)		
				2011—2040 年	2041—2070 年	2071—2100 年
Grid1	122.25	39.75	普兰店	4441	4943	5409
Grid2	122.50	41.50	台安	4389	4798	5324
Grid3	120.50	41.00	锦西	4338	4723	5192
Grid4	123.75	42.75	昌图	/	4338	4831
Grid5	123.00	40.50	海城	/	4372	4868
Grid6	119.75	41.25	喀喇沁	/	4441	4868
Grid7	126.75	45.50	阿城	/	/	4294
Grid8	125.50	43.75	长春	/	/	4485
Grid9	124.75	42.50	西丰	/	/	4360

(2)气候生产潜力

FAO-AEZ 模型(农业生态地带法)是计算农作物气候生产潜力常用的方法之一。玉米不同生育阶段对农业气候资源的需求有显著差异,为了使计算结果更好地符合实际情况,将玉米全生育期划分成 4 个时段:播种—出苗、出苗—拔节、拔节—抽雄、抽雄—成熟,分别计算各时段光合生产潜力、光温生产潜力和气候生产潜力,再将各个阶段的气候生产潜力相加,得到全生育期的气候生产潜力。具体的方法如下:

光合生产潜力日值由 De Wit(1965)方法计算得到:

$$Y_0 = F \times y_0 + (1-F) \times y_c \qquad (7.1)$$

$$F = (R_{se} - 0.5R_5)/0.8R_{se} \qquad (7.2)$$

式中,Y_0 为 LAI=5,干物质生产率 $Y_m = 20$ kg/(hm²·h)的标准作物某日光合生产总量,单位为 kg/(hm²·h);y_0、y_c 分别为全阴天、全晴天干物质生产量,单位为 kg/(hm²·h)(刘建栋等,2001);F 为云层覆盖度;R_{se} 为晴天最大有效射入短波辐射,单位为 MJ/m²;R_5 为入射短波辐射,单位为 MJ/m²。

光温生产潜力是由太阳光能和热量资源共同决定的作物产量。首先用实际作物不同温度下的干物质生产率(Y_m)对标准作物的 y_0、y_c 订正:

当 $Y_m \geqslant 20$ kg/(hm^2·h)时：

$$Y_0 = F \times (0.8 + 0.01 Y_m) \times y_0 + (1-F) \times (0.5 + 0.025 Y_m) \times y_c \qquad (7.3)$$

当 $Y_m < 20$ kg/(hm^2·h)时：

$$Y_0 = F \times (0.5 + 0.025 Y_m) \times y_0 + (1-F) \times (0.05 Y_m) \times y_c \qquad (7.4)$$

光温生产潜力计算公式如下：

$$Y_{mp} = C_L \times C_N \times C_H \times G \times Y_0 \qquad (7.5)$$

式中，Y_{mp} 为具体作物的光温生产潜力，单位为 kg/hm^2。C_L 为叶面积指数订正系数(王学强等，2008)，玉米叶面积指数 LAI 随生育期进程呈现单峰曲线变化的规律，开花期前后 LAI 取最大值，在计算具体作物光温生产潜力的过程中需要对叶面积指数 $LAI < 5$ 进行订正，本节中叶面积指数采用袁东敏等(2010)的研究结果。C_N 为净干物质生产量的校正，平均气温 < 20℃校正值 C_N 取 0.6，平均气温 $\geqslant 20$℃校正值 C_N 取 0.5(赵安等，1998)。C_H 为收获指数，这里取0.55(刘伟等，2010)。G 为总生长期天数。

气候生产潜力是当土壤肥力和农业技术措施等参量处于最适宜的条件时，由辐射、温度和降水等气候因素所确定的最高单产水平。气候生产潜力的计算公式如下：

$$Y_p = Y_{mp} \times f(p) \qquad (7.6)$$

$$f(p) = 1 - k_y \times \left(1 - \frac{ET_0}{T_m}\right) \qquad (7.7)$$

$$T_m = k_c \times ET_0 \qquad (7.8)$$

式中，Y_p 为作物的气候生产潜力，单位为 kg/hm^2；$f(p)$ 为水分订正系数；k_y 为产量反应系数，全生育阶段 k_y 取值 1.25(王秀芬等，2012)；T_m 为作物需水量，单位为 mm；k_c 为作物系数，根据不同时段地面覆盖率的大小确定(田静等，2009；孙卫国，2008)；ET_0 为参考作物蒸散量，由Penman-Monteith 公式计算得到(刘园等，2010)。

ET_a 为实际蒸散量，单位为 mm，其数值取决于可利用水资源(大气降水与前期的土壤有效水分储量之和)与作物需水量的关系，本节中以旬为单位计算：

$$ET_a = \begin{cases} T_m & P_a + S_a \geqslant T_m \\ P_a + S_a & P_a + S_a < T_m \end{cases} \qquad (7.9)$$

式中，S_a 为前一旬的土壤有效水分储量(赵俊芳等，2012)；P_a 为本旬的大气降水。

(3)生育期确定

在Ⅳ和Ⅵ区交界的敏感地带，种植模式由春玉米一熟变为冬小麦—夏玉米两熟。代表格点冬小麦以及夏玉米的生育期资料由附近积温相似站点的作物生育期确定。

如表 7.3 所示，2011—2040 年各格点的 80% 保证率下稳定通过 0℃的积温一般在 4000～4500℃·d，根据该积温值的大小，在东北三省周边挑选积温相似站点，最终将河北的遵化(117.95°E，40.2°N)、乐亭(118.883°E，39.433°N)、唐山(118.15°E，39.667°N)三个站作为参考站点，代表格点冬小麦、夏玉米的生育期资料由这几个站点提供。2041—2070 年，各点积温在 4500～5000℃·d，同上，根据该数值寻找积温相似站点，最终将河北饶阳(115.733°E，38.233°N)、山东莘县(115.667°E，36.233°N)、茗县(118.833°E，35.583°N)这三个站点作为参照点。2071—2100 年，各点积温在 5000～5500℃·d，本研究将江苏射阳(120.25°E，33.767°N)、宿州(116.983°E，33.633°N)、河南商丘(115.667°E，34.45°N)这三个站点作为参照点。

本节中冬小麦全生育期主要分成播种—返青、返青—抽穗、抽穗—成熟 3 个阶段；夏玉米的生育期分成播种—出苗、出苗—拔节、拔节—抽雄、抽雄—成熟 4 个阶段。

对于作物生长而言,温度不同,积累干物质的能力也不同,干物质生产率与温度的曲线方程呈抛物线函数。当环境温度低于某个临界值,作物停止生长发育,随着温度的升高,作物的干物质生产率逐渐增加,存在一个较适宜的温度范围使作物干物质生产率处于较高的水平,而当温度超过适宜温度上限后,作物积累干物质的能力逐渐减弱,干物质生产率逐渐降低。不同气温对应的干物质生产率见表 7.4。

表 7.4 不同气温下的作物最大干物质生产率(刘记,2010)

作物类别	平均气温(℃)								
	5	10	15	20	25	30	35	40	45
喜凉作物 A	5	15	20	20	15	5	0	0	0
喜凉作物 B	0	0	15	32.5	35	35	32.5	5	0
喜温作物 A	0	5	45	65	65	65	45	45	0
喜温作物 B	0	0	5	45	65	65	45	5

喜凉作物 A 包括:菜豆、甘蓝、豌豆、马铃薯、糖用甜菜、小麦;

喜凉作物 B 包括:水稻、棉花、花生、大豆、向日葵、烟草;

喜温作物 A 包括:某些玉米和高粱品种;

喜温作物 B 包括:玉米、高粱、甘蔗。

(4)收获指数 C_H

本节冬小麦的收获指数取 0.4,夏玉米的收获指数取值 0.45,该数值来源于《中国农业百科全书》(程纯枢等,1986)。

(5)模型参数验证

将模型参数代入公式(7.1)~(7.9),计算河北遵化(站号 54429)1981—2010 年的冬小麦气候生产潜力。经计算该站点光温生产潜力均值为 9719.53 kg/hm²,气候生产潜力为 5914.32 kg/hm²,该数值与前人研究结果基本一致(黄川容等,2011;刘晶淼等,2010),说明参数具备适用性。

(6)气候生产潜力变化特征分析

表 7.5 给出了种植界限变化敏感区由于种植模式的改变引起的气候生产潜力的数值变化。从中可以看出,一熟变两熟充分利用了热量资源,气候生产潜力明显增加。

辽宁省热量资源丰富,从 2011 年开始,辽宁南部地区便能适宜两熟制的种植。2011—2040 年与基准时段相比,冬小麦与夏玉米的气候生产潜力之和平均高出春玉米 9.36%(Grid1、Grid2、Grid3)。

2041—2070 年,一年两熟的北界移动到辽宁省北部。该时段辽宁南部由于气候变暖,春玉米气候生产潜力下降。若变一熟为两熟,冬小麦与夏玉米的气候生产潜力之和将会高出当前种植模式 9.77%(Grid1、Grid2、Grid3)。辽宁省中部种植制度变化敏感区气候生产潜力将增加 14.00%(Grid4、Grid5、Grid6)。

2071—2100 年两熟制适宜种植区将横跨东北三省,地区不同,由种植模式的变化导致的气候生产潜力增量也有所差异。黑龙江哈尔滨附近区域如果变一熟为两熟,气候生产潜力将提高 14.79%(Grid7),吉林长春由于种植模式的改变,气候生产潜力将增加 19.46%(Grid8),

辽宁北部西丰两熟制下气候生产潜力增加 22.70%（Grid9）。辽宁省南部敏感区气候生产潜力增量平均约为 5.46%（Grid1、Grid2、Grid3），辽宁省中部种植制度敏感区两熟制下的气候生产潜力高出一熟制 11.95%（Grid4、Grid5、Grid6），该数值低于前期气候生产潜力的增加量。在热量资源较丰富的区域，气候暖干化缩短了作物的生育期，冬小麦和夏玉米气候生产潜力是减少的，但两熟制下的气候生产潜力之和仍然高于春玉米的气候生产潜力。

表 7.5　敏感区气候生产潜力变化特征分析

格点	气候生产潜力（kg/hm²）					
	2011—2040 年		2041—2070 年		2071—2100 年	
	春玉米	冬小麦＋夏玉米	春玉米	冬小麦＋夏玉米	春玉米	冬小麦＋夏玉米
Grid1	12933	5324＋8484	11102	4528＋7608	11007	4594＋6660
增值	876(6.77%)		1034(9.31%)		247(2.24%)	
Grid2	12057	4945＋8977	10470	4265＋7504	9976	4045＋6457
增值	1865(15.47%)		1229(11.74%)		526(5.27%)	
Grid3	12525	4657＋8600	10863	3858＋7900	10122	3825＋7195
增值	731(5.84%)		896(8.25%)		899(8.88%)	
Grid4	/		11957	5369＋8286	11176	4967＋7369
增值			1697(14.19%)		1161(10.39%)	
Grid5	/		13442	7189＋8766	13136	6467＋8128
增值			2512(18.69%)		1459(11.11%)	
Grid6	/		10730	4255＋7544	9886	3908＋7397
增值			979(9.12%)		1418(14.34%)	
Grid7	/		/		10790	4883＋7402
增值					1596(14.79%)	
Grid8	/		/		11449	5677＋7999
增值					2228(19.46%)	
Grid9	/		/		13443	7781＋8715
增值					3051(22.70%)	

7.2.5　种植界限变化敏感区气候资源利用效率变化

（1）热量资源利用效率

农业气象学中以≥10℃的积温表示喜温作物生长期间的热量条件，用下式来计算玉米热量资源的利用效率（高涛等，2003）。

$$HUE = Y_p / \sum t \geqslant 10℃ \tag{7.10}$$

式中，HUE 为热量资源利用效率；Y_p 为玉米（或玉米＋冬小麦）的气候生产潜力，单位为 kg/hm²；$\sum t \geqslant 10℃$ 为≥10℃的积温。热量资源利用率为单位积温所生产的气候生产潜力，可以反映作物对积温的利用情况。

表 7.6 为试验点 Grid1 至 Grid9 改变种植制度后积温利用效率的增加量。可见各个试验

点改一熟为两熟,延长了作物的生长季节,充分利用了气候资源,热量资源利用效率呈现不同的上升趋势。2011—2100 年,随着气候变暖,热量资源越来越高,而被利用的部分越来越少,春玉米的热量资源利用效率越来越低。改变熟制后,冬小麦、夏玉米对积温的要求与热量资源的分布配合度高,原本没有被利用的热量资源被充分利用,气候生产潜力增加,热量资源利用效率有所增加。不同的地区不同的年份,由于气候资源的差异,增加的幅度不同。但即使采用两熟的种植模式,随着气候的不断变暖,活动积温越来越多,冬小麦与夏玉米气候生产潜力之和下降,该模式下单位积温的气候生产潜力值仍然会随时间降低。

表 7.6　敏感区热量资源利用效率分析

格点	热量资源利用效率（kg/℃·d·hm²）					
	2011—2040 年		2041—2070 年		2071—2100 年	
春玉米	冬小麦+夏玉米	春玉米	冬小麦+夏玉米	春玉米	冬小麦+夏玉米	
Grid1	2.88	3.07	2.25	2.46	2.03	2.08
增值	0.18(6.30%)		0.21(9.31%)		0.45(2.24%)	
Grid2	2.75	3.17	2.18	2.45	1.87	1.97
增值	0.42(15.47%)		0.27(12.41%)		0.10(5.27%)	
Grid3	2.89	3.06	2.30	2.49	1.95	2.12
增值	0.17(5.84%)		0.19(8.24%)		0.17(8.87%)	
Grid4	/		2.76	3.15	2.31	2.55
增值			0.39(14.20%)		0.24(10.38%)	
Grid5	/		3.07	3.65	2.70	3.00
增值			0.57(18.70%)		0.30(11.11%)	
Grid6	/		2.42	2.66	2.01	2.30
增值			0.24(9.96%)		0.29(14.36%)	
Grid7	/		/		2.51	2.86
增值					0.35(13.86%)	
Grid8	/		/		2.55	3.05
增值					0.50(19.46%)	
Grid9	/		/		3.08	3.78
增值					0.70(22.71%)	

(2)降水资源利用效率

降水资源利用效率用下式计算:

$$PUE = Y_p / \sum P \qquad (7.11)$$

式中,PUE 为降水资源利用效率;Y_p 为玉米(或玉米+冬小麦)的气候生产潜力,单位为 kg/hm²;$\sum P$ 为生育期内降水量,本研究作物生长季是在 4—10 月,因此 $\sum P$ 取 4—10 月的降水量之和。

降水资源利用效率为单位水资源所生产的气候生产潜力,用降水量利用率来分析东北地区水分利用状况。表 7.7 为敏感区各试验点 Grid1 至 Grid9 改变种植制度后降水资源利用效率的变化情况,气候变暖,降水资源波动变化,而气候生产潜力减少,降水资源利用效率越来越低。仅考虑春玉米一熟制种植模式,Grid1 至 Grid3 在 2041—2070 年降水资源利用率低于 2011—2040 年 28.94%、22.57%、34.38%,Grid4 至 Grid6 在 2071—2100 年降水资源利用率也低于 2041—2070 年 11.39%、11.26%、19.53%。改变种植制度后,作物生长季延长,气候资源被充分利用,气候生产潜力增加,降水资源利用效率有所提高。在种植制度变化敏感区,降水资源利用效率最大可增加 3.53 kg/mmhm^2,增幅 22.71%,在纬度较低的辽宁南部地区降水资源利用效率变化较小,增量为 0.31 kg/mmhm^2,变幅 2.24%。但由于冬小麦和夏玉米气候生产潜力的降低,年降水总量无明显的变化趋势,两熟制降水资源利用效率也有随时间呈减少的趋势。

表 7.7 敏感区降水资源利用效率分析

格点	降水资源利用效率（kg/mm·hm^2）					
	2011—2040 年		2041—2070 年		2071—2100 年	
	春玉米	冬小麦＋夏玉米	春玉米	冬小麦＋夏玉米	春玉米	冬小麦＋夏玉米
Grid1	19.66	20.90	16.88	18.45	13.97	14.28
增值	1.24(6.30%)		1.57(9.31%)		0.31(2.24%)	
Grid2	19.01	21.95	16.19	18.20	14.72	15.50
增值	2.94(15.47%)		2.01(12.41%)		0.78(5.27%)	
Grid3	20.01	21.18	16.22	17.56	13.10	14.26
增值	1.17(5.84%)		1.34(8.24%)		1.16(8.88%)	
Grid4	/		18.00	20.55	15.95	17.61
增值			2.56(14.20%)		1.66(10.38%)	
Grid5	/		15.98	18.96	14.18	15.76
增值			2.99(18.70%)		1.58(11.11%)	
Grid6	/		19.71	21.67	15.86	18.14
增值			1.96(9.96%)		2.28(14.35%)	
Grid7	/		/		18.98	21.61
增值					2.63(13.86%)	
Grid8	/		/		17.35	20.73
增值					3.38(19.46%)	
Grid9	/		/		15.53	19.06
增值					3.53(22.71%)	

7.2.6 结论

本章依据刘巽浩、韩湘玲先生建立的种植界限指标体系,综合考虑了水、热资源对种植制度的影响,在此基础上分析种植界限变化敏感区作物生产潜力的变化。研究结果表明:

(1)随着热量资源增加,一年两熟的北界明显北移东扩,如果仅仅考虑热量资源,至 21 世纪末两熟制的北界将延伸到黑龙江西南部。若综合考虑热量和降水资源,2071—2100 年黑龙江哈尔滨附近的小部分区域可以实现一年两熟了,而黑龙江西南地区由于水资源的缺乏,仍只适宜一熟制作物种植。

（2）由于高温胁迫，研究区域内春玉米气候生产潜力会随时间下降，种植模式的调整是提高气候生产潜力的一种有效方式。但在热量相对较高的地区，过高的温度导致冬小麦、夏玉米生育期的缩短，冬小麦与夏玉米两熟模式下的气候生产潜力总和也会降低，但仍然高于一熟种植方式。因此，在这些地区改变种植模式的同时，可以考虑引进生育期相对较长的作物品种。

（3）随着气候变暖，积温相应增加，而被利用的部分却越来越少，出现了资源浪费的现象。改一熟为两熟，延长了作物的生长季节，可以很好地利用自然资源，提高农业气候资源利用率。

7.3 抗逆新品种应用对气候资源利用效率的影响评估

气候环境与作物系统之间的相互作用以及适应关系体现在资源的总体状况、协调程度以及资源潜力的发挥，对农业气候系统功能的定量评价是农业生产合理规划的基础（田志会等，2005）。鉴于此，本节应用农业气候适宜度理论、模糊数学、相关分析等方法，通过建立气候指标与作物生长发育之间的适宜度模型，分别计算东北地区各网格点的农业气候资源指数、效能指数和资源利用率，试图对东北地区未来气候情景下农业气候资源系统进行定量评价。在此基础上，分析品种适应性措施对气候资源利用率的影响。

7.3.1 农业气候资源系统评价模型

光、热、水资源是农业气候资源中三个最基本的要素，它们为作物提供生长必需的物质和能量。各农业气候资源要素对作物的生长都存在一定的适宜范围，可以采用模糊数学的方法，将农业气候资源要素对作物生长发育的适宜程度定义到$[0,1]$区间，其中0表示气候完全不适宜，1表示气候最适宜，其余为连续过渡状态，基于此，各个农业气候资源要素对作物生长的适宜度可以用统一的量化指标来表示（刘国成等，2007）。

（1）温度适宜度模型

$S(T_{ij})$为某旬的温度隶属函数（李秀芬等，2013），表示温度对作物的适宜程度，是在$0\sim1$变化的不对称抛物线函数，它反映了适宜度随着气温的增加而增加，达到某个适宜值后，适宜度随温度的升高而下降，该函数是从不适宜到适宜再到不适宜的连续变化过程（刘清春等，2004）：

$$S(T_{ij}) = \frac{(T_{ij} - T_L)(T_H - T_{ij})^E}{(T_0 - T_L)(T_H - T_0)} \tag{7.12}$$

$$B = \frac{T_H - T_0}{T_0 - T_L} \tag{7.13}$$

式中，i表示某发育阶段，本节将发育期分成4个阶段，i在$1\sim4$取值；j为某发育期的总旬数；T_0、T_H、T_L分别为生长的最适温度、上限温度以及下限温度，单位为℃（冶明珠等，2012）；T_{ij}为某旬的平均气温，单位为℃。

（2）水分适宜度模型

水分是作物重要的构成部分，直接参与植物体的代谢过程。在作物生长季节，如果土壤干旱缺水，作物生理需水得不到满足，有机体就不能正常生长发育，产量受到抑制。这里用模糊数学的概念对水分适宜状况进行描述。

$$S(R_{ij}) = \begin{cases} \dfrac{P_{mij}}{T_{mij}} & P_{mij} < T_{mij} \\ 1 & P_{mij} < T_{mij} \end{cases} \tag{7.14}$$

式中，$S(R_{ij})$ 为某发育期每旬的水分隶属函数，表示水分条件对玉米生长发育以及最终产量的影响；P_{mij} 为某旬大气降水量，单位为 mm；T_{mij} 为该旬作物需水量，单位为 mm，由 Penman-Monteith 估算得到。

（3）光照适宜度模型

玉米为喜光作物，强光照条件下，玉米净光合生产率高，有利于积累有机物。根据文献，这里假定实际日照时数达可照时数的 70% 以上时，光照强度处于适宜状态（侯英雨等，2012）。

$$S(S_{ij}) = \begin{cases} e^{-\left[\frac{s_{ij}-s_{ij0}}{b}\right]} & S_{ij} < S_{ij0} \\ 1 & S_{ij} \geqslant S_{ij0} \end{cases} \tag{7.15}$$

式中，$S(S_{ij})$ 为某旬的光照适宜度模型；S_{ij} 为某旬平均每天的实际日照时数（h）；S_{ij0} 为日照时数的临界点，取可照时数的 70%，单位为 h；b 为常数，不同发育期的取值见表 7.8（黄璜，1996）。

表 7.8　不同生育阶段的 b 值

	萌发—出苗	出苗—拔节	拔节—抽雄	抽雄—成熟
b	4.77	5.08	5.08	5.18

（4）全生育期适宜度模型

各阶段适宜度为该发育期内每旬适宜度的简单平均：

$$S(T_i) = \frac{1}{k} \sum_{j=1}^{k} S(T_{ij}) \tag{7.16}$$

$$S(R_i) = \frac{1}{k} \sum_{j=1}^{k} S(R_{ij}) \tag{7.17}$$

$$S(S_i) = \frac{1}{k} \sum_{j=1}^{k} S(S_{ij}) \tag{7.18}$$

式中，$S(T_i)$、$S(R_i)$、$S(S_i)$ 分别为某发育期的温度、水分、光照适宜度。

本节通过算术平均的方法构建全生育期的适宜度模型：

$$S(T) = \frac{1}{n} \sum_{i=1}^{n} S(T_i) \tag{7.19}$$

$$S(R) = \frac{1}{n} \sum_{i=1}^{n} S(R_i) \tag{7.20}$$

$$S(S) = \frac{1}{n} \sum_{i=1}^{n} S(S_i) \tag{7.21}$$

式中，$S(T)$、$S(R)$、$S(S)$ 为全生育期的温度、降水和光照适宜度；n 为发育阶段，本节取值 4。

（5）资源指数

温度、光照、水分气候适宜度函数的建立是除自身以外，其他的环境因子对玉米的生长处于适宜的状况为前提，仅能反映单一的气象要素对玉米的影响状况（千怀遂等，2005），而资源指数代表光、热、水组合过程为作物生长可能提供的气候资源。资源指数表示为：

$$C_r = \frac{S(T) + S(R) + S(S)}{3} \tag{7.22}$$

式中，C_r 为资源指数，反映某地区气候资源的优劣程度，资源指数越大，表明该地区的资源越丰富，农业气候生产潜力值越大(田志会等,2005)。

(6)效能指数

$$C_e = S(T) \wedge S(R) \wedge S(S) \tag{7.23}$$

式中,C_e 为效能指数,反映光、热、水的配合程度,效能指数越大,表明该地区的资源配合越好,越有利于作物的生长。

(7)农业气候资源利用率

$$K = C_e/C_r \tag{7.24}$$

式中,K 为农业气候资源利用率,反映农业气候资源被作物生长所利用的效率,K 越大,表明农业气候资源的利用率越高,反之,K 越低,农业气候资源的利用率越小。

7.3.2 指数变化分析

(1)温度适宜度

气候变暖有利于高纬度地区玉米生产,吉林和黑龙江温度适宜度随时间上升,而在热量充足的低纬度地区,不断增加的气温对作物的生长发育是不利的,辽宁省温度适宜度随时间呈下降趋势(图 7.3)。1981—2010 年,辽宁的温度适宜度均值为 0.65,黑龙江和吉林省温度适宜度约为 0.58,辽宁由于纬度较低,热量资源丰富,温度适宜度高出黑龙江、吉林两省10.77%。2011—2040 年,随着气候变暖,东北三省的温度适宜度均有不同程度的增加。其中,辽宁省温度适宜度升至 0.68,上升幅度为 4.62%,吉林和黑龙江温度适宜度增加较快,上升幅度为8.62%,高于辽宁地区。辽宁省 2041 年后不断增加的高温天气超出作物生长的适宜温度范围,温度适宜度下降。在 21 世纪末的 30 年,辽宁省的温度适宜度已经低于北部地区,该时段吉林和黑龙江的温度适宜度增加速率也有所减缓。

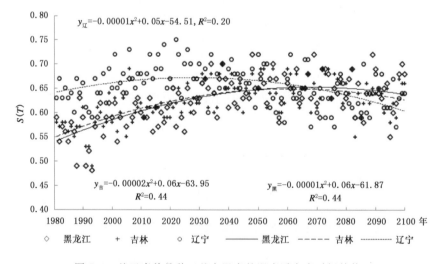

图 7.3 基于当前品种三基点温度的温度适宜度时间趋势

从空间上来看,基准时段,温度适宜度呈现从南到北降低的趋势,辽宁南部温度适宜度较高,吉林省同纬度地区西部的温度适宜度高于东部地区,黑龙江温度适宜度偏低。2011—2040年,温度适宜度的高值区向东北方向扩展,东北三省的大部地区温度适宜度普遍增加。2041—2070 年,吉林东部以及黑龙江地区温度适宜度增加,而辽宁省和吉林西北地区的温度适宜度下降,温度适宜度的高值区主要分布在吉林东部与黑龙江南部地区。2071—2100 年,辽宁、吉林西部地区由于过高的温度超出作物适宜温度的上限,尤其是在抽雄—成熟期,温度适宜度下降。该时段,吉林西北和辽宁南部已经成为温度适宜度最低的地区,温度适宜度呈现西北向东南增加的趋势(图 7.4)。

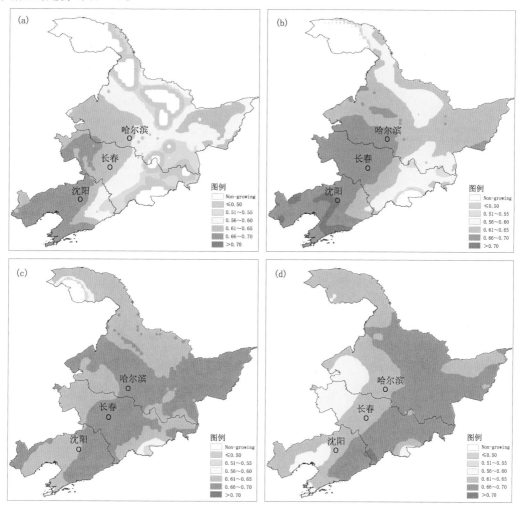

图 7.4　温度适宜度空间分布

(a.1981—2010 年;b.2011—2040 年;c.2041—2070 年;d.2071—2100 年)

(2)水分适宜度

水分适宜度的大小反映了大气降水量对作物生长生理需水量的满足状况,由于温度的增加,大气降水不能满足持续增加的作物需水量的要求,1981—2100 年三省的水分适宜度均波动下降,且趋势通过 0.05 显著性概率检验(图 7.5)。1981—2010 年,辽宁、吉林、黑龙江水分适宜度分别为 0.52、0.55、0.51,至 2071—2100 年,三省的水分适宜度分别下降 9.62%、14.55%、15.69%。可见在气候变暖的背景下,作物水分需求量越来越高,若无合适的人工灌溉,仅仅依赖大气降水,水分适宜度将普遍降低,最终影响玉米生长。

基准时段,水分适宜度呈现由东南向西北逐渐递减的趋势,辽宁东部、吉林东南部水分适

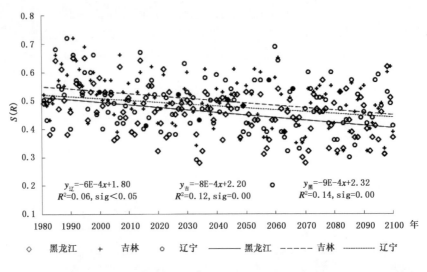

图 7.5　基于当前品种需水量的水分适宜度时间趋势

宜度较高,吉林西北地区的水分适宜度较低,该地理分布趋势与基准时段温度适宜度的分布相反。随着温度的上升,作物需水量随之增大,大气降水不能满足持续增加的作物需水量的要求,2011—2100 年水分适宜度波动下降,三省水分适宜度的平均下降速率为$-0.008/10a$,显著性概率 $P<0.01$。2011 年后水分适宜度的高值降低,低值区的面积在吉林西北、黑龙江西南以及辽宁西南部分地区不断扩大,总体呈东南向西北方向逐渐干旱化的趋势(图 7.6)。

(3)光照适宜度的分布

1981—2100 年逐年光照适宜度分析表明,作物生长期间光照适宜度有所升高(图 7.7)。基准时段,辽宁光照适宜度为 0.92,吉林光照适宜度为 0.87,黑龙江由于纬度较高,获得的太阳辐射少,光照适宜度约为 0.83,分别低于辽宁 9.78%、吉林 4.60%。随着气候变化,三省的光照适宜度呈显著增加趋势,辽宁的增幅较低,黑龙江光照适宜度增加速率最快,在 21 世纪末三省的光照适宜度相近。

从空间上来看,光照适宜度呈现西高东低的趋势,辽宁西南部光照适宜度在 0.95 以上,是光资源最丰富的地区,黑龙江在大兴安岭、伊春附近光照适宜度较低。随着时间的推移,适宜度在 0.90~0.95 的区域由泰来—公主岭—鞍山一线逐渐向东北方向延伸到克山—哈尔滨—双阳—抚顺一线,适宜度在 0.95~1.00 的区域也由辽宁西南部逐渐向北扩展(图 7.8)。

(4)资源指数变化

资源指数反映了玉米生长期间光、温、水资源总量的状况。1981—2100 年,随着气候暖干化,辽宁温度和水分适宜度均开始降低,资源指数也相应呈显著减少趋势。气候变化有利于黑龙江省、吉林省资源优势发挥,温度、光照适宜度增加,即使水分适宜度减少,资源指数仍呈显著增加趋势(图 7.9)。基准时段辽宁省资源指数为 0.69,明显高于吉林省(0.60 左右)和黑龙江省(0.51 左右)。随着气候逐渐变暖,辽宁省的资源总量逐渐下降,农业气候资源尤其是高温天气越来越不适宜玉米的生长发育,而吉林省和黑龙江省的气候条件朝着适宜状态发展,2071 年后东北三省的资源指数差距逐渐缩小。

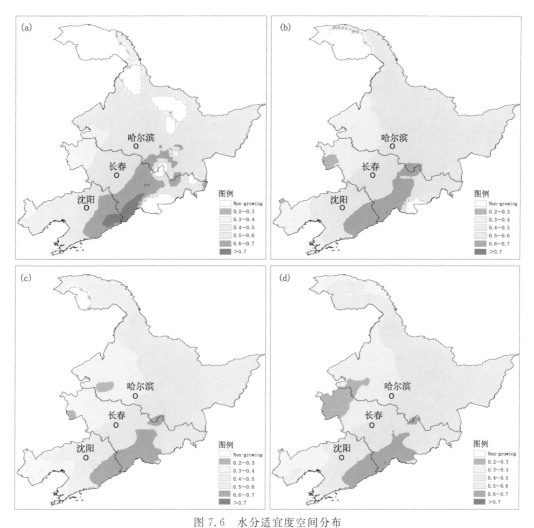

图 7.6　水分适宜度空间分布

(a. 1981—2010 年；b. 2011—2040 年；c. 2041—2070 年；d. 2071—2100 年)

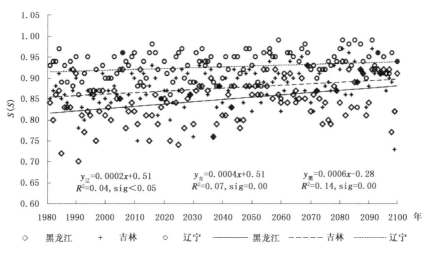

图 7.7　光照适宜度时间趋势

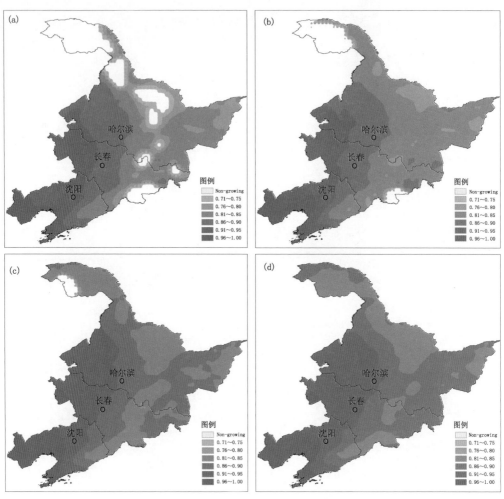

图 7.8　光照适宜度的空间分布

（a.1981—2010 年；b.2011—2040 年；c.2041—2070 年；d.2071—2100 年）

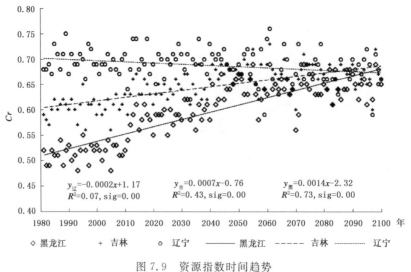

$y_辽=-0.0002x+1.17$
$R^2=0.07, sig=0.00$

$y_吉=0.0007x-0.76$
$R^2=0.43, sig=0.00$

$y_黑=0.0014x-2.32$
$R^2=0.73, sig=0.00$

◇ 黑龙江　　＋ 吉林　　○ 辽宁　　—— 黑龙江　　----- 吉林　　......... 辽宁

图 7.9　资源指数时间趋势

基准时段,资源指数的高值区分布在辽宁东中部地区,数值达 0.70 左右。黑龙江地处中高纬度,热量资源的不足是限制农业生产的主要因素。1981 年以来随着气候变暖,积温增加,气候资源指数呈显著增加趋势,农业生产条件有所改善。热量资源增加对吉林省东部地区的农业生产也是有利的,资源指数呈增加趋势。但吉林的西部地区由于温度适宜度和水分适宜度的减少,资源指数下降明显。辽宁热量资源丰富,能满足晚熟品种的生长发育,随着高温天气的增多,温度适宜度降低,加上水分的不适宜,气候资源指数有降低现象。1981—2100 年,资源指数的高值区向东北方向移动,至 21 世纪末资源指数的低值区分布在吉林通榆附近(图7.10)。

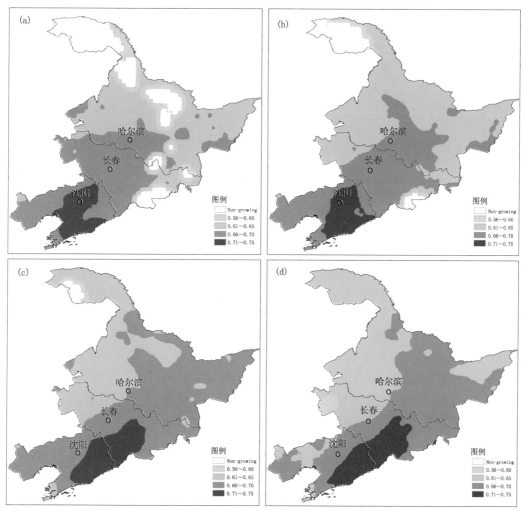

图 7.10　资源指数的分布

(a. 1981—2010 年;b. 2011—2040 年;c. 2041—2070 年;d. 2071—2100 年)

(5)效能指数变化

效能指数反映了光、温、水的相互匹配状况,其数值取决于气候资源主要限制因素的大小。1981—2100 年,东北三省效能指数在 0.45 上下波动,辽宁省效能指数呈减少趋势,黑龙江和吉林效能指数随时间增加,其中黑龙江省通过 0.05 显著性概率检验(图 7.11)。基准时段,辽宁省效能指数为 0.49,吉林省平均效能指数为 0.43,黑龙江由于热量资源限制,非适宜种植区面积较大,效能指数较低,平均为 0.38。2011 年后,辽宁省由于水资源短缺,导致农业气候资源的相互匹配不佳,效能指数降低,至 2100 年辽宁效能指数减少到 0.46,降低 4.08%。吉林省和黑龙江省气候变暖导致光、热、水配合程度有所改善,吉林效能指数增加为 0.46,增加 6.98%,黑龙江效能指数增幅最大,2071—2100 年效能指数约为 0.43,增幅 13.16%。

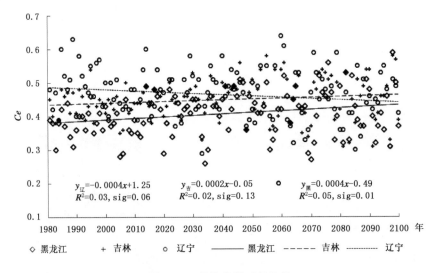

图 7.11　效能指数时间趋势

效能指数的分布大体呈现东南高—西北低的趋势。吉林西北松嫩平原附近由于干旱化,农业气候资源的配合状况不佳,加上温度适宜度的下降,2071—2100 年该地区成为效能指数的低值区(图 7.12)。

(6)农业气候资源利用率变化

辽宁省农业气候资源利用率呈下降趋势,黑龙江和吉林省农业气候资源有所上升,2040年后辽宁省 K 值已低于吉林,2090 年后辽宁省成为气候资源利用率最低的省份(图 7.13)。主要是因为气候变暖导致辽宁省热量资源过剩,造成资源浪费,资源总量降低,且光、热、水配合程度降低,农业气候资源利用率也有所减少。而在吉林和黑龙江省,气候变暖,气候适宜度提高,玉米适宜种植范围扩大,农业气候资源利用率提高。

气候资源利用率的空间分布趋势与资源指数、效能指数的分布趋势相近。高值区位于辽宁东北、吉林东南一带,表明该地区不仅资源总量较高,且光、热、水的配合较佳,玉米种植对农业气候资源的利用率高。吉林西北地区农业气候资源总量缺乏,且该地区光、热、水的配合不佳,成为气候资源利用率最低的地区。气候资源利用率的分布趋势与气候生产潜力基本一致。2071—2100 年,尽管辽宁南端以及吉林西北地区的效能指数在下降,但由于资源总量的降低,这些地区气候资源利用率变化不大(图 7.14)。

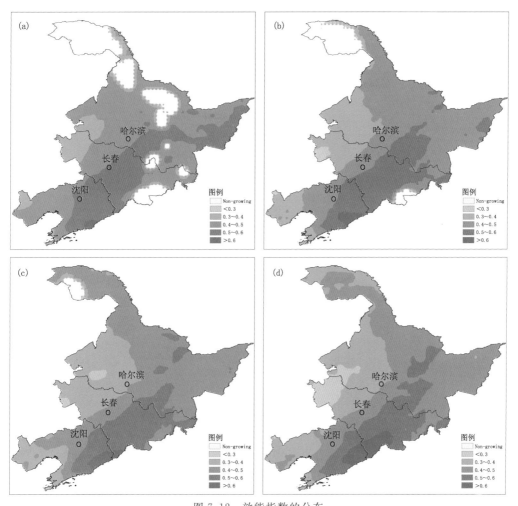

图 7.12　效能指数的分布

(a.1981—2010 年;b.2011—2040 年;c.2041—2070 年;d.2071—2100 年)

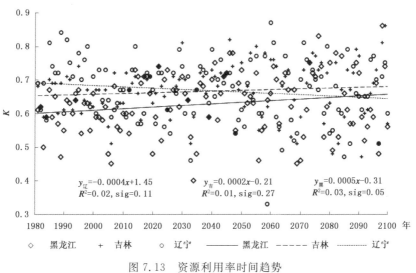

图 7.13　资源利用率时间趋势

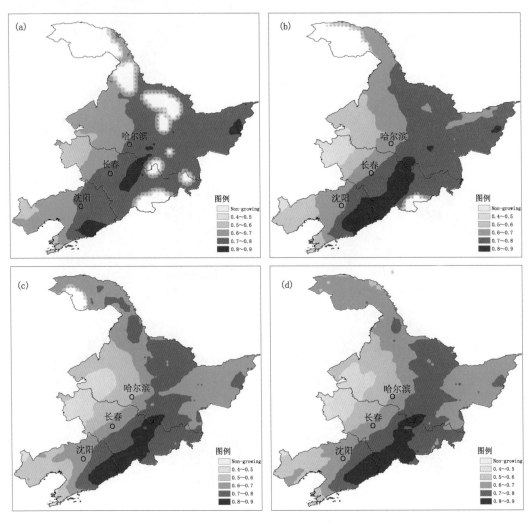

图 7.14　农业气候资源利用率的空间分布

（a.1981—2010 年；b.2011—2040 年；c.2041—2070 年；d.2071—2100 年）

7.3.3　品种适应性措施对农业气候资源利用率的影响

本节中，耐高温品种只假定上限温度发生变动，具体的品种性能说明见表 7.9。

表 7.9　抗逆性品种假设

假设品种	品种性能说明
T0	当前品种
T1	T_L、T_0 保持不变，T_H 增加 2℃，T_m 保持不变
T2	T_L、T_0 保持不变，T_H 增加 4℃，T_m 保持不变
T3	T_m 降为原来的 90%，三基点温度保持不变
T4	T_m 降为原来的 80%，三基点温度保持不变
T5	T_L、T_0 保持不变，T_H 增加 2℃，T_m 降为原来的 90%
T6	T_L、T_0 保持不变，T_H 增加 4℃，T_m 减为原来的 80%

注：T1、T2 为耐高温品种；T3、T4 为耐干旱品种；T5、T6 为既耐高温又耐干旱品种。

（1）抗逆性品种对资源指数的影响

增加品种的抗逆性能，资源总量会有不同程度的增加，且增量的幅度与品种的抗逆性状相关。相同的年份，耐高温耐干旱性能的品种资源指数高于单一耐高温性能或单一抗旱性的品种。耐高温的玉米品种在 1981—2030 年以前对资源总量的影响不大，T1 和 T2 的资源总量仅高出当前品种 0.3%～1%。后期随着高温天气的增多，当前品种的资源指数下降，增强抗高温性能在一定程度上提高资源总量。T1、T2 的资源指数尽管也呈下降趋势，但数值高于 T0，最高增幅达 2.3%，相对于当前品种，T1、T2 资源指数的增量随时间呈显著增加趋势（图 7.15）。

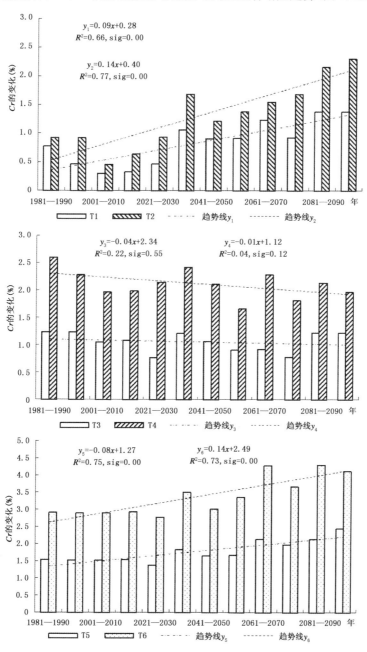

图 7.15 抗逆性品种 T1～T6 资源指数增加百分率（%）

水分是限制资源总量的一个重要因素,减少作物需水量是提高资源高效利用的一个重要途径。从1981年开始,增加品种的抗旱性能就能增加资源总量1.3%~2.6%。且整个研究阶段,T3、T4的资源指数保持着较高水平。耐旱品种在增加气候资源总量方面的作用优于耐高温品种(图7.15)。

耐高温耐干旱品种综合了T1~T4的优势,从1981年起,T5、T6的资源指数高出T01.5%,2.9%。随着天气暖干化,T5、T6资源指数高出当前品种的部分呈显著上升的趋势。后期,T6资源指数高出当前品种4%以上(图7.15)。

(2)抗逆性品种对效能指数的影响

效能指数反映了气候资源主要限制因素的变化,增加品种的抗逆性能,在一定程度上优化了资源相互配置状况。其中T1与T0相比C_e增加量在0~1.29%范围内,T2对效能指数影响也较小,C_e增加量在0~1.80%之间变化,T1、T2 C_e平均增量分别为0.39%、0.61%,数值较低。T3、T4效能指数增幅分别在2.1%~4.5%,4.2%%~8.6%之间变化,可见耐干旱品种在提高效能指数方面的作用明显优于耐高温品种,且C_e增加量均随时间呈显著上升趋势。T5、T6效能指数分别高出当前品种3.3%~4.7%,5.5%~9.2%。在绝大多数的年份,T5效能指数的增幅小于T1、T3之和,T6效能指数的增幅也小于T2、T4两者效能指数增幅之和。既耐高温又耐干旱品种效能指数的增量也随时间呈显著增加趋势(图7.16)。这主要是因为当前阶段温度适宜,而水分是制约玉米生长的重要因素,种植更耐高温的玉米品种对效能指数意义不大。随着气候变暖,热量充足地区的温度适宜度降低,同时大气干旱化程度加剧,水分仍然是限制资源相互配置的关键因素,效能指数的变化主要反映在水分适宜度的变化上,耐高温品种在1981—2100年对效能指数的影响较小,某些年份影响近乎为0。在气候暖干化背景下,减少作物的需水量对优化资源配置是行之有效的。

(3)抗逆性品种对农业气候资源利用率的影响

品种抗逆性状不同,对气候资源利用率的影响也不同。其中,耐高温玉米品种的气候资源利用率反而低于当前品种,且随着气候变化,农业气候资源利用率越来越低(图7.17)。主要是因为提高玉米的适宜高温范围,温度适宜度上升,尤其是在热量较丰富的地区,资源指数增加明显。但是,水分一直是限制资源相互匹配状况的重要因素,改变三基点温度对效能指数的影响较小。最终效能指数的变化幅度低于资源指数的变化幅度,利用率反而低。

气候变暖,大气干旱化日趋严重,水分严重制约着气候资源的高效利用。改善品种的抗旱性能,一方面可以增加资源总量,另一方面,气候资源的相互配置得以优化,且效能指数的增幅高于资源指数的增幅,气候资源利用率提高。其中T3气候资源利用率高出当前品种2.57%,T4气候资源利用率高出当前品种5.06%,随着大气暖干化,耐干旱品种在提高气候资源利用率的方面的作用越来越大(图7.17)。

种植耐高温耐干旱品种也能够很好地改善气候资源利用情况,T5气候资源利用率高出当前品种2.15%,T6气候资源利用率高出当前品种4.54%,且气候资源利用率的增幅也随着时间越来越大,但是从数值上来看,该品种在提高利用率方面的作用低于单一耐干旱品种。耐高温耐旱品种同时改善了作物的温度适宜度与水分适宜度,资源总量与效能指数都相应增加,在大气干旱化严重的年份,T5、T6气候资源总量增加的幅度高于耐干旱品种,而效能指数的增幅相同,表现为气候资源利用率反而低于单一耐干旱品种(图7.17)。

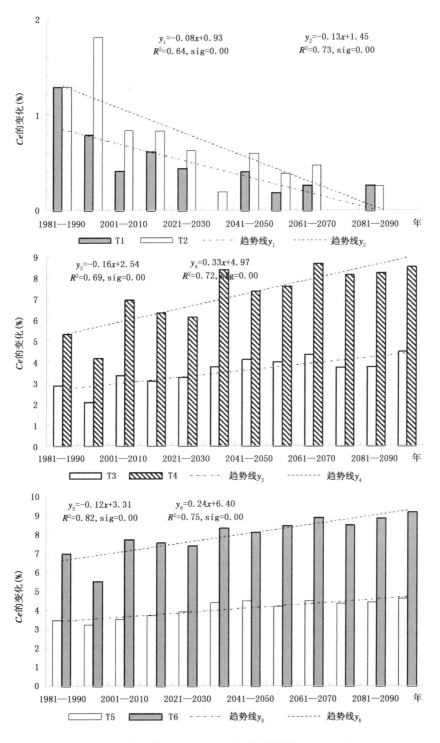

图 7.16　抗逆性品种 T1～T6 效能指数增加百分率(%)

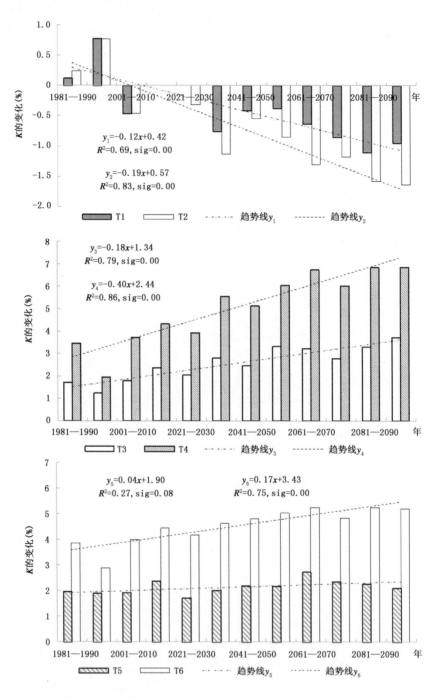

图 7.17　抗逆性品种 T1～T6 气候资源利用率增加百分率(%)

7.3.4　结论

本章根据东北地区的不同熟性玉米品种完成生长过程所需积温,对 1981—2100 年玉米品种进行布局,在此基础上根据 AEZ 模型,计算春玉米的光合、光温和气候生产潜力、波动状况

以及气候资源利用效率,结果表明:

(1)气候变暖,早熟品种逐渐向晚熟品种过渡,非适宜种植区逐渐变小,到 21 世纪末,东北全区域都能种植玉米了,晚熟品种占据了大部分的地区,中熟、中晚熟品种北界北推到黑龙江黑河市以北。

(2)热量资源的增加给东北农业生产带来了有利的条件,由于所采用模型的差异,本章计算的潜在产量数值低于前人的研究结果(Yuan et al,2012)。辽宁地区热量充足,品种布局基本不变,气候变暖对玉米的生产表现为负效应。而黑龙江、吉林地区由于热量资源的增加,延长了作物的生长季,随着品种的过渡,气候变暖表现为正效应,潜在产量的高值中心由辽宁的凤城市附近逐渐向东北方向移动。但气候变化的同时加剧了气候生产潜力的波动,气候生产潜力波动系数的振幅逐年增加,给农业稳产带来了挑战。

(3)采取品种适应性措施是有效提高气候生产潜力,改善波动状况的一种有效方式。耐高温品种在 2071—2100 年对辽宁地区气候生产潜力影响较大,辽宁东北部亦出现小的高值中心。增强品种的抗旱性能对黑龙江地区气候生产潜力影响较大。当前状况下热量适合作物的生长发育,更耐高温品种对气候生产潜力影响不大,而水分是限制玉米生长发育的重要因素,耐干旱品种对提高资源利用有重要意义。随着气候变暖,热量逐渐成为低纬度地区限制作物生长的因素之一,耐高温的玉米品种在提高气候生产潜力方面的作用愈来愈大,其增加的潜在产量值随时间明显上升。玉米品种的抗逆性越强,增加的气候生产潜力值愈高。具备双重抗逆性(耐高温耐干旱)的品种在增加气候生产潜力方面的作用要优于只具备单一抗逆性(耐高温或耐干旱)的玉米品种。同时,增强品种的抗逆性能,可以降低气候生产潜力的波动,且这种优势随着气候变暖愈来愈明显。但对于热量较高的地区或者在气候暖干化严重的年份,采取品种适应性措施对气候生产潜力补偿作用有限,气候生产潜力下降趋势仍无法改变。

(4)热量资源利用效率呈现东南向西北递减的趋势。1981—2070 年,热量资源利用效率在 $3.75\,kg/(℃ \cdot d \cdot hm^2)$ 上下波动,2071 年后,气候生产潜力总量下降,且热量在不断增加,热量资源利用效率降低。降水资源利用效率的空间分布与水资源的空间分布趋势相反,东南地区水资源充足,而水资源利用效率低,西北地区水资源短缺,水资源利用效率反而高。随着潜在产量先增后减,降水资源利用效率也呈缓慢增加后又下降的趋势。增强品种的抗逆性能,在提高农业气候资源利用效率方面起到了一定的作用。

7.4　播种期调整对气候资源利用效率的影响评估

经过前面两章分析可见,辽宁省玉米气候生产潜力及气候资源利用率随着未来气候的变暖在 2011 年后呈现逐渐减小的趋势。特别是对于气候资源比较充足的辽宁省,从 2011 年开始气候生产潜力及资源利用率显著减小。可见,虽然我们根据气候的变暖不断改变东北春玉米的品种分布格局,但传统的根据≥10℃初日来确定播种期的方法并没有完全适应气候的变暖,也没能充分利用当地的气候资源。因此,本章采用调整播种期的方法来寻求使得在未来气候变化情景下,气候资源得到最充分利用,同时也使玉米生产得到最高效益的有效途径。

7.4.1　试验方案设计

推迟播种期可以改变玉米生育期内的光、温、水配合程度,使玉米的生长发育避开不利的高温期,从而提高玉米生育期内的气候资源适宜程度。以气候生产潜力及资源利用率 K 值减小最显著的辽宁省为例,由于不同地区处于不同的经纬度和海拔高度,气候资源状况有很大差异,故很难确定一个统一的播种期推迟天数,因此,在辽宁省均匀选取 10 个试验点作为研究对象(具体信息见图 7.18),在保证玉米能够完全成熟的前提下,分别在传统的播种期基础上将播种期推迟 10 d,20 d,30 d,40 d,50 d,对比分析 2011 年后其气候生产潜力、资源利用率 K 值以及单位积温所生成的气候生产潜力(气候生产潜力除以玉米生育期所用活动积温,即积温利用效率)的变化。图 7.19(1)～(10)中的 0 代表未推迟播种期,10,20,30,40,50 分别代表将播种期推迟 10 d,20 d,30 d,40 d,50 d。其中,推迟播种期后各发育期的起止日期计算方法、气候生产潜力以及资源利用率的计算方法仍采用第 5～7 章中的方法。

试验点	经度(E)	纬度(N)
1	122.25	39.50
2	123.00	40.25
3	120.00	40.75
4	124.00	41.00
5	121.00	41.25
6	123.25	41.50
7	119.75	41.75
8	124.50	41.75
9	122.00	42.00
10	123.75	42.50

图 7.18　各试验点经纬度信息

7.4.2　结果分析

(1)气候生产潜力变化

图 7.19 中(1～10)分别为各试验点调整播种期后气候生产潜力相对于未推迟播种期时气候生产潜力的变化百分率。可以明显看出,将播种期适当推迟不同天数后,各试验点的气候生产潜力都有所提高,其效果与各个试验点所处的地理位置以及气候条件有密切关系。

2031—2055 年间,对于纬度较低、海拔较低的试验点 1,3,5,推迟播种期已经开始对提高气候生产潜力发挥作用,但由于不同年份之间温度有所波动,所以效果并不稳定,推迟天数也不易过长,以 10～20 d 为宜。试验点 6 虽然所处纬度较高,但海拔较低,调整播种期后气候生产潜力的变化趋势与试验点 5 类似。而处在海拔较高、温度较低地区的试验点 2,4,7,8,在此时段则还不能推迟播种期,否则,由于玉米生长后期温度过低,气候生产潜力反而会下降。试验点 9,10 所处的位置温度适宜,此时段推迟播种期对其作用不大,故可以暂不推迟。

从 2056 年开始,随着全省温度的进一步升高,推迟播种期所带来的效果越来越明显。特别是 2056～2059 这几年温度较高,所以可以适当增加推迟播种期的天数。除试验点 4,7,8 以外,各试验点此时段都可将播种期推迟 40 d 左右。

2060—2070 年,辽宁省的温度出现比较大的波动,经历了一个由低温年到高温年再到低温年的过程,所以此时段推迟播种期所表现出来的作用很不稳定。总体上来说,此时段各试验点播种期推迟天数不宜过长,基本上在 20 d 左右,而个别试验点 4,8 由于温度仍较低,不适宜推迟播种期。

2071 年之后,全省的温度已经升高到了一个稳定的高温水平。所以 2071 年之后,除了试验点 4,7,8 由于所处的位置海拔较高,温度略低,播种期适宜推迟 20 d 左右外,其他试验点都可以将播种期推迟 40～50 d。同时也可以发现,对于温度特别高的试验点 1,在 2090 年后,无论怎样推迟播种期,其气候生产潜力仍然大幅度降低,因此,除了推迟播种期之外,还应探求其它有效提高气候生产潜力的方法。

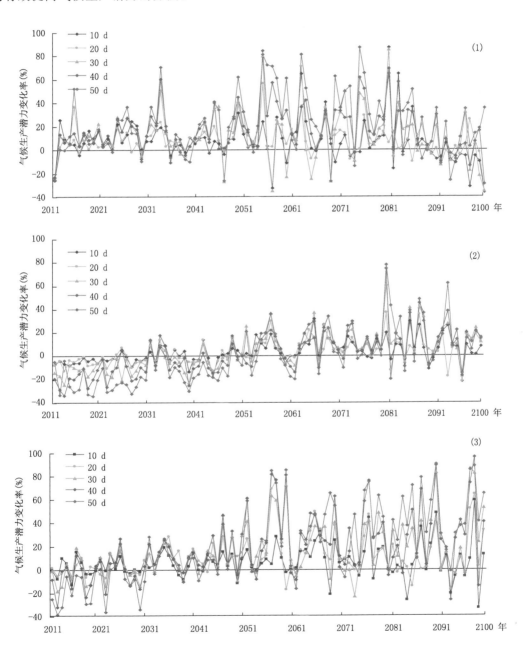

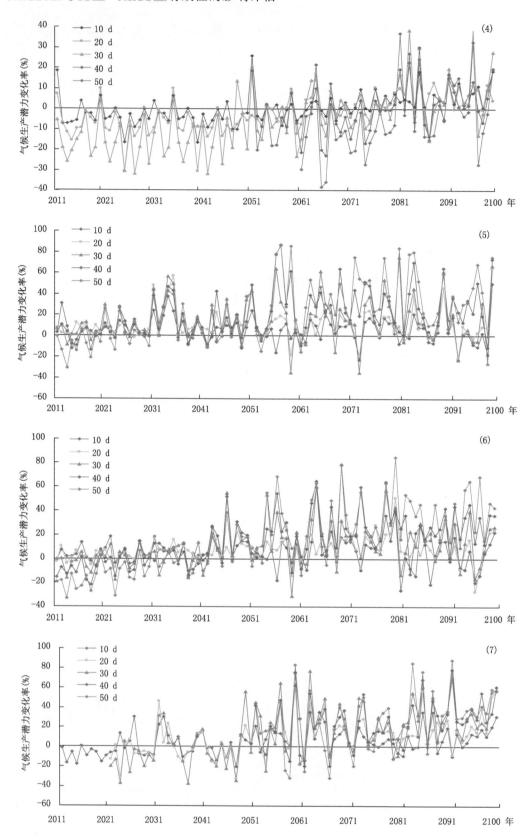

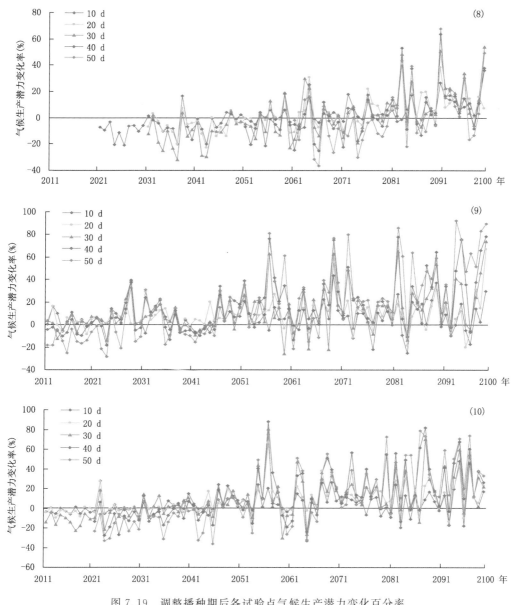

图 7.19　调整播种期后各试验点气候生产潜力变化百分率

(1)~(10)分别代表 1~10 个试验点。

(2)资源利用率 K 变化

2031—2100 年,除试验点 4,7,8 外,各个试验点在未推迟播种期时,平均资源利用率 K 值都呈现出下降的趋势,经过推迟播种期后,各试验点的 K 值都呈现出不同程度的上升趋势,如图 7.20 中(a),(b),(c),(d) 所示(a,b,c,d 分别代表试验点 1,4,5,10,其他试验点类似,图略)。同时,各个试验点不同年份的 K 值上下波动较大,主要是因为每年的光、温、水匹配程度有所不同,有些年份比较充足,有些年份相对缺乏,导致玉米生育期内的气候资源适宜程度不同,故资源利用率也有所不同。2031—2050 年间,推迟播种期对提高 K 值的影响不是很显著,且播种期的推迟天数不宜过长,以 10~20 d 为宜。2050 年后,随着辽宁省温度已经升高到

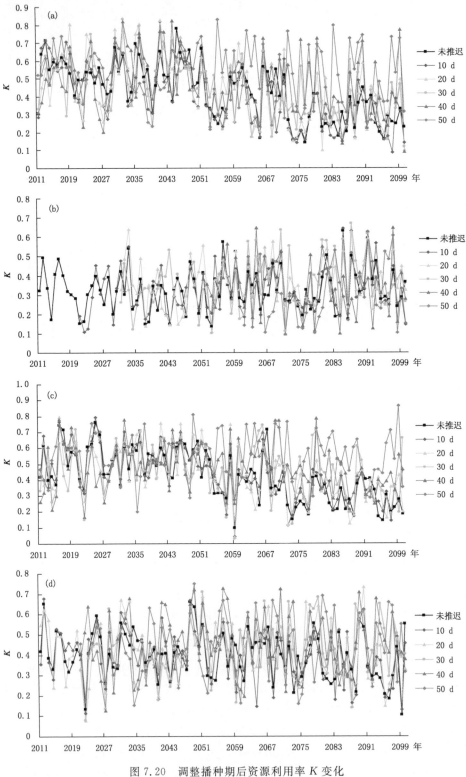

图 7.20　调整播种期后资源利用率 K 变化

(a. 试验点 1;b. 试验点 4;c. 试验点 5;d. 试验点 10)

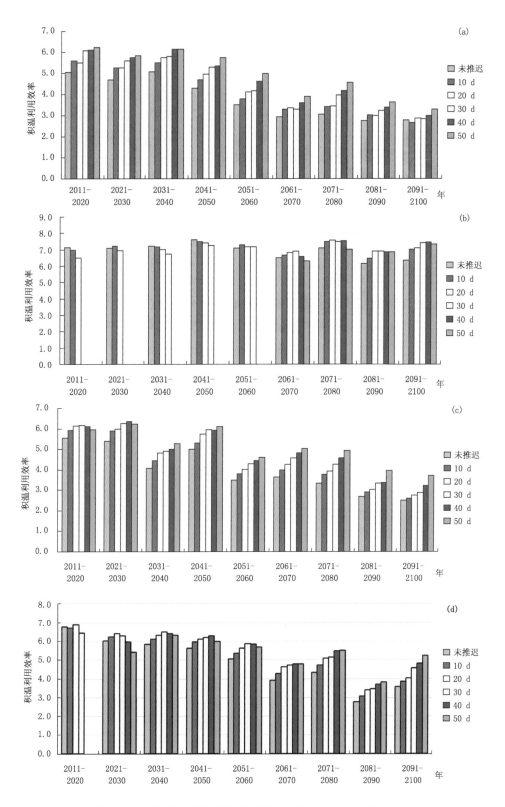

图 7.21　调整播种期后积温利用效率变化(kg・hm^{-2}/℃・d)

(a.试验点 1;b.试验点 4;c.试验点 5;d.试验点 10)

一个很高的水平,各试验点的 K 值下降比较明显,此时在热量比较充足的试验点 1 和 5,推迟播种期对提高 K 值体现出显著作用,并且推迟天数越多,K 值提高程度越大。试验点 10 由于纬度较高、海拔较低,热量条件适宜,推迟播种期作用不大。基本上从 2051 年开始,除点 4,7,8 外,各试验点的播种期都可推迟 $40 \sim 50$ d,从而使资源利用率较大程度得到提高。对于试验点 4,7,8,推迟播种期对 K 值影响不明显的原因主要是因为其所处的位置海拔略高,温度比其他试验点要偏低,因此,农业气候资源已经得到比较充分的利用,推迟播种期效果不是很明显。可见,推迟播种期对于提高辽宁省的资源利用率是一个有效的途径,但因地因时而异,在纬度和海拔越低的地区,温度越高的年份效果越显著。

(3)积温利用效率变化

积温利用效率为单位活动积温所生产的气候生产潜力,可以反映玉米生育期内对积温的利用情况。图 7.21 中(a)~(d)分别为试验点 1,4,5,10 播种期推迟不同天数后积温利用效率的十年平均值。可见,对于热量比较充足的试验点 1 和 5,2011—2100 年,随着气候的不断变暖,$\geqslant 10\,℃$ 活动积温越来越多,而被利用的部分却越来越少,整个生育期内气候生产潜力越来越低,故导致单位积温所生成的气候生产潜力越来越低。推迟播种期后,由于抽雄—成熟期避开了不利的高温期,生产潜力有所增加,故积温的利用效率有所增加。虽然积温利用效率随着播种期推迟天数的增加而增加,但也只是起到了较小的补偿作用,积温利用效率降低的趋势仍无法从根本上改变。而对于热量资源相对缺乏试验点 4 来说,气候变暖对积温利用效率的影响不大,推迟播种期的作用也暂不明显。对于热量资源比较适宜的试验点 10 来说,气候变暖也使其积温利用效率逐渐降低,但幅度比试验点 1,5 略小,在 2040 年前,播种期的推迟天数不宜过长,以 $20 \sim 30$ d 为宜,而 2040 年后,推迟天数可延长 $40 \sim 50$ d。与试验点 1,5 一样,推迟播种期虽然可一定程度上提高积温的利用效率,但仍然改变不了其降低的大趋势。

7.4.3 结论

为了适应东北地区农业气候资源的不断变化,虽然在第六章中根据东北春玉米对热量的需求不断改变品种的熟型,但通过第七章的研究发现,玉米的气候生产潜力以及气候资源利用率仍然在大幅度降低。因此,除了改变玉米的品种熟型之外,还应该适当地调整播种期,使玉米的生长过程趋利避害,避开不利的高温期,从而充分利用气候资源,提高作物产量。

研究表明,调整播种期是一种有效提高气候生产潜力以及资源利用率的方式。适当的调整播种期,可以使玉米的各个发育期得到相对较有利的光、温、水配合条件,最大程度地满足玉米生育期内对气候资源的需求,为玉米的生长创造较好的外在条件。但对于播种期的调整,具体不同地点不同年份适宜调整的天数有所不同,应因地因时而异。对于热量资源过高的地区,适当地将播种期推迟,可以有效地提高玉米的气候生产潜力以及资源的利用率,且播种期推迟的天数可以略长一些。而对于热量资源仍然相对不足的地区,调整播种期对于这些地区暂不可取,或只可推迟较少天数。但整个东北地区由于地理位置及气候条件差异很大,各年间存在较大温度波动,我们只能挑选一些试验点进行简单的试验研究,如何确定一个最适宜的播种期推迟天数仍是一个比较复杂的问题,需要综合考虑多方面的因素。

参考文献

程纯枢,王鹏飞,冯秀藻,等.1986.中国农业百科全书—农业气象卷.北京:农业出版社,478-489.

方玲,宋世枝,段斌,等.2006.豫南粳稻播种调整后抽穗灌浆期间温度变化及对产量和品质的影响.中国农学通报,**22**(4):218-220.

高涛,于晓,李海英.2003.内蒙古粮食作物热量和降水资源利用效率的分布特点.华北农学报,**18**(2):99-102.

郭建平,高素华,毛飞.2001.中国北方地区干旱化趋势与防御对策研究.自然灾害学报,**10**(3):32-36.

侯英雨,王良宇,毛留喜,等.2012.基于气候适宜度的东北地区春玉米发育期模拟模型.生态学杂志,**31**(9):2431-2436.

黄川容,刘洪.2011.气候变化对黄淮海平原冬小麦与夏玉米生产潜力的影响.中国农业气象,**32**(增1):118-123.

黄璜.1996.中国红黄壤地区作物生产的气候生态适应性研究.自然资源学报,**11**(04):340-346.

金之庆,葛道阔,郑喜莲,等.1996.评价全球气候变化对我国玉米生产的可能影响.作物学报,**22**(5):513-524.

李克南,杨晓光,刘志娟,等.2010.全球气候变化对中国种植制度可能影响分析Ⅲ:中国北方地区气候资源变化特征及其对种植制度界限的可能影响.中国农业科学,**43**(10):2088-2097.

李秀芬,马树庆,宫丽娟,等.2013.基于WOFOST的东北地区玉米生育期气象条件适宜度评价.中国农业气象,**34**(1):43-49.

李祎君,王春乙.2010.气候变化对我国农作物种植结构的影响.气候变化研究进展,**6**(2):123-129.

刘国成,杨长保,刘万崧,等.2007.基于模糊数学的农业气候适宜度划分研究及应用.吉林农业大学学报,**29**(4):460-463.

刘记.2010.基于AEZ模型的我国棉花气候生产潜力研究.河南大学,1-86.

刘建栋,周秀骥,于强,等.2001.FAO生产潜力模型中基本参数的修正.自然资源学报,**16**(3):240-247.

刘晶淼,申红艳,丁裕国,等.2010.京津冀地区冬小麦气候生产潜力的一种动态区划.气象与环境学报,**26**(6):1-5.

刘清春,千怀遂,任玉玉,等.2004.河南省棉花的温度适宜性及其变化趋势分析.资源科学,**26**(4):51-56.

刘伟,吕鹏,苏凯,等.2010.种植密度对夏玉米产量和源库特性的影响.应用生态学报,**21**(7):1737-1743.

刘巽浩,韩湘玲.1987.中国的多熟种植.北京:北京农业大学出版社,1-177.

刘园,王颖,杨晓光.2010.华北平原参考作物蒸散量变化特征及气候影响因素.生态学报,**30**(4):923-932.

吕庆堂,王俊茹,郭迎伟.2010.气候变化对农业生产的影响及对策.现代农业科技,(15):344-348.

千怀遂,焦士兴,赵峰.2005.河南省冬小麦气候适宜性变化研究.生态学杂志,**24**(5):503-507.

孙卫国.2008.气候资源学.北京:气象出版社,180-182.

孙智辉,王春乙.2010.气候变化对中国农业的影响.科技导报,**28**(4):110-117.

田静,苏红波,孙晓敏,等.2009.基于地面试验的植被覆盖率估算模型及其影响因素研究.国土资源遥感,(3):1-6.

田志会,郭文利,赵新平,等.2005.北京山区农业气候资源系统的模糊综合评判.山地学报,**23**(4):4507-4512.

王秀芬,尤飞,杨艳昭.2012.基于AEZ模型的黑龙江省玉米生产潜力变化分析.西北农林科技大学学报(自然科学版),**40**(6):59-64.

王学强,贾志宽,李轶冰.2008.基于AEZ模型的河南小麦生产潜力研究.西北农林科技大学学报(自然科学版),**36**(7):85-90.

杨晓光,刘志娟,陈阜.2010.全球气候变暖对中国种植制度可能影响Ⅰ:气候变暖对中国种植制度北界和粮食产量可能影响的分析.中国农业科学,**43**(2):329-336.

冶明珠,郭建平,袁彬,等.2012.气候变化背景下东北地区热量资源及玉米温度适宜度.应用生态学报,**23**(10):2786-2794.

袁东敏,郭建平.2010.CO_2浓度增加对东北玉米生长影响的数值模拟.自然资源学报,**25**(5):822-829.

张宇,王馥棠.1998.气候变暖对中国水稻生产可能影响的研究.气象学报,**56**(3):114-121.

赵安,赵小敏.1998.FAO-AEZ法计算气候生产潜力的模型及应用分析.江西农业大学学报,**20**(4):120-125.

赵锦,杨晓光,刘志娟,等,2010. 全球气候变暖对中国种植制度可能影响 Ⅱ:南方地区气候要素变化特征及对种植制度界限可能影响. 中国农业科学,**43**(9):1860-1867.

赵俊芳,郭建平,邬定荣,等. 2012. 2011—2050 年黄淮海冬小麦,夏玉米气候生产潜力评价. 应用生态学报,**22**(12):3189-3195.

Chmielewski F M, Rötzer T. 2001. Response of tree phenology to climate change across Europe. *Agricultural and Forest Meteorology*,**108**(2):101-112.

Cleland E E,Chuine I,Menzel A,*et al*. 2007. Shifting plant phenology in response to global change. *Trends in Ecology and Evolution*,**22**(7):1-10.

De Wit C T. 1965. Photosynthesis of leaf canopies. Agricultural Research Reports,1-56.

Deng Z Y,Zhang Q, Pu J Y. 2008. The impact of climate warming on crop planting and production in northwestern China. *Acta Ecogogical Sinica*,**28**(8):3760-3678.

Francesco N T,Marcello D,Rosenzweig C,*et al*. 2000. Effects of climate change and elevated CO$_2$ on cropping system: Model predictions at two Italian locations. *European Journal of Agronomy*,**13**(2-3):179-189.

Walther G R,Post E,Convey P,*et al*. 2002. Ecological responses to recent climate change. *Nature*,**416**:389-395.

Wang F T. 1997. Impact of climate on cropping system and its implication for agriculture in China. *Acta Meteorological Sinica*,**11**(4):407-415.

Yuan B, Guo J P, Ye M Z, *et al*. 2012. Variety distribution pattern and climatic potential productivity of spring maize in Northeast China under climate change. *Chin Sci Bull*,**57**(14):1252-1262.